普通高等教育智能建筑规划教材

建筑设备概论

第2版

白莉　石岩　编

机械工业出版社

本书根据现代建筑发展的需要，概述了建筑设备学科的基本原理和基础知识，阐述了基础知识、建筑给水排水、供热工程与热水供应、通风、空调及制冷等现代建筑设备工程的基本理论和实用技术。为了便于读者掌握，本书对建筑设备工程所涉及的基本原理、基本理论以及相关的工程技术知识也进行了介绍。

本书的编写力求深入浅出、图文并茂、内容丰富，既注重基本原理和必要的理论分析，又尽量收入一些该领域最新的技术成果，同时更突出工程上的实用性。为适应知识更新的要求，本书的计算方法及引用数据全部采用现行的国家标准与规范的有关内容。

本书主要是为普通高等院校建筑与规划、土木工程、建筑设备、环境工程、建筑电气、建筑材料、建筑管理等建筑技术相关专业编写的教科书，也可供从事建筑工程、土木工程、建筑工程管理等领域工程技术人员参考，并可作为建筑设备生产、施工、管理等工作人员的培训教材。

图书在版编目（CIP）数据

建筑设备概论/白莉 石岩编．—2版．—北京：机械工业出版社，2013.2（2023.7重印）
普通高等教育智能建筑规划教材
ISBN 978-7-111-41211-3

Ⅰ.①建… Ⅱ.①白… ②石… Ⅲ.①房屋建筑设备—高等学校—教材 Ⅳ.①TU8

中国版本图书馆CIP数据核字（2013）第011926号

机械工业出版社（北京市百万庄大街22号 邮政编码100037）
策划编辑：贡克勤 责任编辑：贡克勤 卢若薇 版式设计：霍永明
责任校对：刘怡丹 封面设计：张 静 责任印制：李 昂
北京中科印刷有限公司印刷
2023年7月第2版·第8次印刷
184mm×260mm ·14.5印张·1插页·359千字
标准书号：ISBN 978-7-111-41211-3
定价：39.80元

电话服务 网络服务
客服电话：010-88361066 机 工 官 网：www.cmpbook.com
010-88379833 机 工 官 博：weibo.com/cmp1952
010-68326294 金 书 网：www.golden-book.com
封底无防伪标均为盗版 机工教育服务网：www.cmpedu.com

序

20世纪，电子技术、计算机网络技术、自动控制技术和系统工程技术获得了空前的高速发展，并渗透到各个领域，深刻地影响着人类的生产方式和生活方式，给人类带来了前所未有的方便和利益。建筑领域也未能例外，智能化建筑便是在这一背景下走进人们的生活。智能化建筑充分应用各种电子技术、计算机网络技术、自动控制技术、系统工程技术，并加以研发和整合成智能装备，为人们提供安全、便捷、舒适的工作条件和生活环境，并日益成为主导现代建筑的主流。近年来，人们不难发现，凡是按现代化、信息化运作的机构与行业，如政府、金融、商业、医疗、文教、体育、交通枢纽、法院、工厂等，他们所建造的新建筑物，都已具有不同程度的智能化。

智能化建筑市场的拓展为建筑电气工程的发展提供了宽广的天地。特别是建筑电气工程中的弱电系统，更是借助电子技术、计算机网络技术、自动控制技术和系统工程技术在智能建筑中的综合利用，使其获得了日新月异的发展。智能化建筑也为其设备制造、工程设计、工程施工、物业管理等行业创造了巨大的市场，促进了社会对智能建筑技术专业人才需求的急速增加。令人高兴的是众多院校顺应时代发展的要求，调整教学计划，更新课程内容，致力于培养建筑电气与智能建筑应用方向的人才，以适应国民经济高速发展需要。这正是这套建筑电气与智能建筑规划教材的出版背景。

我欣喜地发现，参加这套建筑电气与智能建筑规划教材编撰工作的有近20个姐妹学校，不论是主编者或是主审者，均是这个领域有突出成就的专家。因此，我深信这套系列教材将会反映各姐妹学校在为国民经济服务方面的最新研究成果。这套教材的出版还说明一个问题，时代需要协作精神，时代需要集体智慧。我借此机会感谢所有作者，是你们的辛劳为读者提供了一套好的教材。

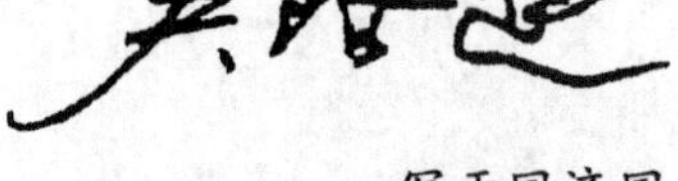

写于同济园

2002年9月28日

前　言

近年来随着科学技术的发展和人民生活水平的提高，人们对建筑设备工程的标准、质量及功能的要求也日益提高。建筑设备自动化、智能化的发展趋势，使我国的建筑设备产业蓬勃兴起。这就要求从事土木工程、建筑工程、建筑设备、建筑电气、建筑材料、建筑工程管理等专业的技术人员，掌握一定的建筑设备的基本知识和实用技术。为了适应经济建设的发展需求，便于建筑领域的技术人员掌握该领域的知识和技能，本书概括介绍了建筑设备的基础理论，重点介绍了建筑环境、给水排水及消防、通风空调及制冷、供热及热水供应、建筑电气等工程的基本知识和实用技术。

本书的内容涉及多个建筑技术学科，各种建筑技术工程设施共置于建筑物内部或小区，为各类建筑创造舒适、有效、防灾、安全的生活和生产环境，因此建筑设备之间以及与建筑物之间，均存在互相协调的关系。本书简明介绍了建筑设备专业所涉及的流体力学、工程热力学及传热学的基本原理和基础知识，着重介绍了各种建筑设备工程的综合设计原理与施工要求，其目的是便于各专业人员理解和掌握。

近几年来，随着建筑设备领域的不断拓宽及建筑工程技术的飞速发展，出现了许多新产品、新技术，本书也作了相应的介绍。本次修订增加了消防给水工程，丰富了城镇给水排水工程，“常用供热设备”一节中增加了最新供热设备与技术，删去了附录 C 中部分内容。为适应知识更新的要求，本书的计算方法及引用数据全部采用现行的国家标准与规范的有关内容。

本教材推荐学时为 24 ~ 40 学时。本书各章自成体系，为便于任课教师根据各校的学时计划、讲授对象及其专业特点，自行取舍授课内容。

本书的第一、二章由石岩编写，第三、四章由白莉、石岩编写。

本书在编写过程中曾得到许多同行专家的指导和帮助，在此一并致以诚挚的谢意。限于编者水平，本书难免存在不足之处，尚望同行和读者指正。

编者

目　录

第一章 基础知识

第一节 流体力学基本知识

通常所见到的物质有固体、液体和气体三种形态。而流体是液体和气体的统称。流体力学就是研究流体平衡和运动的力学规律及其应用的科学。

一、流体的主要物理性质

在日常生活中遇到许多流体的运动，如水在江河中流动、煤气在管道中输送、空气从喷口中喷出等，都表现出流体具有易流动性。流体不能承受拉力，静止流体不能抵抗切力。但是流体能承受较大的压力。

下面介绍流体的主要物理性质。

（一）密度

流体和固体一样，也具有质量。对于均质流体，单位体积的质量称为流体的密度，用ρ表示，即

$$\rho=\frac{m}{V} \tag{1-1}$$

式中 ρ——流体的密度(kg/m^3)；

m——流体的质量(kg)；

V——流体的体积(m^3)。

流体的密度随外界压力和温度的变化而变化，例如水在标准大气压(1atm = 101.325kPa，后同)和4℃时，其$\rho=1000kg/m^3$。水银在标准大气压和0℃时，密度是水的13.6倍。干空气在标准大气压和20℃时的密度为$\rho_a=1.2kg/m^3$。

（二）流体的粘滞性

流体的粘滞性可以由下列实验和分析了解到。用流速仪测出管道中某一断面的流速分布，如图1-1所示。流体沿管道直径方向分成很多流层，各层的流速不同，并按某种曲线规律连续变化，管轴心的流速最大，向着管道壁的方向递减，直至管壁处的流速为零。

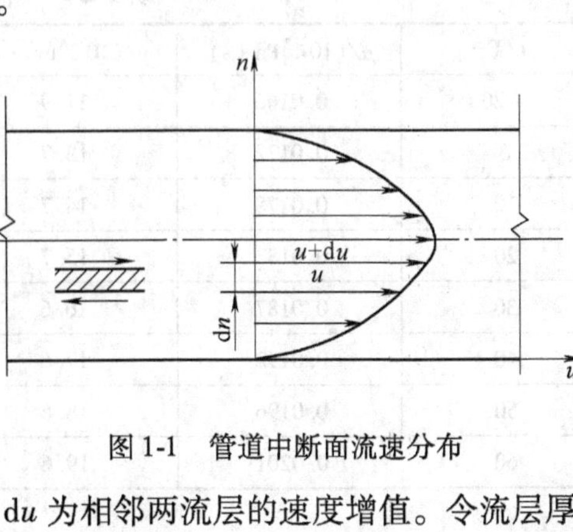

图1-1 管道中断面流速分布

如图1-1所示，取流速方向的坐标为u，垂直流速方向的坐标为n，若令水流中某一流层的速度为u，则与其相邻流层的流速为$u+du$，du为相邻两流层的速度增值。令流层厚度为dn，沿垂直流速方向单位长度的流速增值$\frac{du}{dn}$，叫做流速梯度。由于流体各流层的流速不

同，相邻流层间有相对运动，便在接触面上产生一种相互作用的剪切力，这个力叫做流体的内摩擦力，或称粘滞力。流体在粘滞力的作用下，具有抵抗流体的相对运动（或变形）的能力，称为流体的粘滞性。对于静止流体，由于各流层间没有相对运动，粘滞性不显示。

牛顿在总结实验的基础上，首先提出了流体内摩擦力的假说——牛顿内摩擦定律。如用切应力表示，可写为

$$\tau=\frac{F}{A}=\mu\frac{du}{dn} \tag{1-2}$$

式中　τ——流层单位面积上的内摩擦力，又称切应力（N/m^2, Pa）；

F——内摩擦力（N）；

A——摩擦流层的接触面面积（m^2）；

μ——动力粘度［kg/（m·s）或 Pa·s］，与流体种类有关；

$\frac{du}{dn}$——流速梯度，表示速度沿垂直于速度方向的变化率（1/s）。

流体粘滞性的大小，可用粘度表示。除动力粘度μ外，常用运动粘度$\nu=\frac{\mu}{\rho}$，单位为m^2/s。μ受温度影响大，受压力影响小。水及空气的μ值及ν值如表1-1及表1-2所示。

表1-1　水的粘度

t/℃	$\mu/(10^{-3}Pa\cdot s)$	$\nu/(10^{-6}m^2\cdot s)$	t/℃	$\mu/(10^{-3}Pa\cdot s)$	$\nu/(10^{-6}m^2\cdot s)$
0	1.792	1.792	40	0.656	0.661
5	1.519	1.519	50	0.549	0.556
10	1.308	1.308	60	0.469	0.477
15	1.140	1.140	70	0.406	0.415
20	1.005	1.007	80	0.357	0.367
25	0.894	0.897	90	0.317	0.328
30	0.801	0.804	100	0.284	0.296

表1-2　一个大气压下空气的粘度

t/℃	$\mu/(10^{-3}Pa\cdot s)$	$\nu/(10^{-6}m^2\cdot s)$	t/℃	$\mu/(10^{-3}Pa\cdot s)$	$\nu/(10^{-6}m^2\cdot s)$
-20	0.0166	11.9	70	0.0204	20.5
0	0.0172	13.7	80	0.0210	21.7
10	0.0178	14.7	90	0.0216	22.9
20	0.0183	15.7	100	0.0218	23.6
30	0.0187	16.6	150	0.0239	29.6
40	0.0192	17.6	200	0.0259	25.8
50	0.0196	18.6	250	0.0280	42.8
60	0.0201	19.6	300	0.0298	49.9

流体的粘滞性对流体运动有很大的影响，因为内摩擦阻力做负功，不断损耗运动流体的能量，从而成为实际工程水力计算中必须考虑的一个重要因素。对此，将在后面有关部分进

行讨论。

（三）流体的压缩性和热胀性

流体压强增大体积缩小的性质，称为流体的压缩性。流体温度升高体积膨胀的性质，称为流体的热胀性。

液体的压缩性和热胀性都很小。例如，水从 1atm 增加到 100atm 时，每增加 1atm，水的密度增加 1/20000。水在温度较低（10～20℃）时，温度每增加 1℃，水的密度减小 1.5/10000，当温度较高（90～100℃）时，温度每增加 1℃，水的密度减小也仅为 7/10000。因此，在很多工程上可以忽略液体的压缩性和热胀性，因它带来的误差很小。例如，在建筑设备管道液体输送过程中，除水击和热水情况外，一般在计算中均不考虑液体的压缩性和热胀性。

与液体不同，气体具有显著的压缩性和热胀性。在温度不太低，压强不太高时，密度、压强和温度三者之间的关系服从理想气体状态方程：

$$\frac{p}{\rho}=RT \tag{1-3}$$

式中 p——气体的绝对压强（N/m^2）；

ρ——气体的密度（kg/m^3）；

T——气体的热力学温度（K）；

R——气体常数［J/（kg·K）］，对于空气 $R=287$ J/（kg·K），对于其他气体 $R=\frac{8314}{M}$ J/（mol·K），M 为该气体的摩尔质量（kg/mol）。

对于速度较低（远小于音速）的气体，在流动过程中其压强和温度变化较小，密度可视为常数，这种气体称为不可压缩气体。反之，速度较高（接近或超过音速）的气体，在流动过程中其密度变化较大，密度不能视为常数，这种气体称为可压缩气体。

在建筑设备工程中所接触到的水、气流体，其流速在大多数情况下均较低，因而密度在流动过程中变化较小，密度可视为常数，一般将这种水、气流体，视为易于流动的、具有粘滞性的和不可压缩的流体。

在研究流体运动规律中，还需了解“连续介质”的概念。把流体当作是由密集质点构成的、内部无任何空隙的连续体，这就是连续介质。所谓质点，是指含有大量分子的、与一切流动空间相比体积可忽略不计的、又具有一定质量的流体微团。建立连续介质，既可避开分子运动的复杂性，对流体物质结构进行简化，又可将流体运动中的物理量视为空间坐标和时间变量的连续函数。这样，就可用分析方法来研究流体在外力作用下的机械运动。

二、流体静压强及其分布规律

流体静力学研究流体在静止（平衡）或相对静止（相对平衡）状态下的力学规律及其应用。根据流体的流动性可知，在静止（平衡）或相对静止（相对平衡）状态下，流体只存在压应力——压强。因此，流体静力学的核心问题是研究流体静压强及其分布规律。

（一）流体静压强及其特征

设想在一容器的静止水中，隔离出部分水体Ⅰ来研究，如图 1-2

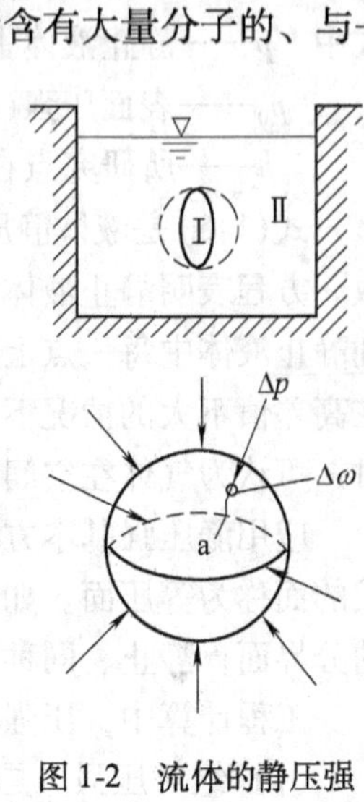

图 1-2 流体的静压强

所示，这种情况必须把周围水体Ⅱ对部分水体Ⅰ的作用力加上去，以保持其静止状态不变。设作用于隔离体表面某一微小面积 $\Delta\omega$ 上的总压力是 Δp，则 $\Delta\omega$ 面上的平均压强为

$$\bar{p}=\frac{\Delta p}{\Delta\omega} \tag{1-4}$$

当所取的面积无限缩小为一点 a，即 $\Delta\omega\to 0$，则平均压强的极限值为

$$p=\lim_{\Delta\omega\to 0}\frac{\Delta p}{\Delta\omega} \tag{1-5}$$

这个极限值 p 称为 a 点的静压强（Pa 或 N/m^2）。

流体静压强有两个特征：

1）流体静压强的方向必定沿着作用面的内法线方向，即垂直于作用面并指向作用面。因为对静止流体来说，不存在拉应力和切应力，所以，只能存在垂直于表面内法线方向的压应力——压强。

2）任意一点各方向的流体静压强大小相同，与作用面的方位无关。

（二）流体静压强的分布规律

在静止液体中任取一点 A，已知 A 点在自由液面下的水深为 h，自由液面上的压强为 p_0，如图 1-3 所示。设 A 点的静水压强为 p，通过 A 点取底面积为 $\Delta\omega$、高为 h，上表面与自由面相重合的铅直小圆柱体，研究其轴向力的平衡。此时作用于轴向的外力有：上表面压力为 $p_0\Delta\omega$，方向垂直向下；下底面的静水压力为 $p\Delta\omega$，方向垂直向上；柱体重力 $G=\rho gh\Delta\omega$，方向垂直向下（图中未绘出）；柱体侧面积的静水压力，方向与轴向垂直（图中未绘出），在轴向投影为零。此铅直小圆柱体处于静止状态，故其轴向力平衡为

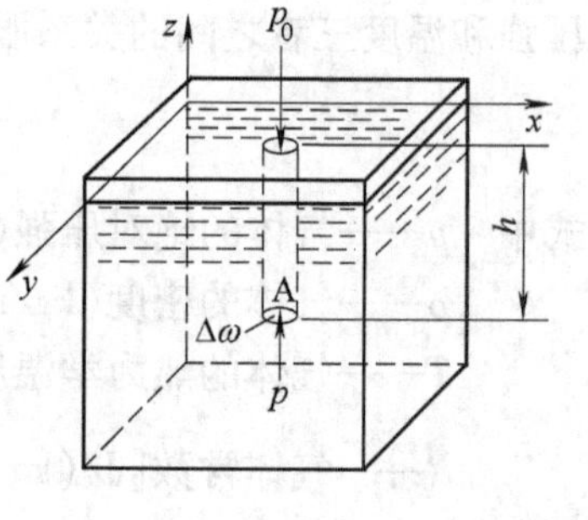

图 1-3 静止液体中的压强分布

$$p\Delta\omega-\rho gh\Delta\omega-p_0\Delta\omega=0$$

化简后得

$$p=p_0+\rho gh \tag{1-6}$$

式中 p——静止液体中任意点的压强（kN/m^2 或 kPa）；

p_0——表面压强（kN/m^2 或 kPa）；

h——所研究点在自由液面下的深度（m）。

式（1-6）是液体静压强基本方程式，又称为流体静力学基本方程式。式中 ρ 和 p_0 都是常数。方程表明静止液体中压强随深度呈直线分布，作用于自由液面上的压强 p_0 等值地传递到静止液体中每一点上。方程也可用于静止气体的压强计算，由于气体密度 ρ 很小，因此，在高差值不大的情况下，可忽略 ρgh 项，则 $p=p_0$。例如研究气体作用在锅炉壁上的静压强时，可认为气体在空间各点的静压强相等。

应用静压强基本方程式分析问题时，要掌握等压面的概念。流体中压强相等的各点所组成的面称为等压面。如液体与气体的交界面（自由表面）；处于平衡状态下的两种不同液体的分界面；静止、同种类、连续液体的水平面等都是等压面。

工程计算中，压强有不同的量度基准：

（1）绝对压强 是以完全真空为零点计算的压强，用 p'表示。

（2）相对压强　是以大气压强 p_a 为零点计算的压强，用 p 表示。

由上可知，相对压强与绝对压强的关系为

$$p = p' - p_a \tag{1-7}$$

某一点的绝对压强与大气压强比较，可以大于大气压强，也可以小于大气压强，因此相对压强可以是正值也可以是负值。相对压强的正值称为正压（即压力表读数）；负值称为负压，这时流体处于真空状态，通常用真空度（或真空压强）来度量流体的真空程度。所谓真空度，是指某点的绝对压强不足于一个大气压强的部分，用 p_k 表示，即

$$p_k = p_a - p' = -p \tag{1-8}$$

某点的真空度愈大，说明它的绝对压强愈小。真空度的最大值为 98kN/m^2，即绝对压强为零，处于完全真空状态；真空度的最小值为零，即处于一个大气压强下。真空度 p_k 在 0 ~ 98kN/m^2 的范围内变动。

真空度实际上等于负的相对压强的绝对值。例如某点的绝对压强是 40kN/m^2，如用相对压强表示，$p = 40\text{kN/m}^2 - 98\text{kN/m}^2 = -58\text{kN/m}^2$；采用真空度表示，则 $p_k = 98\text{kN/m}^2 - 40\text{kN/m}^2 = 58\text{kN/m}^2$。从式（1-7）、式（1-8）亦可以看出，真空度有时叫做“负压”，就是这个缘故。

在建筑设备的水、气输送工程中，如水泵吸水管、虹吸管和风机吸风口等，经常遇到真空度的计算和量测。

在工程计算中，通常采用相对压强，如图 1-4 所示，水池任一受压壁面 AB，内外都有大气压作用而相互抵消。实际作用于 AB 壁面上的静压强分布如 ABC 所示，其图形称为相对压强分布图。

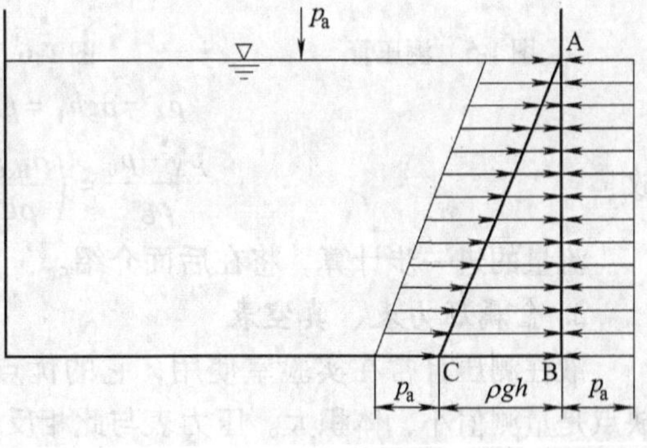

图 1-4　水池壁相对压强分布

压强单位如前所述，除用单位面积上的压力和工程大气压表示外，过去还用液柱高度表示，如米水柱、毫米水柱、毫米汞柱。如

$$h = \frac{p_a}{\rho g} = \frac{98\text{kN/m}^2}{9.8\text{kN/m}^3} = 10\text{mH}_2\text{O} = 10000\text{mmH}_2\text{O}$$

$$h_{Hg} = \frac{p_a}{\rho_{Hg} g} = \frac{98\text{kN/m}^2}{133.38\text{kN/m}^3} = 73.56\text{cmHg} = 735.6\text{mmHg}$$

上述三种压强单位的关系是

1 个工程大气压 $= 10\text{mH}_2\text{O} = 735.6\text{mmHg} = 98\text{kN/m}^2 = 98000\text{Pa}$。

除了流体静压强的计算外，工程上常遇到流体静压强的量测问题，如锅炉，制冷压缩机，水泵和风机等设备中均需测定压强。常用的测压仪器有液柱测压计、金属压力表和真空表等，简单介绍如下：

1. *液柱测压计*

测压管是一种最简单的液柱测压计，如图 1-5 所示。A 的静压强用水柱高度 h 表示。如果被测点的压强值较大，则水柱将会很高，观测不便。可以在测压管中充以密度大的液体，例如水银测压计，如图 1-6 所示。

在测量微小的压强时，为了提高测量精度，常采用倾斜微压计。

当测量两种容器的压强差时，可采用比压计。

图1-7是一种常用的测量流体流量的仪器，叫文丘里流量计，是一段管径先收缩后扩大的短管，它装置在管路中，将流量计收缩前的A点和收缩的B点分别与水银比压计的两端连通。当管中水从A向B通过时，因A、B两点的压强不等，在水银比压计上将出现某一水银柱高差Δh。以N-N为等压面，则

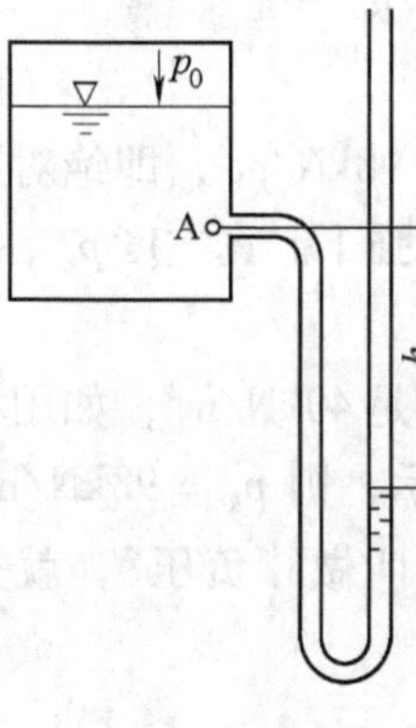

图1-5　测压管

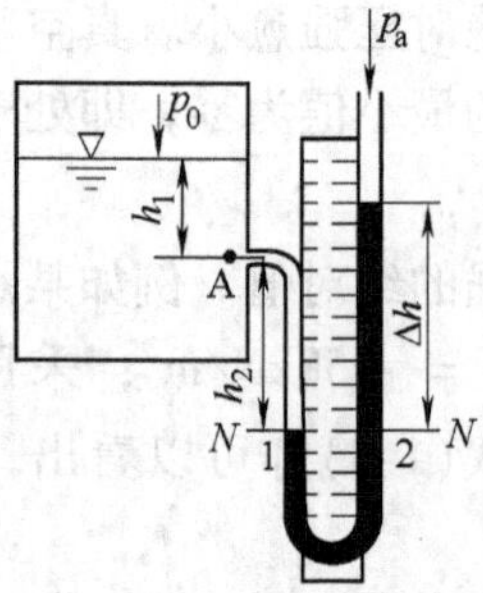

图1-6　水银测压计

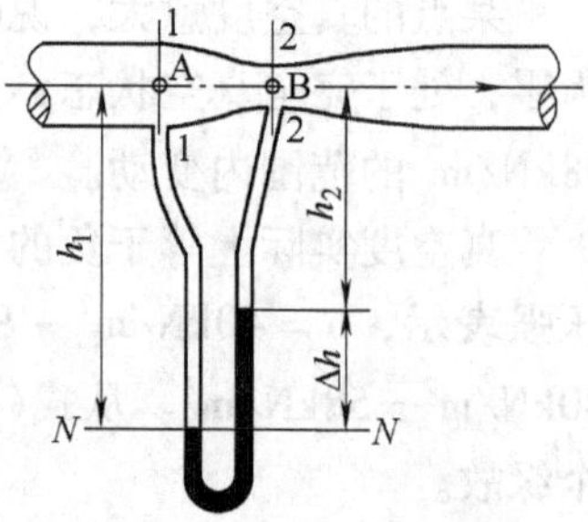

图1-7　文丘里流量计

$$p_{\mathrm{A}}=\rho g h_1=p_{\mathrm{B}}+\rho g h_2+\rho_{\mathrm{Hg}} g \Delta h$$

故
$$\frac{p_{\mathrm{A}}-p_{\mathrm{B}}}{\rho g}=\left(\frac{\rho_{\mathrm{Hg}} g}{\rho g}-1\right)\Delta h=12.6\Delta h \tag{1-9}$$

流量的进一步计算，将在后面介绍。

2. 金属压力表、真空表

液柱测压计常在实验室使用，它的优点是准确度高，缺点是量测值小，体积大。压力表与此相反，压力表的种类很多，常用的为弹簧压力表，构造如图1-8所示。表内有一根下端开口上端封闭的镰刀形青铜管，开口端与测点相接，封闭端外有细链条与齿轮连接。测压时，青铜管在流体压力作用下发生伸张，从而牵动齿轮旋转，齿轮上的指针便把压强的大小在表盘上指示出来。

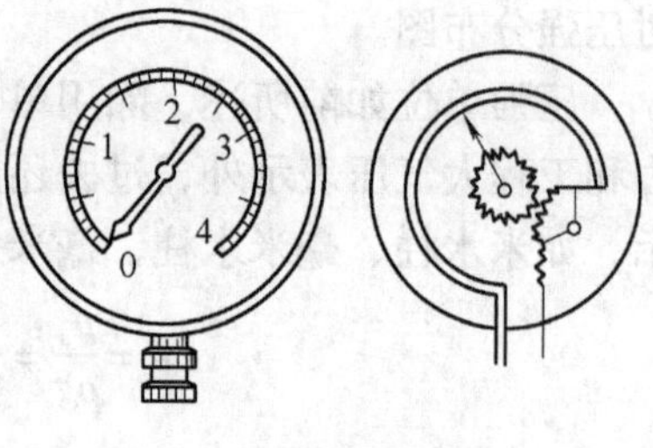

图1-8　弹簧压力表

真空表是用来测量真空度的仪表，亦可分为液体的和金属的两种，其构造、作用原理与上述各测压计基本相同。

真空表常装在离心泵吸水管上，表盘读数常用0~760mmHg表示。

三、恒定流的连续性方程

（一）流体运动的基本概念

1. 压力流与无压流

（1）压力流　流体在压差作用下流动时，流体整个周界都和固体壁相接触，没有自由表面，如供热工程中输送的汽、水带热体的管流，风道中的气流，给水工程中输送的水流等都是压力流。

（2）无压流　液体在重力作用下流动时，液体的部分周界与固体壁相接触，部分周界与气体相接触，形成自由表面，如天然河流、明渠流等一般都是无压流动。

2. 恒定流与非恒定流

（1）恒定流　流场中各空间点的运动要素（速度、压强、密度等）皆不随时间变化的流动称为恒定流动，如图 1-9a 所示。

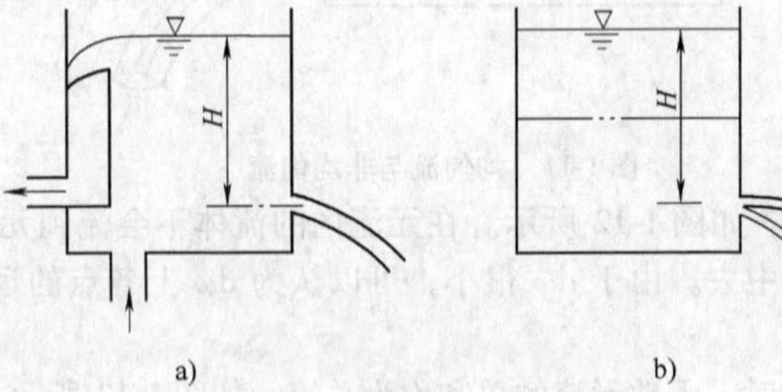

图 1-9　恒定流与非恒定流

（2）非恒定流　流场中各空间点的运动要素（速度、压强、密度等）皆随时间变化而变动的流动称为非恒定流。水箱出流时如果水箱内水位 H 发生变化，就是非恒定流，如图 1-9b 所示。

实际工程中，多数系统正常运行时是恒定流，或虽为非恒定流，但运动参数随时间的变化缓慢，仍可近似按恒定流处理。

3. 流线与迹线

（1）流线　流体运动时，在流速场中画出某时刻的这样的一条空间曲线，它上面所有流体质点在该时刻的流速矢量都与这条曲线相切，这条曲线就称为该时刻的一条流线，如图 1-10 所示。

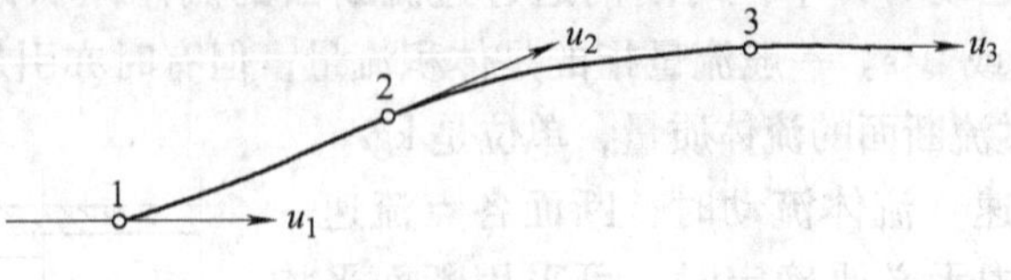

图 1-10　流线

（2）迹线　流体质点在某一时段的运动轨迹称为迹线。流线与迹线是两个完全不同的概念。非恒定流时流线与迹线不相重合；在恒定流中，流线不随时间变化，流线上的质点继续沿流线运动，此时流线和迹线在几何上是一致的，两者重合。

4. 均匀流与非均匀流

（1）均匀流　流线是平行直线的流动称为均匀流。如等截面长直管中的流动。

（2）非均匀流　流线不是平行直线的流动称为非均匀流。如流体在收缩管、扩大管或弯管内的流动等。它又可分为

1）渐变流：流线接近平行线的流动称为渐变流，如图 1-11 中 A 区。

2）急变流：流线不能视为平行直线的流动称为急变流，如图 1-11 中 B、C、D 区。

5. 元流、总流、过流断面、流量与断面平均流速

（1）元流　流体运动时，在流体中取一微小面积 $d\omega$，并在 $d\omega$ 面积上各点引出流线并

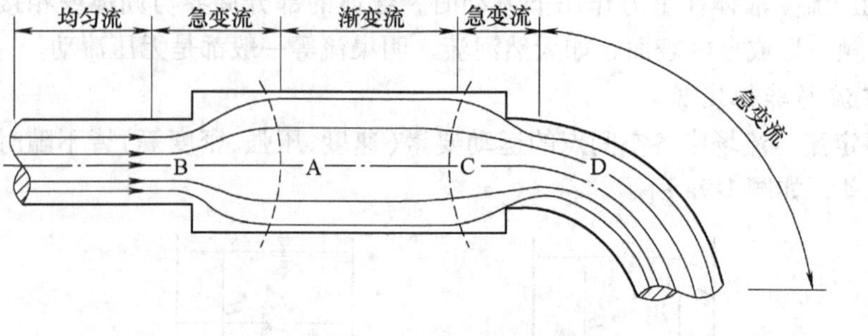

图1-11 均匀流与非均匀流

形成了一股流束称为元流，如图1-12所示。在元流内的流体不会流到元流外面；在元流外面的流体亦不会流进元流中去。由于 $d\omega$ 很小，可以认为 $d\omega$ 上各点的运动要素(压强与流速)相等。

(2) 总流 流体运动时，无数元流的总和称为总流，如图1-12所示。

(3) 过流断面 流体运动时，与元流或总流全部流线正交的横断面称为过流断面。用 $d\omega$ 或 ω 表示，单位为 m^2 或 cm^2。均匀流的过流断面为平面，渐变流的过流断面可视为平面；非均匀流的过流断面为曲面，如图1-13所示。

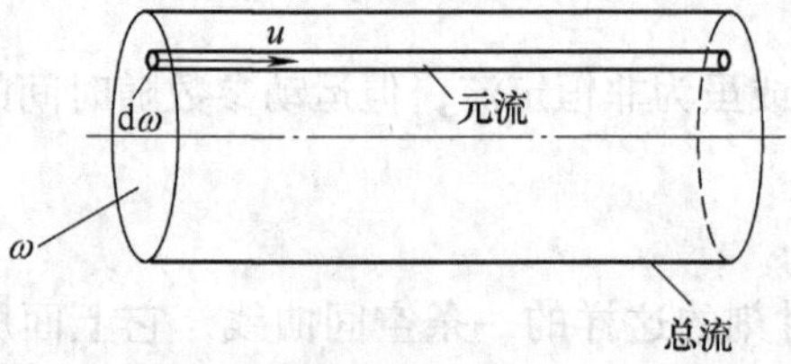

图1-12 元流与总流

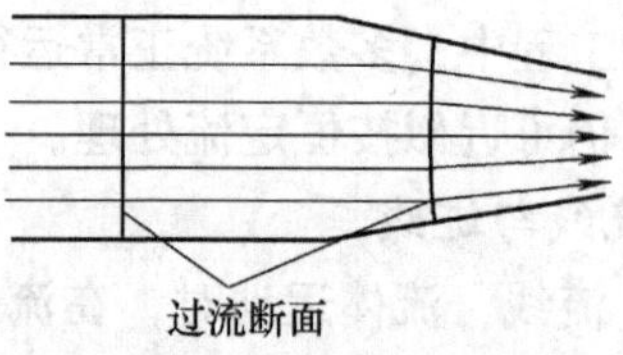

图1-13 流线与过流断面

(4) 流量 流体运动时，单位时间内通过过流断面的流体体积称为体积流量。用符号 Q 表示，单位为 m^3/s 或 L/s。一般流量指的是体积流量，但有时亦引用质量流量，质量流量表示单位时间内通过过流断面的流体质量，单位是kg/s。

(5) 断面平均流速 流体流动时，断面各点流速一般不易确定，当工程中无必要确定时，可采用断面平均流速(v)简化流动。如图1-14所示，断面平均流速为断面上各点流速的平均值。因此，过流断面面积乘以断面平均流速 v 所得到流量，等于实际流速通过该断面的流量。即

$$Q = v\omega = \int_{\omega} u \mathrm{d}\omega$$

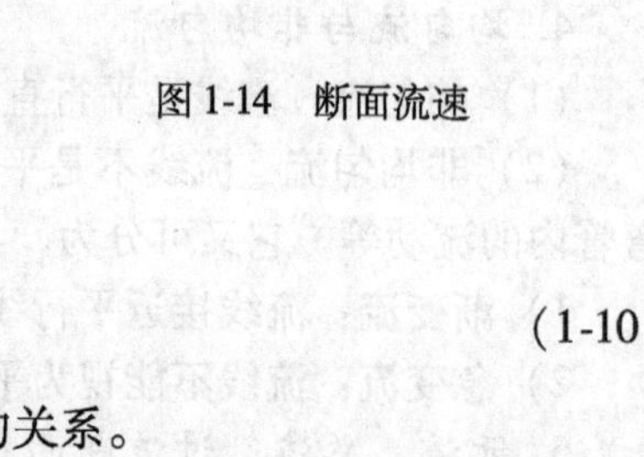

图1-14 断面流速

显然，断面平均流速计算式为

$$v = \frac{\int_{\omega} u \mathrm{d}\omega}{\omega} = \frac{Q}{\omega} \tag{1-10}$$

式(1-10)表达了流量、过流断面和平均流速三者之间的关系。

（二）恒定流的连续性方程

恒定流连续性方程是流体运动的基本方程之一，它的形式虽然简单，但是应用极为广泛。

在恒定总流中任取一元流，如图 1-15 所示，元流在 1-1 过流断面上的面积为 $d\omega_1$，流速为 u_1；在 2-2 过流断面上的面积为 $d\omega_2$，流速为 u_2。并考虑到：

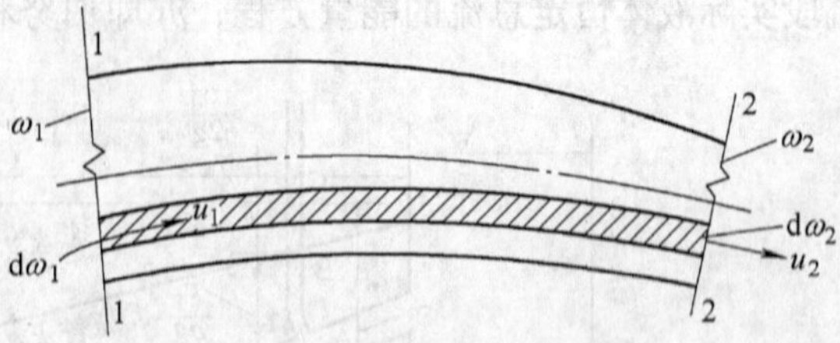

图 1-15 恒定总流段

1）由于流动是恒定流，元流形状及空间各点的流速不随时间变化。

2）流体是连续介质。

3）流体不能从元流的侧壁流入或流出。

因此，应用质量守恒定律，流进 $d\omega_1$ 断面的质量必然等于流出 $d\omega_2$ 断面的质量。令流进的流体密度为 ρ_1，流出的流体密度为 ρ_2，则在 dt 时间内流进与流出的质量相等

$$\rho_1 u_1 d\omega_1 dt = \rho_2 u_2 d\omega_2 dt$$

或

$$\rho_1 u_1 d\omega_1 = \rho_2 u_2 d\omega_2$$

推广到总流，得

$$\int_{\omega_1} \rho_1 u_1 d\omega_1 = \int_{\omega_2} \rho_2 u_2 d\omega_2$$

如果过流断面上密度为常数，以 $\int_{\omega} u d\omega = Q$ 代入上式，得

$$\rho_1 Q_1 = \rho_2 Q_2 \tag{1-11}$$

或

$$\rho_1 \omega_1 v_1 = \rho_2 \omega_2 v_2 \tag{1-12}$$

式中 ρ——密度（kg/m^3）；

ω——总流过流断面面积（m^2）；

v——总流的断面平均流速（m/s）；

Q——总流的体积流量（m^3/s）。

式(1-11)与式(1-12)为总流连续性方程式的普遍形式——质量流量的连续性方程式。

当流体不可压缩时，流体的密度不变，由式(1-12)得

$$Q_1 = Q_2 \tag{1-13}$$

或

$$v_1 \omega_1 = v_2 \omega_2 \tag{1-14}$$

式(1-13)与式(1-14)是不可压缩流体的总流连续性方程——体积流量的连续性方程式。方程表示流速与断面积成反比的关系，在实际工程中应用广泛。

若在工程上遇到可压缩流体，可用总流质量流量的连续性方程式，即式(1-11)和式(1-12)。

四、恒定流能量方程式

能量守恒及其转化规律是物质运动的一个普遍规律。应用此规律来分析流体运动，可以揭示流体在运动中压强、流速等运动要素随空间位置的变化关系——能量方程式，从而为解决许多工程技术问题奠定基础。

（一）恒定总流实际液体的能量方程式

1738 年荷兰科学家达·伯努利(Daniel Bernoulli)根据功能原理建立了不考虑粘性作用的理想液体的能量方程式，然后，考虑液体的粘性影响，推演出如图 1-16 中 1-1 和 2-2 断面间流段实际液体恒定总流的能量方程，亦即伯努利方程式：

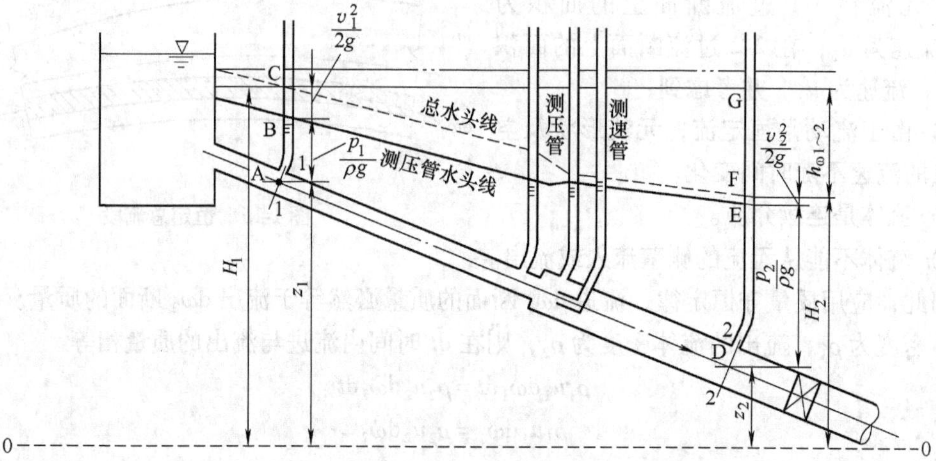

图 1-16　圆管中有压流动的总水头线与侧压管水头线

$$z_1+\frac{p_1}{\rho g}+\frac{\alpha_1 v_1^2}{2g}=z_2+\frac{p_2}{\rho g}+\frac{\alpha_2 v_2^2}{2g}+h_{\omega 1-2} \tag{1-15}$$

式中　z_1、z_2——过流断面 1-1、2-2 上的位置水头；

$\frac{p_1}{\rho g}$、$\frac{p_2}{\rho g}$——过流断面 1-1、2-2 上的压强水头(简称压头)；

$\frac{\alpha_1 v_1^2}{2g}$、$\frac{\alpha_2 v_2^2}{2g}$——过流断面 1-1、2-2 上的流速水头；

$h_{\omega 1-2}$——液体通过流段 1-2 的水头损失；

α——动能修正系数，为用断面平均流速 v 代替质点流速 u 计算动能所造成误差的修正，一般 $\alpha=1.05\sim1.1$，为计算方便，常取 $\alpha=1.0$。

式(1-5)能量方程式中每一项的单位都是长度单位，都可以在断面上用铅直线段在图中表示出来。这样就可以更形象地描述方程式各项在流动过程中的变化关系(压强和流速可用测压管和测速管量测出来)，如图 1-16 所示。

如果把各断面上的总水头 $H=\left(z+\frac{p}{\rho g}+\frac{\alpha v^2}{2g}\right)$ 顶点连成一条线，则此线称为总水头线，如图 1-16 中虚线所示。在实际水流中，由于水头损失 $h_{\omega 1-2}$ 的存在，所以总水头线总是沿流程下降的倾斜线。总水头线沿流程的降低值 $h_{\omega 1-2}$ 与沿程长度 l 的比值，称为总水头坡度或水力坡度，它表示沿流程单位长度上的水头损失，用 i 表示，即

$$i=\frac{h_\omega}{l} \tag{1-16}$$

如果把各过流断面的测压管水头 $\left(z+\frac{p}{\rho g}\right)$ 连成线，则此线称为测压管水头线，如图 1-16 中实线所示。测压管水头线可能上升，可能下降，也可能水平，可能是直线也可能是曲线。

（二）实际气体恒定总流的能量方程式

对于不可压缩的气体，液体能量方程式同样可以适用，由于气体密度很小，式中重力做功可以忽略不计。一般通风管道中，过流断面上的流速分布比较均匀，动能修正系数可采用$\alpha=1.0$，这样，实际气体总流的能量方程式为

$$\frac{p_1}{\rho g}+\frac{\alpha_1 v_1^2}{2g}=\frac{p_2}{\rho g}+\frac{\alpha_2 v_2^2}{2g}+h_{\omega 1-2} \tag{1-17}$$

或者写为

$$p_1+\frac{\rho v_1^2}{2}=p_2+\frac{\rho v_2^2}{2}+\rho g h_{\omega 1-2} \tag{1-18}$$

实际气体总流的能量方程与液体总流的能量方程比较，除各项单位以压强来表达气体单位体积平均能量外，对应项意义基本相近，即：p是过流断面的相对压强，工程上称静压；$\frac{\rho g v^2}{2g}$工程上称动压；$p+\frac{\rho g v^2}{2g}$为过流断面的静压与动压之和，工程上称全压；$\rho g h_{\omega 1-2}$是在连续流条件下，1、2两过流断面间的压强损失。

（三）能量方程应用举例

【例1-1】 如图1-7所示的文丘里流量计，当水流通过时，水银压差计的读数是Δh，求通过的流量Q值。

【解】 断面选在安置水银压差计的1-1和2-2上，基面选为文丘里管轴线，则列断面1-1、2-2的能量方程式为

$$z_1+\frac{p_1}{\rho g}+\frac{\alpha_1 v_1{}^2}{2g}=z_2+\frac{p_2}{\rho g}+\frac{\alpha_2 v_2{}^2}{2g}+h_{\omega 1-2}$$

取$\alpha_1=\alpha_2=1.0$。因管路很短，水头损失很小，可取$h_{\omega 1-2}\approx 0$。又由于文丘里管水平设置，采用的是水银比压计，故$z_1=z_2=0$；$\frac{p_1}{\rho g}-\frac{p_2}{\rho g}=12.6\Delta h$。

将上述诸值代入上式可得

$$12.6\Delta h=\frac{v_2^2}{2g}-\frac{v_1^2}{2g} \tag{1}$$

根据连续性方程式得

$$v_2=v_1\frac{d_1^2}{d_2^2} \tag{2}$$

（1）（2）联立得

$$12.6\Delta h=\frac{v_1^2}{2g}\left(\frac{d_1^4}{d_2^4}-1\right)$$

或

$$v_1=\sqrt{\frac{2g(12.6\Delta h)}{\frac{d_1^4}{d_2^4}-1}}$$

所以

$$Q'=\omega_1 v_1=\frac{\pi d_1^2}{4}\sqrt{\frac{2g(12.6\Delta h)}{\frac{d_1^4}{d_2^4}-1}}$$

为了简化公式，常用符号A表示上式的常数值

$$A=\frac{\pi d_1^2}{4}\sqrt{\frac{2g}{\frac{d_1^4}{d_2^4}-1}} \tag{1-19}$$

则文丘里流量计公式为

$$Q'=A\ \sqrt{12.6\Delta h}$$

上式未计入水头损失，算得的流量会比管中实际流量略大。如果考虑流经文丘里流量计过流断面1-1、2-2间的水头损失，应乘以小于1的系数μ，称为文丘里流量系数，实验中测定值一般为0.97～0.99之间，因此，实际流量为

$$Q=\mu A\ \sqrt{12.6\Delta h} \tag{1-20}$$

【例1-2】 图1-17所示为一轴流风机。直径$d=200\text{mm}$，吸入管的测压管水柱高$h=20\text{mm}$，空气的密度$\rho_a=1.2\text{kg/m}^3$，求轴流风机的风量(假定进口损失很小，可以忽略不计)。

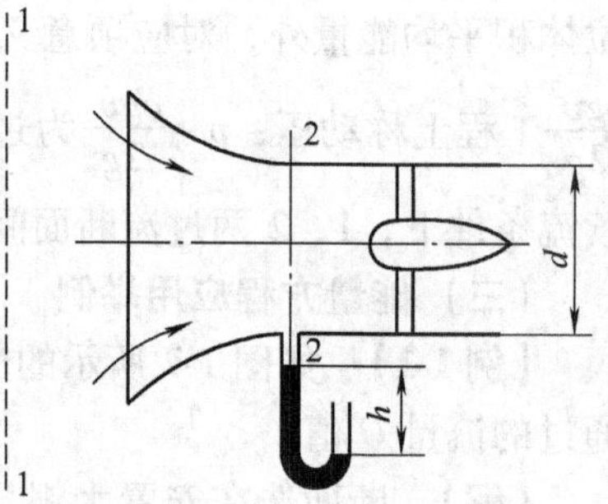

图1-17 轴流风机简图

【解】 风机在实际工程中经常遇到这样的情况：它从大气中吸入空气，进入吸入管段，然后经过风机加压，送至需要的地方，本题就是风机的吸入管段，因为吸入管段中的流量为$Q=\omega v$，其中ω为已知，故需用气体总流的能量方程式求出流速v。过流断面1-1取在距进口较远的大气中，流速很小，即$\frac{v_1^2}{2g}\approx 0\text{m}$，1-1断面上大气压强为已知，即相对压强$p_1\approx 0$。2-2过流断面取在水银测压计的渐变流断面上，则此断面上压强已知，相对压强为

$$p_2=-\rho gh=-1000\text{kg/m}^3\times 9.8\text{m/s}^2\times 0.02\text{m}=-196\text{N/m}^2$$

此外，若能量方程所需基面取为轴流风机的水平中心轴线，则用气体能量方程式

$$p_1+\frac{\rho v_1^2}{2}=p_2+\frac{\rho v_2^2}{2}+\rho g h_{\omega 1-2}$$

将上述各项数值代入上式，并且忽略过流断面1-1、2-2之间的能量损失，在1-2之间为连续流条件下，可得

$$0\text{Pa}+0\text{Pa}=-196\text{Pa}+1.2\text{kg/m}^3\times\frac{v_2^2}{2}+0\text{Pa}$$

所以

$$v_2=18\text{m/s}$$

故

$$Q=v_2\omega_2=18\text{m/s}\times\frac{\pi}{4}\times(0.2\text{m})^2=0.565\text{m}^3/\text{s}$$

五、流动阻力和流动型态

(一) 流动阻力和水头损失的两种形式

按照流体的能量方程式去解决各种实际工程技术问题，就得确定水头损失$h_{\omega 1-2}$，本节的任务就是研究恒定流动时各种流态下的水头损失的计算。

流动阻力和水头损失可分为两种形式：

1. 沿程阻力和沿程水头损失

流体在长直管(或明渠)中流动，所受的摩擦阻力称为沿程阻力。为了克服沿程阻力而消耗的机械能量水头称为沿程水头损失 h_f。

2. 局部阻力和局部水头损失

流体的边界在局部地区发生急剧变化时，迫使主流脱离边壁而形成旋涡，流体质点间产生剧烈地碰撞，所形成的阻力称为局部阻力。为了克服局部阻力而消耗的机械能量水头称为局部水头损失 h_j。

图 1-18 所示一给水管道，管道有弯头、突然扩大、突然缩小、闸门等。在管径不变的直管段上，只有沿程水头损失 h_f，测压管水头线和总水头线都是互相平行的直线。在弯头、突然扩大、突然缩小、闸门等水流边界面急剧改变处产生局部水头损失。

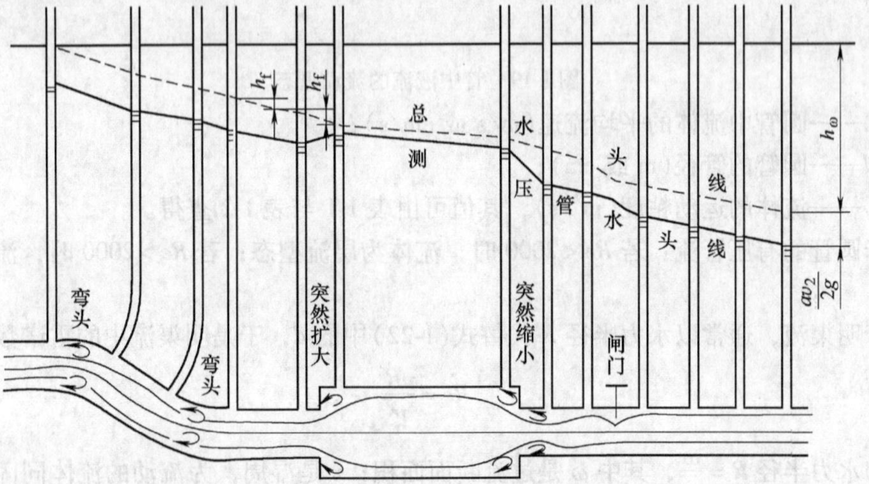

图 1-18　给水管道沿程和局部水头损失

整个管道的总水头损失 $h_{\omega 1-2}$ 等于各沿程水头损失 h_f 与各局部水头损失 h_j 分别叠加之和，即

$$h_{\omega 1-2} = \sum h_f + \sum h_j \tag{1-21}$$

(二) 流动的两种型态——层流和湍流

流体在流动过程中，呈现出两种不同的流动型态。

图 1-19a 所示为一玻璃管中水的流动。若不断投加红颜色水于液体中，当液体流速较低时，将看到玻璃管内有股红色水流的细流，像一条线一样，如图 1-19b 所示，水流是成层成束的流动，各流层间并无质点的掺混现象，这种水流型态称为层流。如果加大管中水的流速，红颜色水随之开始动荡，成波浪形，如图 1-19c 所示。继续加大流速，将出现红色水向四周扩散，质点或液团相互混掺，流速越大，混掺程度越烈，这种水流型态称为紊流，如图 1-19d 所示。

雷诺氏用无因次量纲分析方法得到无因次量——雷诺数来判断流动型态。

$$Re = \frac{vd}{\nu} \tag{1-22}$$

式中　Re——雷诺数；

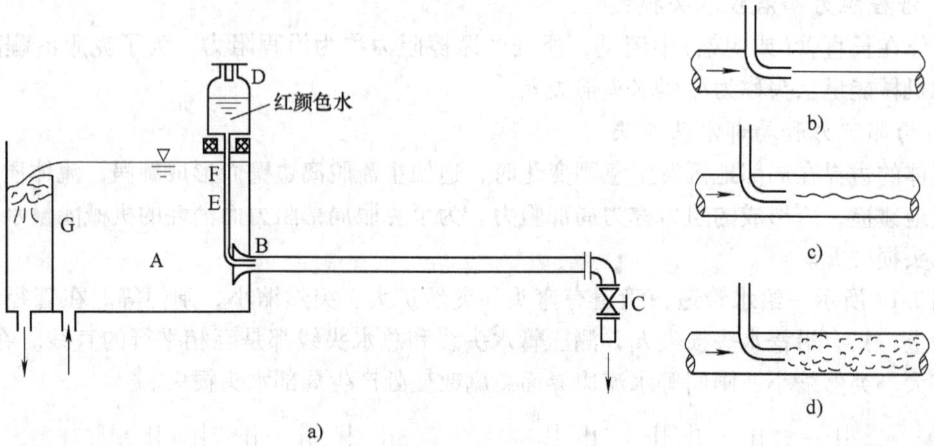

图1-19 管中液流的流动型态

υ——圆管中流体的平均流速(m/s或cm/s)；

d——圆管的管径(m或cm)；

ν——流体的运动粘度(m^2/s)，其值可由表1-1与表1-2查得。

对于圆管的有压管流：若$Re<2000$时，流体为层流型态；若$Re>2000$时，流体为紊流型态。

对于明渠流，通常以水力半径R代替式(1-22)中的d，于是明渠流中的雷诺数为

$$Re=\frac{\upsilon R}{\nu} \tag{1-23}$$

因为水力半径$R=\frac{\omega}{x}$，其中ω是过流断面面积；x是湿周，为流动的流体同固体边壁在过流断面上接触的周边长度。例如有压管流的水力半径$R=\frac{\omega}{x}=\frac{\frac{\pi d^2}{4}}{\pi d}=\frac{d}{4}$；对于矩形断面的管道，其$R=\frac{ab}{2(a+b)}$。

$Re<500$时，明渠流为层流型态。

$Re>500$时，明渠流为湍流型态。

在建筑设备工程中，绝大多数的流体运动都处于湍流型态。只有在流速很小，管径很小或粘滞性很大的流体运动时(如地下水渗流，油管等)才可能发生层流运动。

(三) 沿程水头损失

流体运动时，不同流态的水头损失规律是不一样的。

工程中的大多数流动是紊流，因此下面介绍湍流型态下的水头损失。迄今为止，用理论的方法只能推导层流的沿程水头损失，这类公式普遍表达为

$$h_f=\lambda\frac{l}{d}\frac{\upsilon^2}{2g} \tag{1-24}$$

式中 h_f——沿程水头损失(m)；

λ——沿程阻力系数；

d——管径(m)；

l——管长(m)；

v——管中平均流速(m/s)。

对于气体管道，则可将式(1-24)写成压头损失的形式，即

$$p_f = \lambda \frac{l}{d} \frac{\rho v^2}{2} \tag{1-25}$$

式中 p_f——压头损失(N/m^2)。

对于非圆断面管渠，$d=4R$，所以式(1-24)变为

$$h_f = \lambda \frac{l}{4R} \frac{v^2}{2g} \tag{1-26}$$

在实际工程中，有时是已知沿程水头损失 h_f 和水力坡度 i，而要求流速 v 的大小，为此，将式(1-26)整理得到

$$v = \sqrt{\frac{8g}{\lambda}} \sqrt{Ri} = C\sqrt{Ri} \tag{1-27}$$

式(1-27)称为均匀流速公式或谢才公式。式中 $C=\sqrt{\frac{8g}{\lambda}}$ 称为流速系数或谢才系数。

(四) 沿程阻力系数 λ 和流速系数 C 的确定

1. 尼古拉兹实验曲线

沿程阻力系数 λ 是反映边界粗糙情况和流态对水头损失影响的一个系数。层流中沿程阻力系数 λ 与雷诺数 Re 的关系为 $\lambda=f(Re)$；在湍流中 λ 与雷诺数及粗糙度之间的关系，在理论上至今没有完全解决。为了确定沿程阻力系数与雷诺数及粗糙度的变化规律，尼古拉兹在圆管内壁用胶粘上经过筛分具有同一粒径 Δ 的砂粒，人工制成粗糙度均匀的颗粒，然后对不同粗糙度的管道进行实验。不同工业管道当量粗糙度见表1-3。于1933年尼古拉兹发表了其反映圆管流动情况的实验结果。

表1-3 不同工业管道当量粗糙度

管道材料	Δ/mm	管道材料	Δ/mm
钢板制风管	0.15	竹风道	0.8~1.2
塑料板制风管	0.10	铅管、钢管、玻璃管	0.01
矿渣石膏板风管	1.0	镀锌钢管	0.15
表面光滑砖风道	4.0	钢管	0.046
矿渣混凝土板风管	1.5	涂沥青铸铁管	0.12
铁丝网抹灰风管	10~15	铸铁钢管	0.25
胶合板风管	1.0	混凝土管	0.3~3.0
地面沿墙砌造风道	3~6	木条拼合圆管	0.18~0.9
墙内砌砖风管	5~10	鞍钢焊接黑铁管	0.4~0.1

尼古拉兹实验装置如图1-20所示。实验是在恒定流的条件下进行的。在管段1-1和2-2的两个断面上装有测压管，当管中平均流速为 v 时，两测压管的水面高差等于1-2管段的沿

程水头损失 h_f。然后按照公式 $h_f=\lambda\,\dfrac{l}{d}\,\dfrac{v^2}{2g}$计算 λ 值。调节尾阀的不同开度，可得到不同的 Q、v、Re 和 λ 值。并将它们绘在对数坐标纸上，横坐标以 lgRe 表示，纵坐标以 lg(100λ)表示。用几种不同相对粗糙度 Δ/d 的管子进行同样的实验，最后得出如图 1-21 所示的结果。分析这些曲线可得出以下一些结论：

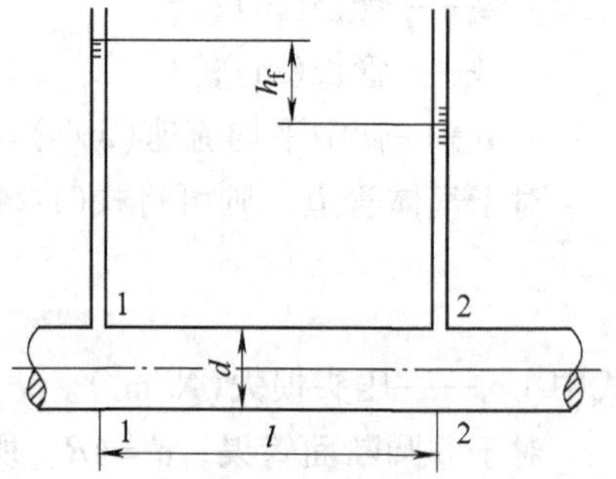

图 1-20　圆管中恒定流动

（1）层流区　当 $Re<2300$ 时，所有的试验点聚积在直线Ⅰ上，说明 λ 与相对粗糙度$\left(\dfrac{\Delta}{d}\text{或}\dfrac{r}{d}\right)$无关，并且

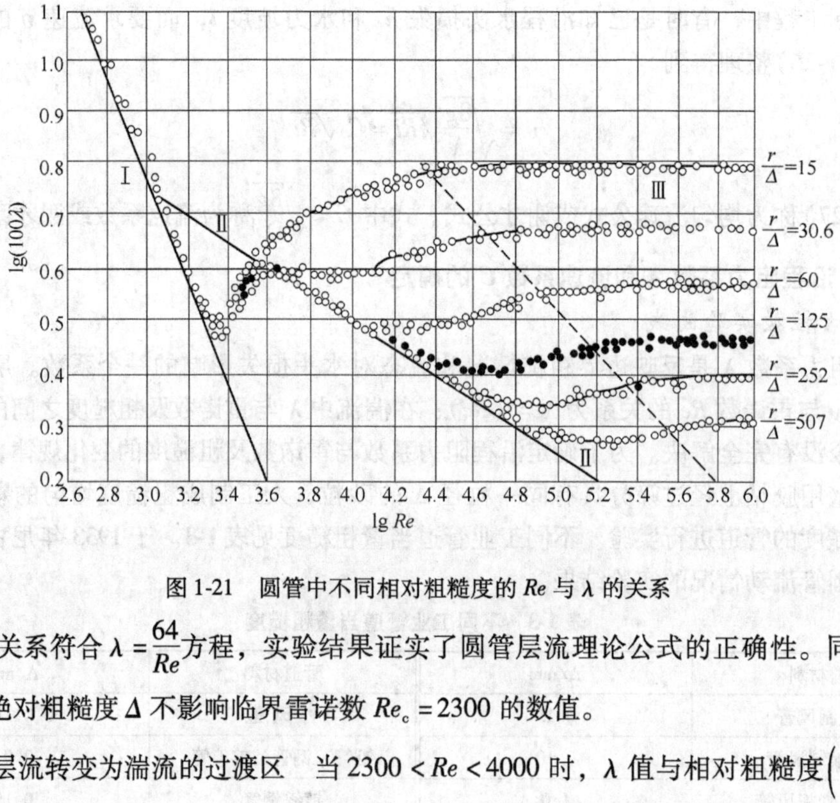

图 1-21　圆管中不同相对粗糙度的 Re 与 λ 的关系

λ 与 Re 的关系符合 $\lambda=\dfrac{64}{Re}$方程，实验结果证实了圆管层流理论公式的正确性。同时，此实验亦证明绝对粗糙度 Δ 不影响临界雷诺数 $Re_c=2300$ 的数值。

（2）层流转变为湍流的过渡区　当 $2300<Re<4000$ 时，λ 值与相对粗糙度$\left(\dfrac{\Delta}{d}\text{或}\dfrac{r}{d}\right)$及 Re 有关。

（3）紊流区　$Re>4000$ 后形成，根据 λ 的变化规律，此区流动又可分为如下三个流区：

1）水力光滑区：当 $Re>4000$ 时，所有聚集在线Ⅱ-Ⅱ上的实验点，沿程阻力系数 λ 与 Re 有关，而与相对粗糙度无关。反映此区的代表性方程为 $\lambda=\dfrac{0.3164}{Re^{0.25}}$。

2）水力过渡区：接于水力光滑区之后，此区沿程阻力系数与雷诺数 Re 和相对粗糙度(Δ/d)都有关。

3）阻力平方区：当 Re 增加到相当大时，实验曲线成为与横轴平行的直线，这说明 λ 值仅与相对粗糙度有关，而与 λ 无关。此区的代表性方程为 $\lambda=0.11\left(\dfrac{\Delta}{d}\right)^{0.25}$。此区的流动阻力与流速二次方成正比，故称阻力平方区。

尼古拉兹实验全面揭示了不同流态下 λ 和 Re 及相对粗糙度的关系和 λ 计算式的适用范围。

2. 沿程阻力系数 λ 的经验公式

（1）水力光滑区

$$Re<10^5 \text{ 时} \qquad \lambda=\frac{0.3164}{Re^{0.25}} \tag{1-28}$$

$$Re>10^5 \text{ 时} \qquad \frac{1}{\sqrt{\lambda}}=2\lg(Re\sqrt{\lambda})-0.8 \tag{1-29}$$

（2）水力过渡区

$$\lambda=\frac{1.42}{\left(\lg Re\frac{d}{\Delta}\right)^2} \tag{1-30}$$

在供热管道中可以采用以下近似公式：

$$d<200\text{mm 时} \qquad \lambda=\frac{0.343}{\left(\frac{d}{\Delta}\right)^{0.125}Re^{0.17}} \tag{1-31}$$

$$d>200\text{mm 时} \qquad \lambda=\frac{0.183}{\left(\frac{d}{\Delta}\right)^{0.087}Re^{0.134}} \tag{1-32}$$

（3）粗糙管区(阻力平方区)

$$\lambda=\frac{1}{\left(1.74+2\lg\frac{d}{2\Delta}\right)^2} \tag{1-33}$$

通风管道的综合经验公式

$$\lambda=-2\lg\left(\frac{\Delta}{3.7d}+\frac{2.51}{Re\sqrt{\lambda}}\right) \tag{1-34}$$

供热管道的综合经验公式

$$\lambda=0.11\left(\frac{\Delta}{d}+\frac{68}{Re}\right)^{0.25} \tag{1-35}$$

当 Re 很大时

$$\lambda=0.11\left(\frac{\Delta}{d}\right)^{0.25} \tag{1-36}$$

给排水工程的钢管与铸铁管的经验公式

当 $v\geqslant1.2$m/s 时

$$\lambda=\frac{0.021}{d^{0.3}} \tag{1-37}$$

当 $v<1.2$m/s 时

$$\lambda=\frac{0.0179}{d^{0.3}}\left(1+\frac{0.867}{v}\right)^{0.3} \tag{1-38}$$

以上介绍的是计算 λ 值常用的经验公式。此外，也可以查用于工业管道的表，直接由 Re 大小查得 λ 值。莫迪图的编制是以柯列勃洛克氏对大量的工业管道实验资料所提出的柯氏公式为基础的，由莫迪氏绘制的 Re、Δ/d 和 λ 的关系图。

3. 流速系数 C 的经验公式

前面介绍的均匀流的流速公式(1-24)，在给排水管道、明渠中应用极广。公式中流速系数 C 的经验公式也很多，常用的有曼宁公式

$$C=\frac{1}{n}R^{1/6} \tag{1-39}$$

式中 n——粗糙系数，视管壁渠壁材料粗糙而定(见表1-4)。

表1-4 给排水工程中常用管渠材料的 n 值

管渠材料	n	管渠材料	n
钢管、新的接缝光滑铸铁管	0.011	粗糙的砖砌面	0.015
普通的铸铁管	0.012	浆砌块石	0.020
陶土管	0.013	一般土渠	0.025
混凝土管	0.013~0.014	混凝土渠	0.014~0.017

(五) 局部水头损失

在实际水力计算中，局部水头损失可以采用流速水头乘以局部阻力系数后得到，即

$$h_j=\zeta\frac{v^2}{2g} \tag{1-40}$$

式中 ζ——局部阻力系数，ζ 值多是根据管配件、附件不同由实验测出，可查阅有关资料得到；

v——过流断面的平均流速，它应与 ζ 值相对应，一般用阻力后流速(m/s)；

g——重力加速度(m/s^2)。

以上分别讨论了沿程和局部水头损失的计算，从而解决了流体运动中任意两过流断面间的水头损失计算问题，即

$$h_\omega=\sum h_f+\sum h_j=\sum\lambda\frac{l}{d}\frac{v^2}{2g}+\sum\zeta\frac{v^2}{2g}$$

【例1-3】 有一水煤气焊接钢管，长度 $l=200$mm，直径 $d=100$mm。试求流量 $Q=20$L/s、水温15℃时，该管的沿程水头损失是多少？

【解】

$$v=\frac{Q}{\omega}=\frac{Q}{\frac{\pi d^2}{4}}===\frac{20000cm^3/s}{\frac{3.14}{4}\times(10cm)^2}=255cm/s$$

又查表1-1得

$$\nu=1.14\times10^{-6}m^2/s=0.0114cm^2/s$$

雷诺数

$$Re=\frac{vd}{\nu}=\frac{255cm/s\times10cm}{0.0114cm^2/s}=223700\gg2000$$

故可知管中水流为湍流型态。

又因为 $v=2.55m/s>1.2m/s$，按式(1-37)计算沿程阻力系数

$$\lambda=\frac{0.021}{d^{0.3}}=\frac{0.021}{0.1^{0.3}}=0.0419$$

所以

$$h_f=\lambda\frac{l}{d}\frac{v^2}{2g}=\frac{0.0419\times200mm}{0.1mm}\times\frac{(2.55m/s)^2}{2\times9.81m/s^2}=27.77m$$

【例1-4】 如图1-22所示一卧式压力罐A，通过长度为50m、直径为150mm的铸铁管，向高架水箱B供应冷水，水温10℃。已知 $h_1=1.0$m，$h_2=5.0$m。管路上有3个90°圆弯头

($d/R=1.0$)，1 个球形阀，压力罐上压力表读数为 $98000\text{N/m}^2=10\text{mH}_2\text{O}$，求供水流量(设管路为中等新旧程度，$\Delta=1.0\text{mm}$)。

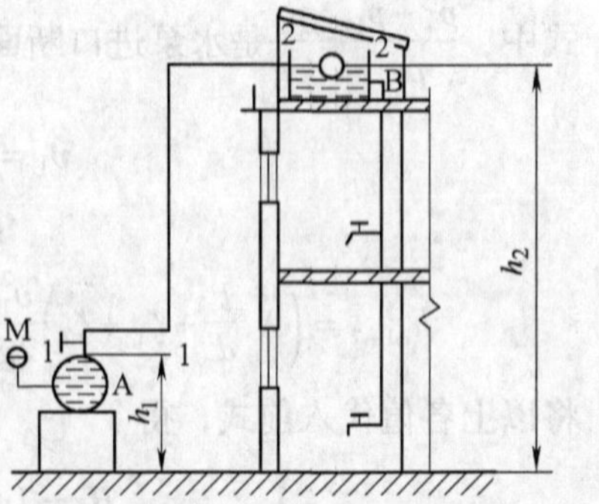

图 1-22 供水系统图

【解】 由于流量未知，无法判定流动区域，只能采用试算法。先假定是充分湍流，由公式(1-36)得

$$\lambda=0.11\left(\frac{\Delta}{d}\right)^{0.25}=0.11\left(\frac{1.0}{150}\right)^{0.25}=0.0315$$

查阅有关水力学计算手册得到各局部构件的阻力系数为

进口 $\zeta_1=0.5$；弯头 $\zeta_2=0.3$；球阀 $\zeta_3=12$；出口 $\zeta_4=1.0$

则

$$\sum\zeta=\zeta_1+3\times\zeta_2+\zeta_3+\zeta_4=14.4$$

所以断面 1-1 和 2-2 之间的总水头损失为

$$h_{\omega1-2}=\left(z_1+\frac{p_1}{\rho g}+\frac{\alpha_1 v_1^2}{2g}\right)-\left(z_2+\frac{p_2}{\rho g}+\frac{\alpha_2 v_2^2}{2g}\right)=(1+10+0)\text{m}-(5+0+0)\text{m}=6\text{m}$$

又因为

$$h_{\omega1-2}=\lambda\frac{l}{d}\frac{v^2}{2g}+\sum\zeta\frac{v^2}{2g}$$

$$6\text{m}=\left(0.0315\times\frac{50\text{m}}{0.150\text{m}}+14.4\right)\frac{v^2}{2g}$$

所以

$$v=2.18\text{m/s}$$

$$Q=v\times\frac{\pi d^2}{4}=2.18\times\frac{3.14}{4}\times(0.15\text{m})^2=0.0384\text{m}^3/\text{s}=138\text{m}^3/\text{h}$$

最后，校核一下最初假定的流动区域是否属实，由表 1-1 查得：$\nu=1.308\times10^{-6}\text{m}^2/\text{s}=1.308\times10^{-2}\text{cm}^2/\text{s}$

故

$$Re=\frac{vd}{\nu}=\frac{218\text{cm/s}\times15\text{cm}}{1.308\times10^{-2}\text{cm}^2/\text{s}}=2.5\times10^5\gg2000$$

由此可知流动确处于充分紊流型态，以上计算有效。

【例 1-5】 水泵的吸水管装置如图 1-23 所示。设水泵的最大许可真空度对应的水头为 $\frac{p_k}{\rho g}=7\text{m}$，工作流量 $Q=8.3\text{L/s}$，吸水管直径 $d=80\text{mm}$，长度 $l=10\text{m}$，$\lambda=0.04$，局部构件的阻力系数为：弯头 $\zeta_1=0.7$，底阀 $\zeta_2=8$。求水泵的最大许可安装高度 H_s。

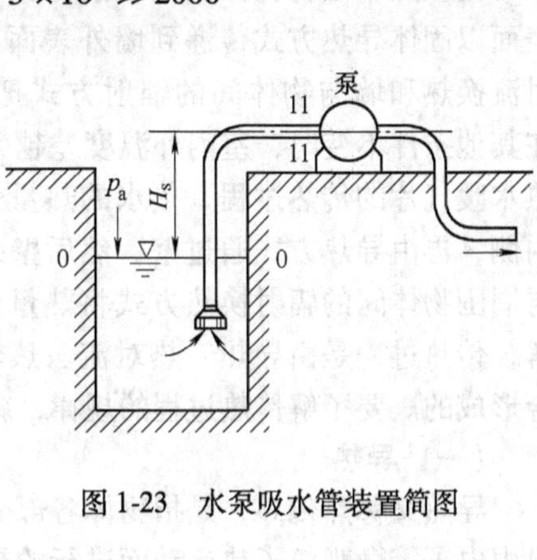

图 1-23 水泵吸水管装置简图

【解】 以吸水井的水面为基准面，列断面 0-0 与 1-1 的能量方程式为

$$0+\frac{p_a}{\rho g}+0=H_s+\frac{p_1}{\rho g}+\frac{\alpha_1 v_1^2}{2g}+h_\omega$$

得

$$H_s=\frac{p_a-p_1}{\rho g}-\frac{\alpha_1 v_1^2}{2g}-h_\omega$$

式中，$\frac{p_a - p_1}{\rho g} = \frac{p_k}{\rho g}$是水泵进口断面1-1处的真空度对应的水头，在此，$\frac{p_k}{\rho g} = 7\text{m}$；

$$v_1 = \frac{Q}{\omega_1} = \frac{0.0083\text{m}^3/\text{s}}{\frac{\pi}{4} \times (0.08\text{m})^2} = 1.65\text{m/s}$$

$$h_{\omega 1-2} = \left(\lambda \frac{l}{d} + \zeta_1 + \zeta_2\right)\frac{v_1^2}{2g} = \left(0.04 \times \frac{10\text{m}}{0.08\text{m}} + 8 + 0.7\right) \times \frac{(1.65\text{m/s})^2}{2 \times 9.81\text{m/s}^2} = 1.91\text{m}$$

将以上各值代入前式，得

$$H_s = 7\text{m} - \frac{(1.65\text{m/s})^2}{2 \times 9.81\text{m/s}^2} - 1.91\text{m} = 4.95\text{m}$$

第二节 传热学基础知识

传热学是研究热量传递过程规律的一门科学。

凡有温度差，就有热量自发地由高温物体传到低温物体。由于自然界和生产过程中，到处存在温度差，因此，传热是自然界和生产领域中非常普遍的现象，传热学的应用领域也就十分广泛。在建筑设备中更是不乏传热问题，例如：热源和冷源设备的选择、配套和合理有效利用，供热通风及空调产品的开发、设计和实验研究，各种供热设备管道的保温材料及建筑围护结构材料等的研制及其热物理性质的测试、热损失的分析计算，各类换热器的设计、选择和性能评价，建筑物的热工计算和环境保护等，都要求具备一定的传热学理论知识。

一、传热的基本方式

为了认识和掌握传热的规律，先来分析一些常见的传热现象。例如房屋墙壁在冬季的散热，整个过程如图1-24所示可分为三段。首先，热由室内空气以对流换热和墙与物体间的辐射方式传给墙内表面；再由墙内表面以固体导热方式传递到墙外表面；最后由墙外表面以空气对流换热和墙与物体间的辐射方式把热传给室外环境。显然，在其他条件不变时，室内外温度差越大，传热量也越大。又如，热水暖气片的传热过程，热水的热量先以对流换热方式传给壁内侧，再由导热方式通过壁，然后壁外侧空气以对流换热和壁与周围物体间的辐射换热方式将热量传给室内。从实例不难了解，传热过程是由导热、热对流、热辐射三种基本传热方式组合形成的。要了解传热过程的规律，就必须首先分别分析这三种基本传热方式。

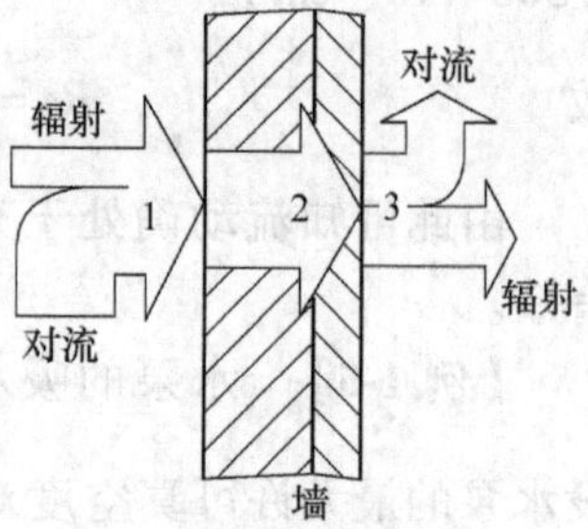

图1-24 墙壁的散热

（一）导热

导热又称热传导，是指物体各部分无相对位移或不同物体直接接触时依靠分子、原子及自由电子等微观粒子热运动而进行的热量传递现象。导热是物质的属性，导热过程可以在固体、液体及气体中发生。但在引力场下，单纯的导热一般只发生在密实的固体中，因为，在有温差时，液体和气体中难以维持单纯的导热。

大平壁导热是导热的典型问题。由前述墙壁的导热过程可以看出，平壁导热量与壁两侧表面的温度差成正比，与壁厚成反比，并与材料的导热性能有关。因此，通过平壁的导热量

的计算式是

$$Q=\frac{\lambda}{\delta}\Delta tF \tag{1-41}$$

或热流通量

$$q=\frac{Q}{F}=\frac{\lambda}{\delta}\Delta t \tag{1-42}$$

式中 Q——传热量(W)；

q——热流通量(W/m^2)；

F——壁面积(m^2)；

δ——壁厚(m)；

Δt——壁两侧表面的温差(℃)，$\Delta t=t_{\omega1}-t_{\omega2}$；

λ——比例系数，称为热导率或导热系数[W/(m·℃)]，其意义是指具有单位温度差的单位厚度物体，在它的单位面积上每单位时间的导热量。

热导率的数值表征物质导热能力的大小。工程计算采用的各种物质的热导率一般都由实验测定，一些常用材料的热导率的数值列于表1-5中。

从表中可见，热导率λ值金属最大，固体较大，液体较小，气体最小，轻质多孔性材料也很小。热导率λ值大的材料导热性强，适宜做换热设备的受热面，所以，散热器、汽锅、水冷壁等都是由金属材料制作的。相反，热导率λ值小的材料适宜做保温隔热用。在工程上，通常把$\lambda<0.2$W/(m·℃)的材料称为隔热保温材料。但是，保温材料受潮后，其保温性能降低，导热性增大。因此，保温材料一定要保持干燥。

表1-5 常用材料的热导率λ

材料名称	λ/[W(m·℃)]	材料名称	λ/[W(m·℃)]
银	407~409	松木	0.35
铜	349~395	石棉	0.09~0.11
钢、生铁	47~58	硅藻土	0.17
合金钢	17~35	珍珠岩	0.07~0.11
水	0.59	矿渣棉	0.05~0.06
空气	0.023	泡沫塑料	0.023~0.050
耐火砖	1.05~1.40	锅炉水垢	0.6~2.3
红砖	0.6~0.8	烟渣	0.06~0.11
混凝土	0.8~1.28		

在传热学中，常用电学欧姆定律的形式——电流=电位差/电阻来类比热量传递过程中热量与温度差的关系。即把热流通量的计算式改写为欧姆定律的形式

$$\text{热流通量 } q=\frac{\text{温度差 }\Delta t}{\text{热阻 }R_t} \tag{1-43}$$

与欧姆定律对照，可以看出热流相当于电流，温度差相当于电位差，而热阻相当于电阻。于是，得到一个在传热学中非常重要且适用的概念——热阻。对不同的传热方式，热阻的具体表达式将是不一样的。以平壁为例，改写式(1-42)，得

$$q=\frac{\Delta t}{\frac{\delta}{\lambda}}=\frac{\Delta t}{R_\lambda} \tag{1-44}$$

式中　R_λ——导热热阻(m^2·℃/W)，平壁导热热阻为$R_\lambda=\delta/\lambda$。

可见平壁导热热阻与壁厚成正比，而与热导率成反比。R_λ大，则q小。对于面积为F(m^2)的平壁，则热阻为$\delta/(\lambda F)$，单位为℃/W。热阻的倒数称为热导，它相当于电导。不同情况下的导热过程，导热热阻的表达式亦各异。

若平壁由多层匀质材料组成，该平壁称为多层匀质平壁。通过多层匀质平壁的热流通量可按下式计算：

$$q=\frac{\Delta t}{\sum R_\lambda} \tag{1-45}$$

式中　Δt——多层匀质平壁两侧表面的总温度差(℃)；

$\sum R_\lambda$——多层匀质平壁的总导热热阻(m^2·℃/W)。

例如，由三层不同材料组成的多层平壁，各层厚度分别为δ_1、δ_2、δ_3，各层材料的热导率分别为λ_1、λ_2、λ_3，并已知多层平壁两外表面温度为t_1和t_4(其中第一层两表面温度为t_1和t_2，第二层两表面温度为t_2和t_3，第三层两表面温度为t_3和t_4)，则式(1-45)为

$$q=\frac{\Delta t}{\sum R_\lambda}=\frac{t_1-t_4}{R_1+R_2+R_3}=\frac{t_1-t_4}{\frac{\delta_1}{\lambda_1}+\frac{\delta_2}{\lambda_2}+\frac{\delta_3}{\lambda_3}}$$

(二) 热对流

流体内部发生相对运动时，运动流体把自身具有的能量由一处转移到另一处的现象，称为热对流，它是传热的另一种基本方式。若热对流过程中单位时间通过单位面积的流体由温度t_1的地方流到t_2处，则此热对流传递的热量应为

$$q=mc_p(t_2-t_1) \tag{1-46}$$

式中　c_p——流体的比定压热容[J/(kg·℃)]。

因为有温度差，热对流又必然同时伴随热传导。而且工程上遇到的实际传热问题，都是流体与固体壁直接接触时的换热，故传热学把流体与固体壁间的换热称为对流换热(也称对流放热)。因此，对流换热过程实质是热对流和热传导两种基本传热方式的复合换热。对流换热的基本计算式是牛顿于1701年提出的，即

$$q=h(t_w-t_f)=h\Delta t \tag{1-47}$$

式中　t_w——固体壁表面温度(℃)；

t_f——流体温度(℃)；

h——表面传热系数[J/(m^2·s·℃)]或[W/(m^2·℃)]，其意义是指单位面积上，当流体同壁之间为单位温差在单位时间内所能传递的热量。

h的大小表达了该对流换热过程的强弱。例如热水暖气片外壁面和空气间的表面传热系数约为6W/(m^2·℃)，而它的内壁面和热水之间的h则可达数千W/(m^2·℃)。表1-6中列有一些典型条件下h的概略范围，供读者在学习中参考。由于h受制于多项影响因素，故研究对流换热问题的关键是如何确定表面传热系数。

表 1-6 表面传热系数

流体种类及换热方式	$h/[W/(m^2 \cdot ℃)]$	流体种类及换热方式	$h/[W/(m^2 \cdot ℃)]$
空气的自由对流	3~10	水沸腾	2500~25000
空气的强制对流	20~100	水蒸气凝结	5000~15000
水的自由对流	200~1000	过流蒸汽强制对流	500~3000
水的强制对流	1000~1500		

式(1-47)称为牛顿冷却公式。利用热阻概念，按式(1-43)改写式(1-47)得

$$q=\frac{\Delta t}{1/h}=\frac{\Delta t}{R_a} \tag{1-48}$$

式中，$R_a=1/h$ 即为单位壁表面积上的对流换热热阻($m^2 \cdot ℃/W$)，则 F 面积的对流换热热阻为 $1/(hF)$。

（三）热辐射

导热或对流换热都是以冷、热物质的直接接触来传递热量，热辐射则不同，任何物体只要高于热力学温度零度都能对外发射可见和不可见的射线(电磁波或光子)传递热能。物体表面每单位时间、单位面积对外辐射的热量称为辐射力，用 E 表示，其大小与物体表面性质及温度有关。对于绝对黑体(一种理想的热辐射表面)，理论和实验证实，它的辐射力 E_b 与表面热力学温度的 4 次方成正比，即斯蒂芬—玻尔茨曼定律

$$E_b=C_b\left(\frac{T}{100}\right)^4 \tag{1-49}$$

式中 E_b——绝对黑体辐射力(W/m^2)；

C_b——绝对黑体辐射系数，$C_b=5.67W/(m^2 \cdot K^4)$；

T——热力学温度(K)。

一切实际物体的辐射力都低于同温度下的绝对黑体的辐射力，即

$$E=\varepsilon C_b\left(\frac{T}{100}\right)^4 \tag{1-50}$$

式中 E——实际物体辐射力(W/m^2)；

ε——实际物体表面的发射率，也称黑度，其值处于 0~1 之间。

黑度 ε 表明物体接近于绝对黑体的程度。不同物体的黑度 ε 差别很大。通常物体的黑度与物体材料、温度和它们表面状况有关，粗糙和氧化的表面一般黑度较大。黑度的大小可由实验测定，表 1-7 列出了几种常用材料的黑度。

物体间互相热辐射引起的热量交换称为辐射换热，它具有以下的特点：在热辐射过程中伴随着能量形式的转换(物体热力学能→电磁波能→物体热力学能)；不需要冷热物质直接接触；不论温度高低，物体都在不停地相互发射能量，高温物体辐射给低温物体的能量大于低温物体向高温物体辐射的能量，总的结果是热由高温传到低温。

表 1-7 几种常用材料的黑度

材料名称及表面状况	温度/℃	黑度 ε	材料名称及表面状况	温度/℃	黑度 ε
严重氧化的钢板	40	0.80	粗糙红砖	40	0.88~0.93
工业用铝板	100	0.09	耐火粘土砖	500~1000	0.80~0.90
抛光的铸铁	200	0.21	粗糙表面的混凝土	40	0.94
氧化的铸铁	40~260	0.57~0.68			

两个无限大的平行平面间的辐射是最基本的辐射换热问题，设它的两表面热力学温度分别为 T_1 和 T_2，且 $T_1 > T_2$，则两表面间单位面积、单位时间辐射换热量的计算式是

$$q = C_{1,2}\left[\left(\frac{T_1}{100}\right)^4 - \left(\frac{T_2}{100}\right)^4\right] \tag{1-51}$$

式中，$C_{1,2}$称为1和2两表面间的相当辐射系数，它取决于辐射表面材料性质及状态，其值在0~5.67之间。

二、传热过程及传热系数

在工程中经常遇到两流体间的换热。热量从壁一侧的流体通过壁传递给另一侧的流体，称为传热过程。在了解前述换热方式后，即可导出传热过程的基本计算式。设有一大平壁，面积为 $F(\mathrm{m}^2)$，两侧分别为温度 t_{f1} 的热流体和 t_{f2} 的冷流体，两侧表面传热系数分别为 h_1 和 h_2，两侧壁面温度分别为 t_{w1} 和 t_{w2}，壁的材料热导率为 λ，厚度为 δ，如图1-25所示。若传热工况不随时间变化，即各处温度及传热量不随时间改变，将传热过程中的各处温度描绘在 $t \sim x$ 坐标图上，如图中的曲线所示，即为该传热过程的温度分布。按图1-24的分析方法，整个传热过程分三段，分别用下列三式表达：

热量由热流体以对流换热传给壁左侧，按式(1-47)，对单位时间和单位面积

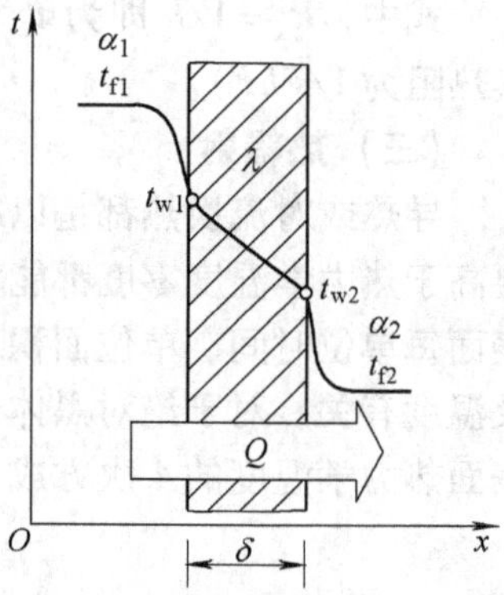

图1-25 两流体间的传热过程

$$q = h_1(t_{f1} - t_{w1})$$

热量以导热方式通过壁，按式(1-44)

$$q = \frac{t_{w1} - t_{w2}}{\delta/\lambda} = \frac{t_{w1} - t_{w2}}{R_\lambda}$$

热量由壁右侧以对流换热传给冷流体，即

$$q = h_2(t_{w2} - t_{f2})$$

在稳态情况下，以上三式的热流通量相等，把它们改写为

$$t_{f1} - t_{w1} = \frac{q}{h_1}$$

$$t_{w1} - t_{w2} = \frac{q}{\frac{\lambda}{\delta}}$$

$$t_{w2} - t_{f2} = \frac{q}{h_2}$$

三式相加，消去未知的 t_{w1} 及 t_{w2}，整理后得

$$q = \frac{1}{\frac{1}{h_1} + \frac{\delta}{\lambda} + \frac{1}{h_2}}(t_{f1} - t_{f2}) = K(t_{f1} - t_{f2}) \tag{1-52}$$

对面积为 $F(\mathrm{m}^2)$ 的平壁，传热量 $Q(\mathrm{W})$ 为

$$Q = K(t_{f1} - t_{f2})F \tag{1-53}$$

式中

$$K = \frac{1}{\frac{1}{h_1} + \frac{\delta}{\lambda} + \frac{1}{h_2}} \tag{1-54}$$

K 称为传热系数[J/(m²·s·℃)]或[W/(m²·℃)]，它表明单位时间、单位壁面积上，冷热流体间每单位温度差可传递的热量，故 K 能反映传热过程的强弱。按热阻形式改写式(1-52)，得

$$q = \frac{t_{f1} - t_{f2}}{1/K} = \frac{\Delta t}{R_K} \tag{1-55}$$

式中，R_K 为平壁单位面积传热热阻(m²·℃/W)，即

$$R_K = \frac{1}{K} = \frac{1}{h_1} + \frac{\delta}{\lambda} + \frac{1}{h_2} \tag{1-56}$$

可见传热过程的热阻等于热流体、冷流体的换热热阻及壁的导热热阻之和，相当于串联电阻的计算方法，掌握这一点对于分析和计算传热过程十分方便。由传热热阻的组成不难认识传热阻力的大小与流体的性质、流动情况、壁的材料以及形状等许多因素有关，所以它的数值变化范围很大。例如，一砖厚(240mm)的房屋外墙的 K 值约为 2W/(m²·℃)，而在蒸汽热水器中，K 值可达 5000W/(m²·℃)。对于换热器，K 值越大，说明传热越好。但对建筑物围护结构和热力管道的保温层等，它们的作用是减少热损失，当然 K 值越小越好。

【例 1-6】 混凝土板厚 $\delta = 100\text{mm}$，热导率 $\lambda = 1.54\text{W/(m·℃)}$，两侧空气温度分别为 $t_{f1} = 5℃$ 和 $t_{f2} = 30℃$，表面传热系数 $h_1 = 25\text{W/(m}^2\text{·℃)}$，$h_2 = 8\text{W/(m}^2\text{·℃)}$，求单位面积上传热过程的各项热阻、传热热阻、传热系数及热流通量。

【解】 单位面积各项热阻

$$R_{h1} = \frac{1}{h_1} = \frac{1}{\frac{25\text{W}}{\text{m}^2\cdot℃}} = 0.04\text{m}^2\cdot℃/\text{W}$$

$$R_\lambda = \frac{\delta}{\lambda} = \frac{0.1\text{m}}{1.54\text{W/(m}\cdot℃)} = 0.065\text{m}^2\cdot℃/\text{W}$$

$$R_{h2} = \frac{1}{h_2} = \frac{1}{8\text{W/(m}^2\cdot℃)} = 0.125\text{m}^2\cdot℃/\text{W}$$

所以，传热热阻(单位面积)

$$R_K = R_{h1} + R_\lambda + R_{h2} = (0.04 + 0.065 + 0.125)\text{m}^2\cdot℃/\text{W} = 0.23\text{m}^2\cdot℃/\text{W}$$

则传热系数

$$K = \frac{1}{R_K} = \frac{1}{0.23\text{m}^2\cdot℃/\text{W}} = 4.35\text{W/(m}^2\cdot℃)$$

热流通量为

$$q = K\Delta t = 4.35\text{W/m}^2\cdot℃ \times (30 - 5)℃ = 109\text{W/m}^2$$

第三节 湿空气的热工基础知识

湿空气是指含有水蒸气的空气，完全不含水蒸气的空气称为干空气。干空气的主要成分

为氮(体积百分比约为78%)、氧(21%)以及微量的氩、氖惰性气体和二氧化碳等。

自然界中江河湖海里的水要蒸发汽化，因此大气中总是含有一些水蒸气。一般情况下，大气中水蒸气的含量及变化都较小，可近似作为干空气来计算。但某些场合如采暖、通风、室内调温调湿以及冷却塔等建筑设备中用作工质的湿空气，其水蒸气含量的多少具有特殊作用，因此有必要对湿空气的物理性质、参数的确定、湿空气的工程应用计算等做专门研究。

湿空气是由干空气和水蒸气混合而成。在实际工程计算中，将湿空气的压力、温度和体积之间的相关性按理想气体来对待，其精度是足够的。

一、湿空气的物理性质

将具有相同温度占有同一容积的湿空气近似地看作理想气体，则可用理想气体状态方程式来表示干空气和水蒸气的主要状态参数——压力、温度、比体积等的相互关系，即

$$p_a V = m_a R_a T \text{ 或 } p_a v_a = R_a T \tag{1-57}$$

$$p_v V = m_v R_v T \text{ 或 } p_v v_v = R_v T \tag{1-58}$$

式中 p_a，p_v——干空气与水蒸气的压力(Pa)；

V——湿空气的容积(m^3)；

m_a，m_v——干空气与水蒸气的质量(kg)；

R_a，R_v——干空气与水蒸气的气体常数，$R_a = 287\text{J/(kg}\cdot\text{K)}$，$R_v = 461\text{J/(kg}\cdot\text{K)}$；

T——湿空气的热力学温度(K)。

由式(1-57)及式(1-58)可见，$v_a = \dfrac{V}{m_a}$，$v_v = \dfrac{V}{m_v}$分别为干空气和水蒸气的比体积(m^3/kg)。而干空气与水蒸气的密度则应为比体积的倒数，即：$\rho_a = \dfrac{1}{v_a}$，$\rho_v = \dfrac{1}{v_v}$。

海平面的标准大气压为101325Pa或101. 325kPa，相当于101. 325mbar。

按照道尔顿定律，湿空气的总压力应为干空气压力与水蒸气压力之和，即

$$p = p_a + p_v \tag{1-59}$$

大气压力随海拔不同而变化。同时，在同一地区的不同季节，大气压力也有大约±5%的变化。

在建筑设备中，除湿空气的状态参数压力和温度外，还经常用到一些热力学参数，如含湿量、相对湿度、焓等，现分别列出如下：

(1) 含湿量(d) 湿空气中，所含水蒸气的质量m_v与干空气质量m_a之比，即每千克干空气所含有的水蒸气量，单位是kg/kg⊖

$$d = \frac{m_v}{m_a} \tag{1-60}$$

由式(1-57)与式(1-58)可导出

$$d = 0.622\frac{p_v}{p_a}$$

或按式(1-59)可得

⊖ 分子kg表示水蒸气的质量，分母kg表示干空气的质量。

$$d = 0.622\frac{p_v}{p - p_v} \tag{1-61}$$

（2）相对湿度(φ)　指空气中实际的水蒸气分压力与同温度下空气中饱和水蒸气分压力之比，用百分率表示，即

$$\varphi = \frac{p_v}{p_s} \times 100\% \tag{1-62}$$

式中　p_v——湿空气的水蒸气分压力；

p_s——同温度下湿空气的饱和水蒸气分压力。

湿空气的饱和水蒸气分压力是温度的单值函数，可查附录A或用经验公式计算。

湿空气的相对湿度亦可近似地表示为含湿量d和同温度下饱和含湿量d_s之比，即

$$\varphi \approx \frac{d}{d_s} \times 100\% \tag{1-63}$$

这样计算的结果，可能会造成2%～3%的误差。

（3）焓(h)　定义为该物质的比热力学能u与压力p、比体积v乘积的总和，即

$$h = u + pv$$

对于理想气体，$h = u + pv = c_V T + RT = (c_V + R)T = c_p T = c_p(273 + t)$。其中$c_V$为比定容热容，$c_p$为比定压热容。

若取0℃的干空气和0℃的水的焓值为0，则t(℃)时1kg干空气的焓h_a(kJ/kg)为

$$h_a = c_{p,a}t \tag{1-64}$$

式中　$c_{p,a}$——干空气的比定压热容，$c_{p,a} = 1.005\text{kJ/(kg·℃)}$，近似可取1.01。

1kg水蒸气的焓h_v(kJ/kg)为

$$h_v = c_{p,v}t + 2500 \tag{1-65}$$

式中　$c_{p,v}$——水蒸气的比定压热容，$c_{p,v} = 1.84\text{kJ/(kg·℃)}$；

2500——$t=0$℃时水蒸气的汽化热(俗称汽化潜热)。

显然，湿空气的焓(i)应等于1kg干空气的焓与共存的d(kg或g)水蒸气的焓之和，即

$$h = h_a + h_v = c_{p,a}t + (2500 + c_{p,v}t)d \tag{1-66}$$

式(1-66)中的d以kg/kg计。如以g/kg计，则应改为

$$h = c_{p,a}t + (2500 + c_{p,v}t)\frac{d}{1000}$$

顺便指出，已知水的比热容为4.19kJ/(kg·℃)，则在t(℃)下水蒸气的汽化热r_t应为

$$r_t = 2500 + 1.84t - 4.19t = 2500 - 2.35t \tag{1-67}$$

（4）湿空气的密度(ρ)　湿空气的密度应为干空气的密度与水蒸气的密度之和，即

$$\rho = \rho_a + \rho_v = \frac{p_a}{R_a T} + \frac{p_v}{R_v T} = 0.003484\frac{p}{T} - 0.00134\frac{p_v}{T} \tag{1-68}$$

由于水蒸气的密度较小(ρ_v小)，故干空气与湿空气的密度在标准条件下(压力为101325Pa，温度为293K或20℃)相差较小，在工程上取$\rho = 1.2\text{kg/m}^3$已足够精确。

应该说明，在湿空气的含湿量与焓的计算中均以1kg干空气为基准，其原因在于干空气在热、湿处理过程中的质量是不变化的，而水蒸气量则可能有变化。

【例1-7】　已知大气压力$p = 101325\text{Pa}$，湿空气温度$t = 20$℃，相对湿度$\varphi = 50\%$，求：

(1)湿空气水蒸气分压力；(2)含湿量；(3)焓；(4)湿空气的密度。

【解】 (1) 已知 $\varphi=50\%$，即 $p_v/p_s=0.5$，故

$$p_v=0.5p_s，由附录A知，p_s=2331\text{Pa}$$

所以

$$p_v=0.5\times2331\text{Pa}=1165.5\text{Pa}$$

(2) $d=0.622\dfrac{p_v}{p-p_v}=0.622\times\dfrac{1165.5\text{Pa}}{101325\text{Pa}-1165.5\text{Pa}}=0.00724\text{kg/kg}$

(3) $h=1.01t+(2500+1.84t)d$

$=[1.01\times20+(2500+1.84\times20)\times0.00724]\text{kJ/kg}=38.57\text{kJ/kg}$

(4) $\rho=0.003484\dfrac{p}{T}-0.00134\dfrac{p_v}{T}$

$=\left(0.003484\times\dfrac{101325}{293}-0.00134\times\dfrac{1165.5}{293}\right)\text{kg/m}^3=1.2\text{kg/m}^3$

二、湿空气的焓湿图

根据式(1-61)、式(1-62)及式(1-65)，以及 $p_s=f(t)$ 的函数关系，在已知大气压力下，给定湿空气温度，即可计算出饱和状态的各参数。图A-1(见书后插页)即为空气温度由−20～100℃的计算结果。同理，如例1-7所示，已知湿空气的相对湿度，也可计算出含湿量、焓及密度各参数。

常用的湿空气性质图是以 h 和 d 为坐标的焓湿图(h-d 图)。为尽可能扩大不饱和湿空气区的范围，两坐标间的夹角一般取等于或大于135°(见图1-26及图A-1)。当然，也可以采取其他参数对作为坐标(如温湿图)。

在选定坐标比例尺及确定坐标网的基础上，则可按式(1-60)、式(1-61)及式(1-66)画出等温线、等相对湿度线等。

(1) 等温线 由 $h=1.01t+(2500+1.84t)d$ 可知，当 t 为常数时，$h=a+bd$。显然，$1.01t$ 为 d 等于0时在纵坐标上的截距，$(2500+1.84t)$ 为等温线的斜率。各等温线之间并非为平行线，其差别在于 $1.84t$ 一项(见图1-27)。

(2) 等相对湿度线 由 $d=0.622\dfrac{p_v}{p-p_v}$ 可得

$$p_v=\frac{pd}{0.622+d}$$

因此，给定不同的 d 值，即可求得对应的 p_v 值。在 h-d 图上取一横坐标示出水蒸气分压力(见图1-26)。

对应不同温度下的饱和水蒸气分压力(查图A-1)可得 $\varphi=100\%$ 的等 φ 线。又据 $\varphi=\dfrac{p_v}{p_s}$ 或 $p_v=\varphi p_s$，当相对湿度 φ 为常数时，则可求出各温度下

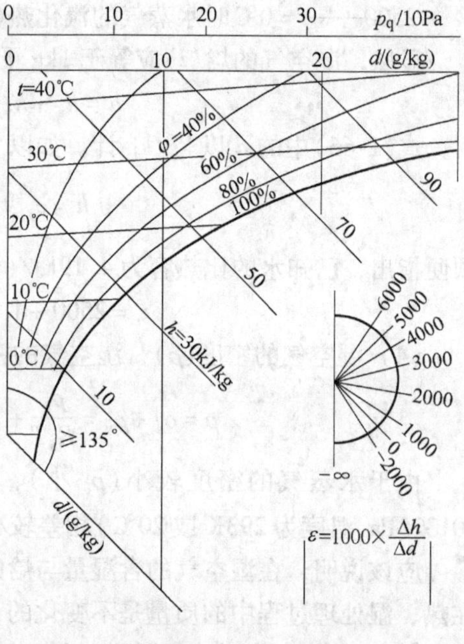

图1-26 湿空气焓湿图

的 p_v 值，连接各等温线与相应求得的 p_v 值的交点，则得出某一等 φ 线。

如此画出的 h-d 包含了 p、t、d、h、φ 及 p_v 等湿空气参数。在 p 一定条件下，h、d、t、φ 中已知任意两个参数，在 h-d 图上则可找到一个确定的点，也就是确定了一个湿空气的状态点，其余参数均可由此点查出。能在确定湿空气状态时独立起作用的参数称为独立参数，如 t、d、h、φ 等。但 d 与 p_v 却不能确定一个空气状态点，因而 d 与 p_v 只能有一个作为独立参数。

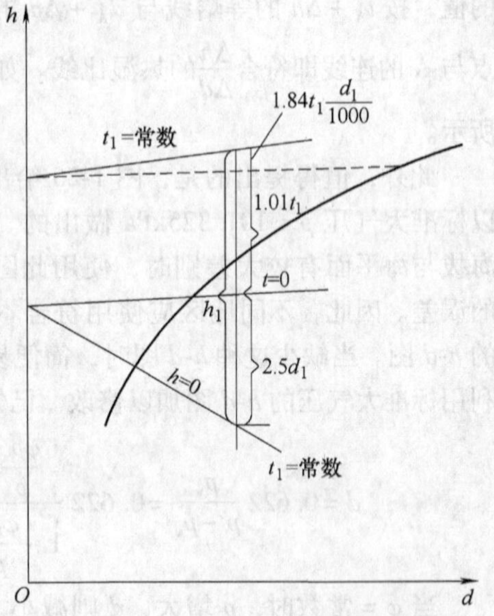

图 1-27 等温线在 h-d 图上的确定

(3) 热湿比线 热湿比(ε)的定义是湿空气的焓变化与湿量变化之比，也称角系数。即

$$\varepsilon=\frac{\Delta h}{\Delta d}\text{或 }\varepsilon=\frac{\Delta h}{\frac{\Delta d}{1000}} \tag{1-69}$$

若在 h-d 图上有 A、B 两状态点，则由 A 至 B 的热湿比为

$$\varepsilon=\frac{h_B-h_A}{d_B-d_A}$$

进而如有 A 状态的湿空气，其热量变化为 $\pm Q$ 和湿量变化为 $\pm W$，则其热湿比应为

$$\varepsilon=\frac{\pm Q}{\pm W} \tag{1-70}$$

式中，Q 的单位为 kJ/s 或 kJ/h；W 的单位为 kg/s 或 kg/h。

可见，热湿比有正有负并代表湿空气状态变化的方向。

在图 1-26 的右下角示出不同 ε 值的等值线。如某状态点的 ε 值已知，则过该点作平行于 ε 等值线的平行线，这一直线则代表该湿空气状态的变化方向。

【例 1-8】 已知 $p=101325$Pa，湿空气初参数为 $t_A=20$℃，$\varphi_A=60\%$，当增加 10000kJ/h 的热量和 2kg/h 的湿量后，温度 $t_A=28$℃，求湿空气的终状态。

【解】 在 $p=101325$Pa 的 h-d 图上，据 $t_A=20$℃，$\varphi_A=60\%$ 找到空气状态 A(见图 1-28)。

求热湿比：

$$\varepsilon=\frac{\pm Q}{\pm W}=\frac{10000}{2}=5000$$

过 A 点作与等值线 $\varepsilon=5000$ 的平行线，即为 A 状态变化的方向，此线与 $t=28$℃ 等温线的交点即为湿空气的终状态 B。由 B 点可查出 $\varphi_B=51\%$，$d_B=12$g/kg，$h_B=59$kJ/kg。

过某状态点作热湿比线，可不使用 h-d 图中的 ε 线标尺而直接在 h-d 图上通过作图求得，利用例 1-8 数据，已知 $Q=10000$kJ/h，$W=2000$g/h，则

$$\varepsilon=\frac{\Delta h}{\Delta d}=\frac{10000}{2000}=5$$

亦即 $\Delta h:\Delta d=5:1$。过 A 点任选一 Δd(或 Δh)线段长度，按 5∶1 的比例求出 Δh(或 Δd)

的值，按 $i_A+\Delta h$ 的等焓线与 $d_A+\Delta d$ 的等 d 线的交点与 A 的连线即符合 $\frac{\Delta h}{\Delta d}$ 的热湿比线。如图 1-28 中 B 所示。

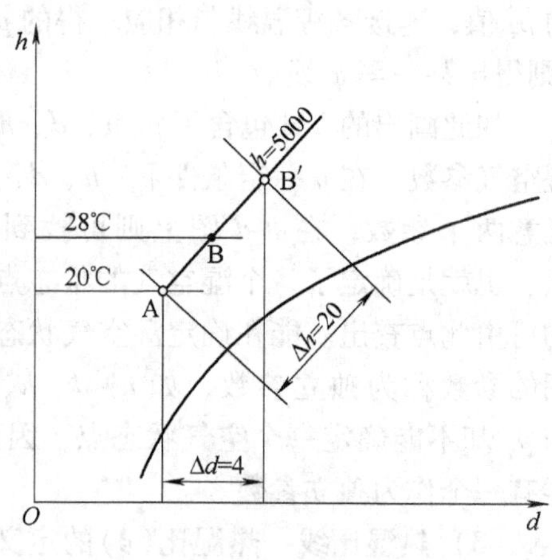

图 1-28 例 1-8 图

此外，值得提出的是，图 1-26 给出的 h-d 图是以标准大气压 $p=101.325\text{kPa}$ 做出的。当某地区的海拔与海平面有较大差别时，使用此图会产生较大的误差。因此，不同地区应使用符合本地区大气压的 h-d 图。当缺少这种 h-d 图时，简便易行的方法是利用标准大气压的 h-d 图加以修改。已知：

$$d=0.622\frac{p_v}{p-p_v}=0.622\frac{\dfrac{\varphi p_s}{p}}{1-\dfrac{\varphi p_s}{p}}$$

当 $\varphi=$ 常数时，p 增大，d 则减小，反之 d 则增大。以 $\varphi=100\%$ 为例，p_s 只与温度有关，上式中给定 p 值则可求出不同温度下相对应的饱和含湿量 d_b，将各 (t, d_b) 点相连即可画出新 p 值下的 $\varphi=100\%$ 曲线（见图 1-29）。其余的相对湿度线可依此类推。如果用到水蒸气压力坐标则也要用如前所述的方法重新修改此分度值。

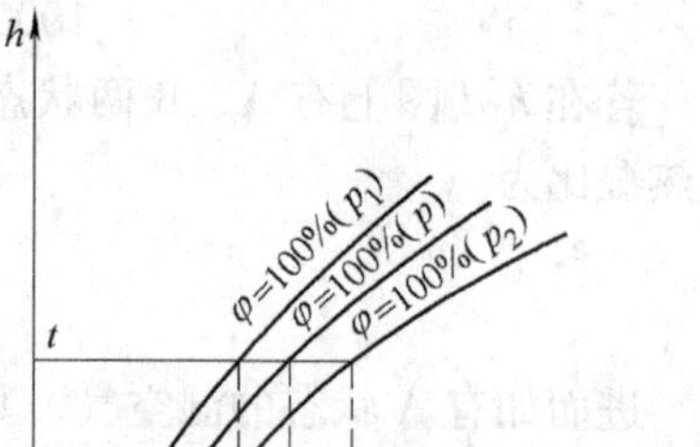

图 1-29 p 变化时 φ 的变化

三、湿球温度与露点温度

湿球温度的概念在空气调节中至关重要。

在理论上，湿球温度是在定压绝热条件下，空气与水直接接触达到稳定热湿平衡时的绝热饱和温度，也称热力学湿球温度。现以图 1-30 说明如下：

设有一空气与水直接接触的小室，保证二者有充分

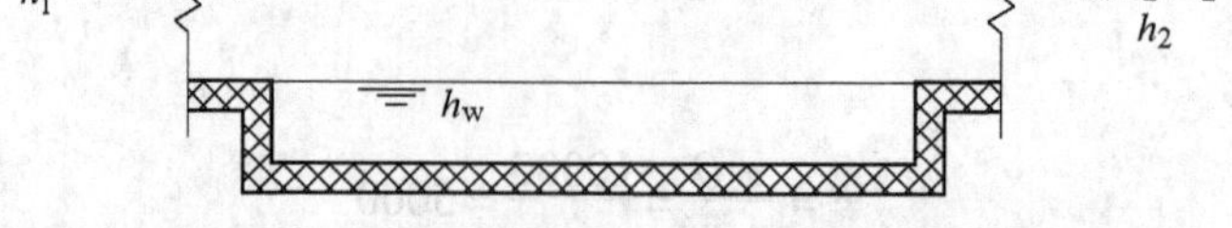

图 1-30 绝热加湿小室

的接触表面和时间，空气以 p、t_1、d_1、h_1 状态流入，以饱和状态 p、t_2、d_2、h_2 流出，由于小室为绝热的，所以对应于每千克干空气的湿空气，其稳定流动能量方程式为

$$h_1+\frac{(d_2-d_1)}{1000}h_w=h_2 \tag{1-71}$$

式中 h_w——液态水的焓(kJ/kg)，$h_w=4.19t_w$。

由式(1-71)可见，空气焓的增量就等于蒸发的水量所具有的焓。利用热湿比的定义可以

导出：

$$\varepsilon = \frac{h_2 - h_1}{\frac{d_2 - d_1}{1000}} = h_w = 4.19t_w \tag{1-72}$$

显然，在小室内空气状态的变化过程是水温的单值函数。由于在前述条件下，空气的进口状态是稳定的，水温也是稳定不变的，因而空气达到饱和时的空气温度即等于水温($t_2 = t_w$)。展开式(1-71)，得

$$h_1 + \frac{(d_2 - d_1)}{1000} \times 4.19t_2 = 1.01t_2 + (2500 + 1.84t_2)\frac{d_2}{1000} \tag{1-73}$$

可以说，满足式(1-73)的t_2或t_w即为进口空气状态的绝热饱和温度，也称为热力学湿球温度。

由于绝热加湿小室并非实际装置，一般则用湿球温度计所读出的湿球温度，近似代替热力学湿球温度。

在 h-d 图上，从各等温线与 $\varphi = 100\%$ 饱和线的交点出发，作 $\varepsilon = 4.19t_s$ 的热湿比线，则可得等湿球温度线(见图 1-31)。当 $t_s = 0℃$时，$\varepsilon = 0$，即等湿球温度线与等焓线完全重合；而当 $t_s > 0℃$时，$\varepsilon > 0$；$t_s > 0℃$时，$\varepsilon < 0$。所以，严格来说，等湿球温度线与等焓线并不重合。但在工程计算中，考虑到空气的绝热加湿过程只增加几克水的液体焓，数量很小，可以忽略，则由式(1-71)可得出近似认为等焓线即为等湿球温度线。

【例 1-9】 已知 $p = 101325\text{Pa}$，$t = 45℃$，$t_s = 30℃$，试在 h-d 图上确定该湿空气状态(状态参数 h, d, φ)。

【解】 (1) 近似作图求法：

以 $t_s = 30℃$等温线与 $\varphi = 100\%$ 饱和线相交得 B 点，由 B 点沿等焓线与 $t = 45℃$等温线相交得 A 点，A 点即为所求的湿空气状态(见图 1-32)，其参数分别为：$h = 100\text{kJ/kg}$，$d = 0.0211\text{kg/kg}$，$\varphi = 34.8\%$。

(2) 准确作图求法：

同前先找到 B 点，过 B 点 $\varepsilon = 4.19 \times 30 = 125.7$ 的热湿比线，该线与 $t = 45℃$等温线相交

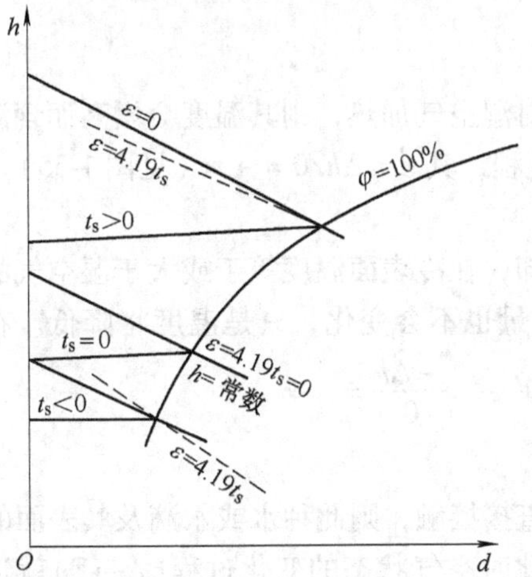

图 1-31 等湿球温度线

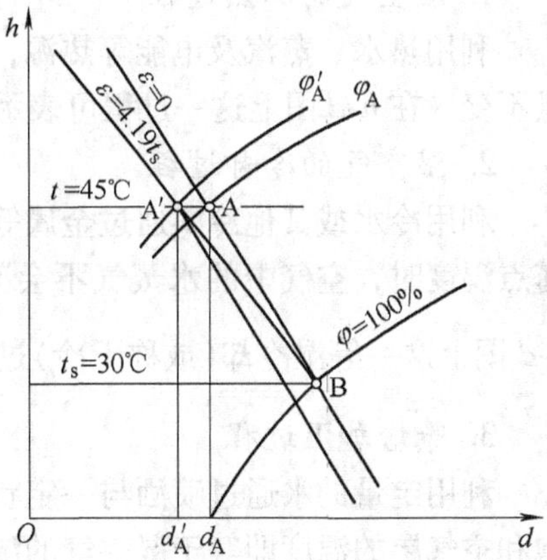

图 1-32 例 1-9 附图

于点 A′，A′点即为湿空气的准确状态点，其参数为 $h=98.6\text{kJ/kg}$，$d=0.0206\text{kg/kg}$，$\varphi=34.8\%$。

对比(1)、(2)所得结果，误差较小。在工程计算中为方便起见，用近似方法即可。

利用普通水银温度计，将其球部用湿纱布包敷(见图1-33)，则成为湿球温度计。纱布纤维的毛细作用，能从盛水容器内不断地吸水以湿润湿球表面，因此，湿球温度计所指示的温度值实际上是球表面水的温度。

空气的露点温度 t_1 也是湿空气的一个状态参数，它与 p_v 和 d 相关，因而不是独立参数。湿空气的露点温度定义为在含湿量不变的条件下，湿空气达到饱和时的温度。在 h-d 图上(见图1-34)，A 状态湿空气的露点温度即由 A 沿等 d 线向下与 $\varphi=100\%$ 线交点的温度。显然当 A 状态湿空气被冷却时(或与某冷表面接触时)，只要湿空气温度大于或等于其露点温度，则不会出现结露现象。因此，湿空气的露点温度也是判断是否结露的判据。

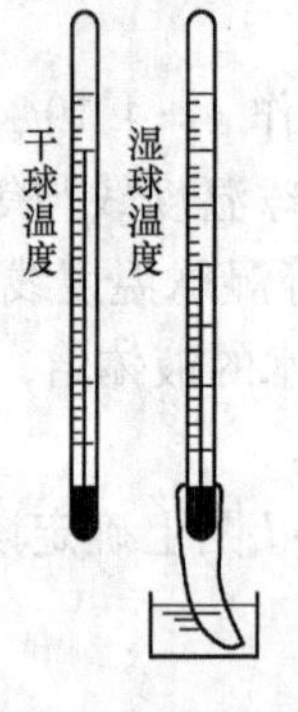

图1-33　湿球温度计

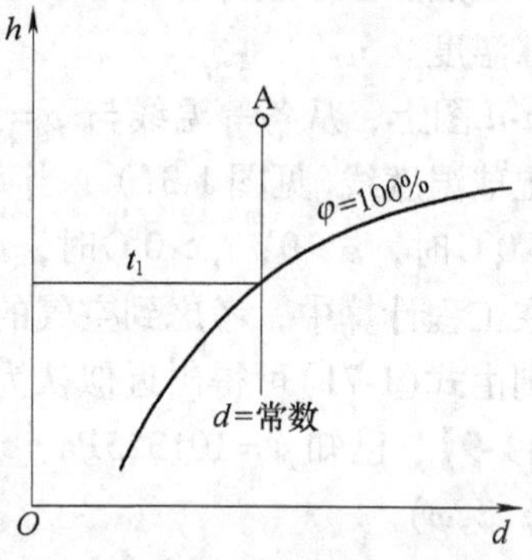

图1-34　湿空气露点温度

四、焓湿图的应用

湿空气的焓湿图不仅能确定空气的状态和各状态参数，同时还能显示湿空气状态的变化过程并能方便地求得两种或多种湿空气的混合状态。

(一) 湿空气状态变化过程在 h-d 图上的表示

1. 湿空气的加热过程

利用热水、蒸汽及电能等热源，通过热表面间接对湿空气加热，则其温度会增高而含湿量不变。在 h-d 图上这一过程可表示为 A→B 的变化过程，其 $\varepsilon=\Delta h/0=+\infty$ (见图1-35)。

2. 湿空气的冷却过程

利用冷水或其他冷媒通过金属等表面使湿空气冷却，在冷表面温度等于或大于湿空气的露点温度时，空气中的水蒸气不会凝结，因此其含湿量也不会变化，只是温度将降低。在 h-d 图上这一等湿冷却(或称干冷)过程表示为 $A\rightarrow C$，其 $\varepsilon=\dfrac{-\Delta h}{0}=-\infty$。

3. 等焓加湿过程

利用定量的水通过喷洒与一定状态的空气长时间直接接触，则此种水或水滴及其表面的饱和空气层的温度即等于湿空气的湿球温度。因此，此时空气状态的变化过程(A→E)就近似于等焓过程，其 $\varepsilon=4.19t_s$。

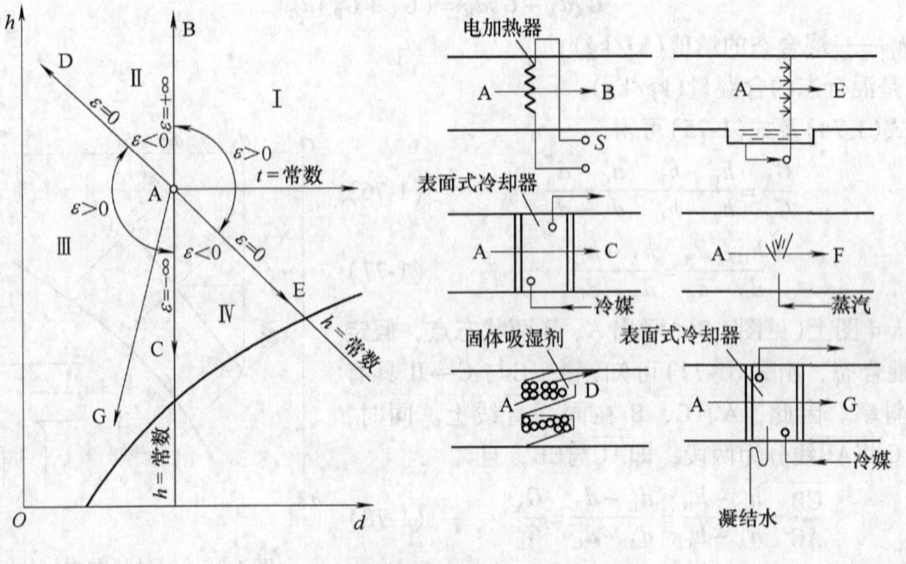

图1-35　几种典型的湿空气状态变化过程

4. 等焓减湿过程

利用固体吸湿剂干燥空气时，湿空气中的部分水蒸气在吸湿剂的微孔表面上凝结，湿空气含湿量降低，温度升高，其过程如 A→D 近似于一个等焓减湿过程。

以上 4 个典型过程由热湿比 $\varepsilon=+\infty$ 及 $\varepsilon=0$ 两条线，以任意湿空气状态 A 为原点将 h-d 图分为 4 个象限。在各象限内实现的湿空气状态变化过程统称为多变过程。不同象限内湿空气状态变化过程的特征如表 1-8 所示。

表 1-8　*h-d* 图上各象限内空气状态变化的特征

象　限	热湿比 ε	状态参数变化趋势			过 程 特 征
		h	d	t	
Ⅰ	$\varepsilon>0$	+	+	±	增焓增湿 喷蒸汽可近似实现等温过程
Ⅱ	$\varepsilon<0$	+	−	+	增焓，减湿，升温
Ⅲ	$\varepsilon>0$	−	−	±	减焓，减湿
Ⅳ	$\varepsilon<0$	−	+	+	减焓，增湿，降温

向空气中喷蒸气，其热湿比等于水蒸气的焓值，如蒸汽温度为100℃，则 $\varepsilon=2684$，该过程近似于沿等温线变化，故常称喷蒸汽可使湿空气实现等温加湿过程（见图 1-35 中 A→F）。

如使湿空气与低于其露点温度的表面接触，则湿空气不仅降温而且脱水，因而即可实现如图 1-35 所示的 A→G，即冷却干燥过程。

（二）用 *h-d* 图确定两股湿空气混合后的状态

两股不同状态的湿空气互相混合，在空调中是常有的，根据质量与能量守恒原理，若有两股不同状态的湿空气 A 与 B，其质量分别为 G_A 与 G_B，则可写出：

$$G_A h_A + G_B h_B = (G_A + G_B) h_C \tag{1-74}$$

$$G_A d_A + G_B d_B = (G_A + G_B) d_C \tag{1-75}$$

式中　h_C——混合态的焓值(kJ/kg)；

d_C 是混合态的含湿量(kg/kg)。

由式(1-74)及式(1-75)可得

$$\frac{G_A}{G_B}=\frac{h_C - h_B}{h_A - h_C}=\frac{d_C - d_B}{d_A - d_C} \tag{1-76}$$

$$\frac{h_C - h_B}{d_C - d_B}=\frac{h_A - h_C}{d_A - d_C} \tag{1-77}$$

在 h-d 图上(见图1-36)示出 A、B 两状态点，假定 C 点为混合态，由式(1-77)可知，A→C与 C→B 具有相同的斜率。因此，A、C、B 在同一直线上。同时，混合态 C 将$\overline{AB}$线分为两段，即$\overline{AC}$与$\overline{CB}$，且

$$\frac{\overline{CB}}{\overline{AC}}=\frac{h_C - h_B}{h_A - h_C}=\frac{d_C - d_B}{d_A - d_C}=\frac{G_A}{G_B} \tag{1-78}$$

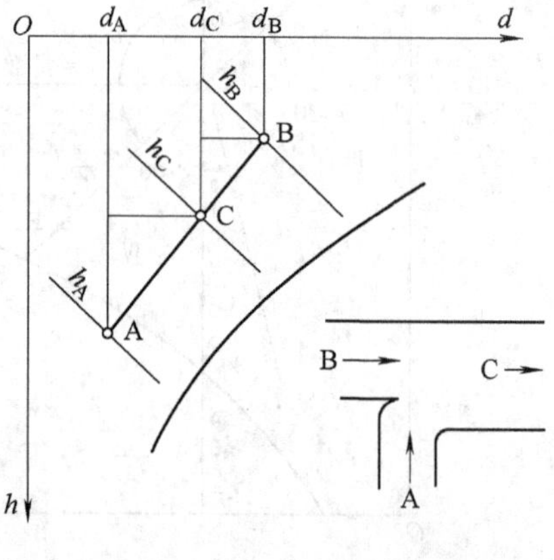

图1-36　两种状态空气的混合

显然，参与混合的两股空气的质量比与 C 点分割两状态连线的线段长度成反比。据此，在 h-d 图上求混合状态时，只需将$\overline{AB}$线段划分成满足 G_A/G_B 比例的两段长度，并取 C 点使其接近空气质量大的一端，而不必用公式求解。

【例 1-10】　已知 $G_A = 2000\text{kg/h}$，$t_A = 20℃$，$\varphi_A = 60\%$；$G_A = 500\text{kg/h}$，$t_B = 35℃$，$\varphi_B = 80\%$，求混合后空气状态($p = 101325\text{Pa}$)。

【解】　(1)在 $p = 101325\text{Pa}$ 的 h-d 图上根据已知的 t，φ 找到状态点 A 和 B，并以直线相连(见图1-37)。

(2) 混合点 C 在$\overline{AB}$上的位置应符合：

$$\frac{\overline{CB}}{\overline{AC}}=\frac{G_A}{G_B}=\frac{2000\text{kg/h}}{500\text{kg/h}}=\frac{4}{1}$$

(3) 将$\overline{AB}$段分为5等分，则 C 点应在接近 A 状态的一等分处。查图得 $t_C = 23.1℃$，$\varphi_C = 73\%$，$h_C = 56\text{kJ/kg}$，$d_C = 12.8\text{g/kg}$。

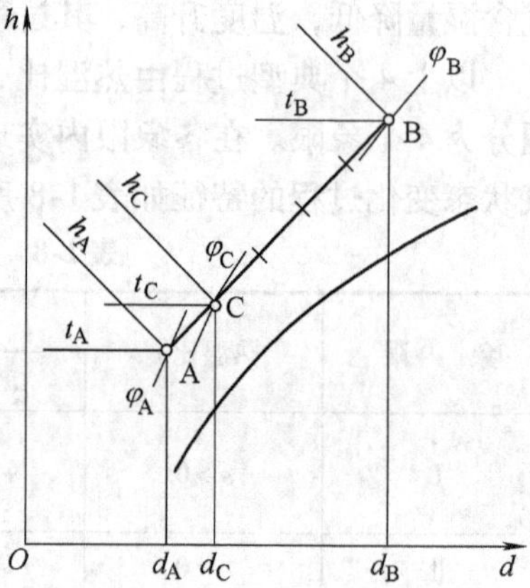

图1-37　例1-10图

(4) 用计算法验证，可先查出 $h_A = 42.54\text{kJ/kg}$，$d_A = 8.8\text{g/kg}$，$h_B = 109.44\text{kJ/kg}$，$d_B = 20.9\text{g/kg}$，然后按式(1-74)与式(1-75)可得

$$h_C = \frac{G_A h_A + G_B h_B}{G_A + G_B} = \frac{2000\text{kg/h} \times 42.54\text{kJ/kg} + 500\text{kg/h} \times 109.44\text{kJ/kg}}{2000\text{kg/h} + 500\text{kg/h}} = 56\text{kJ/kg}$$

$$d_C = \frac{G_A d_A + G_B d_B}{G_A + G_B} = \frac{2000\text{kg/h} \times 8.8\text{g/kg} + 500\text{kg/h} \times 29\text{g/kg}}{2000\text{kg/h} + 500\text{kg/h}} = 12.8\text{g/kg}$$

可见作图求得的混合状态点是正确的。

第二章　给水排水工程

人类的生存活动必须赖以安全可靠、经济合理地用水。世界各大城市都将位置选在江河沿岸或地下水资源丰富的地区附近，以获取足够的水量来满足人们各项用水的需求，同时也利于废水的处理和排放，这充分说明了给水排水工程在经济建设中的重要性。

给水排水工程从工程内容上分为两部分：一部分是室外给水排水工程，也称为城镇给水排水工程，包括取水、净水、给水输配及污水和雨水的收集、输送、处理和排放；另一部分是室内给水排水工程，也称为建筑给水排水工程，其内容是小区和建筑内的给水与排水，包括消防给水和雨水排除。

城镇给水排水工程的任务就是从水源取水，经过净化后供给各类用户在生活、生产、消防中使用，满足他们对水量、水质、水压等方面的不同要求。

城镇给水排水工程的基本内容可由图 2-1 来说明。

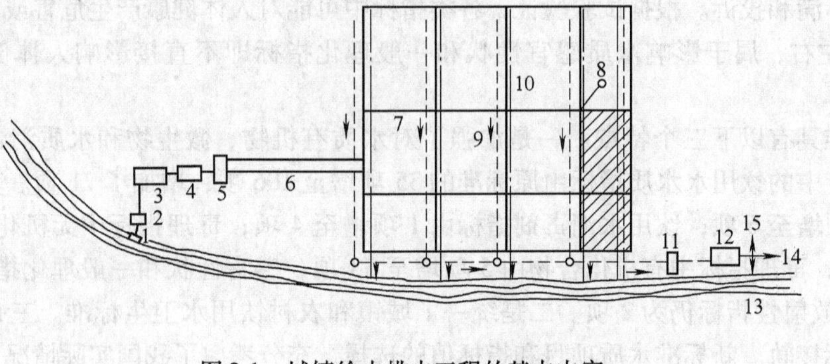

图 2-1　城镇给水排水工程的基本内容

1—取水构筑物　2—一级泵站　3—净水厂　4—清水池　5—二级泵站　6—输水管
7—给水管网　8—水塔　9—排水管网　10—雨水管网　11—污水泵站
12—污水处理厂　13—排水口　14—灌溉农田　15—回用水处理厂

原水由取水构筑物 1，通过一级泵站 2 将河水抽送到净水厂 3 中，经净水构筑物净化使水质达到生活饮用水的标准，然后储存于清水池 4 中，再由二级泵站 5 升压，经输水管 6 输送到城市给水管网 7，由城市给水管网配送到各用户供生活生产及消防用水。为了调节水量的变化、平稳水压及节省电能，有时给水管网还设有水塔 8。经使用后的水成为污水或废水，排入城市排水管网 9 有组织地集流到污水泵站 11，经污水泵提升到污水处理厂 12 进行适当处理，使水质达到排放标准，可排放于水体或用于农田灌溉等。为了节约用水，还可进一步将水进行净化处理，使水质达到回用水的标准，作为生活冲洗用水、工业用水、浇洒绿化用水等。此外，给水排水工程还有雨水管网 10，雨水可直接排入水体。

按给水排水工程的净化、输配、应用、污水排放及利用的情况，可将给水排水工程分为三个部分：城镇给水工程、建筑给水排水工程和城市排水工程。

第一节 城镇给水排水工程

一、生活饮用水水质标准

生活饮用水是指饮水和生活用水。生活饮用水水质应符合我国现行国家标准《生活饮用水卫生标准》(GB 5749—2006)的要求，同时还要保证煮沸、输送过程中不受到二次污染，保证用户饮用安全。

2006年国家标准委和卫生部联合发布了《生活饮用水卫生标准》(GB 5749—2006)强制性国家标准，该标准是1985年首次发布后的第一次修订，自2007年7月1日起实施。

新标准要求，生活饮用水中不得含有病原微生物，其中的化学物质和放射性物质不得危害人体健康，感官性状良好，且必须经过消毒处理等。

新标准规定，生活饮用水中有机化合物指标包括绝大多数农药、环境激素、持久性化合物，是评价饮水与健康关系的重点；同时增加检测甲醛、苯、甲苯和二甲苯的含量。一般理化指标反映水质总体性状，感官指标是人能直接感觉到的水的色、浑浊等，这类指标最容易引起用户不满和投诉。根据试验验证，各类指标中可能对人体健康产生危害或潜在威胁的指标占80%左右，属于影响水质感官性状和一般理化指标即不直接影响人体健康的指标约占20%。

新标准具有以下三个特点：一是加强了对水质有机物、微生物和水质消毒等方面的要求。新标准中的饮用水水质指标由原标准的35项增至106项，增加了71项。其中，微生物指标由2项增至6项；饮用水消毒剂指标由1项增至4项；毒理指标中无机化合物由10项增至21项；毒理指标中有机化合物由5项增至53项；感官性状和一般理化指标由15项增至20项；放射性指标仍为2项。二是统一了城镇和农村饮用水卫生标准。三是实现饮用水标准与国际接轨。新标准水质项目和指标值的选择，充分考虑了我国实际情况，并参考了世界卫生组织的《饮用水水质准则》，参考了欧盟、美国、俄罗斯和日本等国饮用水标准。

具体要求如下：

1）生活饮用水中不得含有病原微生物。

2）生活饮用水中化学物质不得危害人体健康。

3）生活饮用水中放射性物质超过限值时，应进行核素分析和评价，判定能否饮用。

4）生活饮用水的感官性状以用户能否接受为准。标准中所列感官性状指标的限值，表示水质感官性状良好。

5）生活饮用水应经消毒处理，以保证微生物学指标符合本标准要求。集中式供水出厂水中消毒剂不宜超过限值，但应有适当余量；管网末梢及用户受水点水中消毒剂余量也应符合要求。

6）生活饮用水水质应符合附录中表B-1、表B-2和表B-3的要求。

7）农村小型集中式供水和分布式供水因条件限制尚不能使供水水质完全符合表B-1、表B-2和表B-3的部分项目要求，依照表B-4的要求执行。

二、用水量

城镇的给水工程应根据城镇发展规划、人口数量、生活标准、工商业情况等，分别按用水量标准计算出城镇用水总量，用以确定供水规模及分期发展计划。用水量是设计的基本数据，其大小直接关系到供水的安全和建设投资，正确计算用水量是非常重要的工作。城镇用水量可分为生活用水量、生产用水量、消防用水量和城镇其他用水量等。各项用水国家均有标准定额，可以参考采用。

（一）用水定额

用水定额是指在某一度量单位内（单位时间、单位产品等），被居民或其他用户所消费的水量。

1. 生活用水定额

城镇居民、机关单位工作人员以及工厂车间职工，日常生活均需一定的用水，包括饮用、炊事及清洁卫生等用水，用水标准与生活水平、生活习惯、气候条件、水费、水质等有关。我国幅员辽阔，南北气温及生活习惯不同，用水量差异很大，国家根据全国情况制定各地区用水标准，作为计算用水量的依据。该标准载于《室外给水设计规范》（GB 50013—2006）。居住区生活用水标准可参看表2-1。表2-1中所列标准已包括居住区内小型公共建筑用水量和正常漏水量。当实际用水量与该标准有较大区别时，经审批部门同意，可按当地生活用水量统计资料作适当的调整，以符合实际情况。

工业企业生活用水标准和沐浴用水定额，按表2-2确定。

表2-1　综合生活用水定额　（单位：$\frac{L}{人\cdot d}$）

城市规模	特大城市		大城市		中、小城市	
分区 \ 用水情况	最高日	平均日	最高日	平均日	最高日	平均日
一	260～410	210～340	240～390	190～310	220～370	170～280
二	190～280	150～240	170～260	130～210	150～240	110～180
三	170～270	140～230	150～250	120～200	130～230	100～170

注：1. 居民生活用水指：城市居民日常生活用水。

2. 综合生活用水指：城市居民日常生活用水和公共建筑用水。但不包括浇洒道路、绿地和其他市政用水。

3. 特大城市指：市区和近郊区非农业人口100万人及以上的城市；大城市指：市区和近郊区非农业人口50万人及以上，不满100万人的城市；中、小城市指：市区和近郊区非农业人口不满50万人的城市。

4. 一区包括：贵州、四川、湖北、湖南、江西、浙江、福建、广东、广西、海南、上海、云南、江苏、安徽、重庆；二区包括：黑龙江、吉林、辽宁、北京、天津、河北、山西、河南、山东、宁夏、陕西、内蒙古河套以东和甘肃黄河以东的地区；三区包括：新疆、青海、西藏、内蒙古河套以西和甘肃黄河以西的地区。

5. 经济开发区和特区城市，根据用水实际情况，用水定额可酌情增加。

2. 工业生产用水量定额

工业生产用水量应根据生产工艺要求确定。大工业用水户或经济开发区宜单独进行用水量计算；一般工业企业的用水量可根据国民经济发展规划，结合现有工业企业用水资料分析确定，或根据不同类型工业用地面积参照相似条件下的用水定额通过计算确定。

表 2-2 工业企业生活用水定额和沐浴用水定额

级别	车间卫生特征			生活用水(除沐浴用水外)			沐浴用水		
	有毒物质	粉尘	其他	用水定额/[L·(人·班)$^{-1}$]	时变化系数	使用时间/h	用水定额/[L·(人·班)$^{-1}$]	时变化系数	使用时间/h
1级	极易经皮肤吸收引起中毒的剧毒物质(如有机磷,三硝基甲苯、四乙基铅等)		外理传染性材料,动物原料(如皮毛等)	30~50	1.5~2.5	8	60	1	1
2级	易经皮肤吸收或恶臭的物质(如丙烯腈、吡啶苯酚等)	严重污染全身或对皮肤有刺激的粉尘(如炭黑,玻璃棉等)	高温作业、井下作业	30~50	1.5~2.5	8	60	1	1
3级	其他毒物	一般粉尘(如绵尘)	重作业	30~50	1.5~2.5	8	40	1	1
4级	不接触有毒物质或粉尘,不污染或轻度污染身体(如仪表、金属冷加工、机构加工等)			30~50	1.5~2.5	8	40	1	1

注:虽易经皮肤吸收,但易挥发的有毒物质(如苯等)可按3级确定。

3. 消防用水量定额

消防用水应按《建筑设计防火规范》(GB 50016—2006)及《高层民用建筑设计防火规范》(GB 50045—1995 2005年版)执行。

1) 城镇居住区室外消防用水量,可按表2-3确定。

表 2-3 城镇居住区室外消防用水量

人数 N/万人	同一时间内水灾次数/次	一次灭火用水量/(L·s^{-1})	人数 N/万人	同一时间内水灾次数/次	一次灭火用水量/(L·s^{-1})
$N \leq 1.0$	1	10	$30 < N \leq 40.0$	2	65
$1 < N \leq 2.5$	1	15	$40 < N \leq 50.0$	3	75
$2 < N \leq 5.0$	2	25	$50 < N \leq 60.0$	3	85
$5 < N \leq 10.0$	2	35	$60 < N \leq 70.0$	3	90
$10 < N \leq 20.0$	2	45	$70 < N \leq 80.0$	3	95
$20 < N \leq 30.0$	2	55	$80 < N \leq 100.0$	3	100

2) 工厂、仓库和民用建筑在同一时间内的火灾次数,不应小于表2-4的规定。

3) 建筑物室外消火栓一次灭火用水量不应小于表2-5的规定。

4. 其他用水量定额

1) 浇洒道路用水可按浇洒面积以2.0~3.0L/(d·m^2)计算,浇洒绿化用水可按浇洒面积以1.0~3.0L/(d·m^2)计算。

2) 汽车冲洗用水,根据车辆用途、道路路面等级和污染程度以及冲洗方式,可按表

2-6确定。

3）城镇给水管网的漏损水量及未预见水量，分别按最高日用量的 10% ~12% 和 8% ~12% 计算。

表 2-4　工厂、仓库和民用建筑在同一时间内的火灾次数

名　称	基地面积/万 m^2	附有居住区人数/万人	同一时间内火灾次数/次	备　注
工厂	≤100	≤1.5	1	按需水量最大的一座建筑物（或堆场、储罐）计算
		>1.5	2	工厂、住宅区各 1 次
	>100	不限	2	按需水量最大的两座建筑物（或堆场、储罐）之和计算
仓库、民用建筑	不限	不限	1	按需水量最大的两座建筑物（或堆场、储罐）之和计算

注：采矿、选矿等工业企业，如各分散基地有单独的给水系统时，可分别计算。

表 2-5　建筑物室外消火栓一次灭火用水量　（单位：L/s）

耐火等级	建筑名称及类别 \ 建筑物体积/m^3		<1500	1501 ~ 3000	3001 ~ 5000	5001 ~ 20000	20001 ~ 50000	>50000
1、2 级	厂房	甲、乙	10	15	20	25	30	35
		丙	10	15	20	25	30	40
		丁、戊	10	10	10	15	15	20
	库房	乙、乙	15	15	25	25	—	—
		丙	15	15	25	25	35	45
		丁、戊	10	10	10	15	15	20
	民用建筑		10	15	15	20	25	30
3 级	厂房或库房	乙、丙	15	20	30	40	45	—
		丁、戊	10	10	15	20	25	35
	民用建筑		10	15	20	25	30	—
4 级	丁、戊类厂房或库房		10	15	20	25	—	—
	民用建筑		10	15	20	25	—	—

注：1. 用水量按消防需水量最大一座建筑物计算。成组布置的建筑物应按消防用水量较大的相邻两座计算。

2. 铁路车站、码头和机场的中转仓库，其室外消火栓用水量可按丙类仓库确定。

3. 国家文物保护单位的重点砖木或木结构建筑物，其用水量按 3 级耐火等级民用建筑物消防用水量确定。

表 2-6　汽车冲洗用水量　（单位：$\frac{L}{辆 \cdot 次}$）

冲洗目标 \ 不同冲洗方式的用水量	软管冲洗	高压水枪冲洗	循环用水冲洗	抹车
轿车	200 ~ 300	40 ~ 60	20 ~ 30	10 ~ 15
公共汽车或载重车	400 ~ 500	80 ~ 120	40 ~ 60	15 ~ 30

（二）用水量变化

在生活和生产活动中，用水量是随着时间和季节不断变化的，夏季比冬季用水多，早晚用水比平时也多，若只是用平均数设计给水工程设备，显然不能满足用水要求，会影响生活、生产和消防保安工作。因此在计算用水量时，必须考虑用水的变化情况。一年之内用水量最大的一天的用水量称为最高日用水量，它与平均日用水量的比值 K_d 称为日变化系数；在最高日内用水量最大的 1h 用水量称为最高时用水量，它与最高日平均时用水量的比值 K_h 称为时变化系数。一般说来，大中城市用水人数越多，在用水高峰和用水时间上将会趋于均匀，K_h 值较小；小城市或村镇的 K_h 很大。K_d 及 K_h 计算如下：

1. 日变化系数 K_d

$$K_d = \frac{Q_{md}}{Q_d} \tag{2-1}$$

式中 Q_{md}——最高日用水量（m^3/d）；

Q_d——平均日用水量（m^3/d）。

2. 时变化系数 K_h

$$K_h = \frac{Q_{mh}}{Q_h} \tag{2-2}$$

式中 Q_{mh}——最高时用水量（m^3/h）；

Q_h——最高日平均时用水量（m^3/h），$Q_h = \frac{Q_{md}}{24}$。

由式(2-1)及式(2-2)计算出：

$$Q_{mh} = \frac{K_h Q_{md}}{24} = \frac{K_h K_d Q_d}{24} = K\frac{Q_d}{24} \tag{2-3}$$

设 $K = K_h K_d$，即总变化系数。

由式(2－3)可以看出，最高时用水量为总变化系数与平均日平均时用水量的乘积。

城市供水中，时变化系数、日变化系数应根据城市性质、规模、经济与社会发展水平，根据实际情况分析确定。在缺乏资料的情况下，最高日城市综合用水的时变化系数宜采用1.2～1.6；日变化系数宜采用1.1～1.5，个别小城镇可适当加大。

（三）用水量计算

用水量是设计给水工程系统的依据，应根据城市的地理位置、自然条件、建筑情况、人口数量、消防要求等因素，参照用水量标准及变化系数来计算各种用水量，包括生活、生产、消防及市政等用水量。

1. 生活用水量

（1）城市居住区的最高日生活用水量 可用计划的人口数与最高日生活用水标准来计算：

$$Q_1 = Nq_1 \tag{2-4}$$

式中 Q_1——最高日生活用水量（m^3/d）；

q_1——最高日用水标准$\left(\frac{m^3}{d \cdot 人}\right)$；

N——计划人口（人）。

（2）工业企业职工生活用水量　此项生活用水量为值班职工的生活和淋浴用水量之和，记为 Q_2。

2. 生产用水量

生产用水量与生产规模、种类、工艺有关，用水标准由工艺提出，其最高日用水量记为 Q_3。

3. 市政用水量

包括浇洒道路、城市公园及绿化等用水量，记为 Q_4。

此外，还应考虑城市的未预见用水量和城市给水管网的漏失水量，一般按城市最高日用水量的18%～25%计算。

因此若采用统一给水系统时城市最高日用水量为

$$Q_d = (Q_1 + Q_2 + Q_3 + Q_4) \times (1.18 \sim 1.25) = (1.18 \sim 1.25)\sum Q_{1\sim4} \tag{2-5}$$

最高日最高时的用水量 Q_h 为

$$Q_h = K\frac{Q_d}{24} \tag{2-6}$$

或

$$q = K_h\frac{Q_d}{24 \times 3.6} \tag{2-7}$$

q 即为给水管网须供给的最高日最高时的平均秒流量，城市给水管网以它作为设计流量。

4. 消防用水量

根据城市规模、人口数量，国家规定同时可能发生火灾的次数和每次火灾的消防用水量标准，见表2-3～表2-5。

$$Q_f = N_f q_f \tag{2-8}$$

式中　Q_f——城市消防用水量(L/s)；

N_f——同时发生火灾次数；

q_f——每次火灾的消防用水量(L/s)。

【例1-1】　华北某市计划居住人口10万人，城区有工厂，共有职工12000人，三班制工作，内有20%工人在高温车间工作，另有15%工人在工作后需要淋浴；工业用水量为15000m³/d。试求该市最高日生活与生产用水量。

【解】

（1）生活用水量：

按二区中小城市确定用水标准为：200L/(人·d)。

最高日综合生活用水量为：$(10\times10^4\times200\div1000)\text{m}^3/\text{d}=20000\text{m}^3/\text{d}$

工厂生活用水量：

$(12000\times20\%\times60\div1000)\text{m}^3/\text{d}=144\text{m}^3/\text{d}$

$(12000\times15\%\times40\div1000)\text{m}^3/\text{d}=72\text{m}^3/\text{d}$

（2）生产用水量：$15000\text{m}^3/\text{d}$。

最高日生活与生产用水量：$35216\text{m}^3/\text{d}$。

三、水源与取水工程

（一）水源

根据用水水质标准不同，水源的水质也有一定的标准，凡是能满足水源水质标准的水都可以用作水源，包括天然淡水、海水和再生水。用于城镇生活用水的供水水源主要是天然淡水，天然淡水可分为地下水源和地表水源两大类。

1. 地下水源

我们所讨论的地下水是指储存在松散土石层、岩石裂隙及岩石溶洞中的可以自由流动的水，这些水的来源是大气降水渗入形成的。按照含水地层的条件不同，地下水可分为潜水、承压水和溶洞水。

（1）潜水　潜水是指地下最上一层不渗水的隔水层上面的地下水，它的上部为透水层，通过它与大气相通，并且可接受地表的渗水。潜水有自由水面，在重力作用下，由高水位流向低水位。

（2）承压水　承压水是在地下两个隔水层之间的水，由于上下隔水层的约束，这层水没有自由表面，在静水压力的作用下流动，就像在有压管道中的流动一样，如果将其上方的隔水层开个孔口，水位就会上升到某个高度，这个上升高度就是承压水的承压水头，这种井也称自流井。

（3）溶洞水　岩石溶蚀后形成了相连的空洞，在适当的地表水渗透与补给的条件下形成了溶洞水，有时溶洞水的储量会很大。

地下水因其埋藏于地下，水质较为清洁，水温较低而稳定，有利于作冷却用水，开采后只需作简单消毒处理就可作为自来水向城镇供水，供水成本低。但地下水毕竟储存和补给有限，不能满足不断增大的开采量，而且过量开采会造成水位下降、地层下沉、水质变差甚至水源枯竭的问题。

2. 地表水源

地表水主要包括江河湖泊及水库水等。水温随季节而变化，与地下水相比，其优点是水量大且易于估算，但因其在地表流动易受污染，水质不如地下水，需要经过完善的净化改善水质后才能使用。

3. 水源地的选择

水源地的选择应根据城市规划，研究工农业、航运、水产渔业、上下游给水排水情况等问题综合考虑，要满足近期和长远发展需要，做到安全可靠、经济合理。水源地应设在水量、水质有保障和易于实施水源保护的地段。选用地表水作水源时，水源地应在城镇和工业区上游，地下水水源地应选在不易受污染的蓄水地段。

4. 水源的卫生防护

设计和使用水源时，应遵照我国《生活饮用水卫生标准》(GB 5749—2006)的规定，进行水源的卫生防护。

（1）地下水源的卫生防护

1）取水构筑物的卫生防护范围主要取决于水文地质条件、取水构筑物的形式和附近地区的卫生状况。如覆盖层较厚、附近地区卫生状况较好时，防护范围可以适当减小。一般在生产区外围不小于10m的范围内不得设立生活居住区、禽畜饲养场、渗水厕所、渗水坑；不得堆放垃圾、粪便、废渣或铺设污水渠道；应保持良好的卫生状况并充分绿化。

2）为了防止取水构筑物周围含水层的污染，在单井或井群的影响半径范围内不得使用工业废水或生活污水灌溉和施用有持久性或剧毒的农药，不得修建渗水坑、厕所、堆放废渣或铺设污水渠道，并不应从事破坏深层土层的活动。如果含水层在水井影响半径范围内不露出地面或含水层与地面没有互补关系时，含水层不易受到污染，其防护范围可适当减少。

3）地下水回灌时，回灌水质应严加控制，其水质应以不使当地地下水质变坏，并不得低于饮用水水质标准。

（2）地表水源的卫生防护

1）为防止取水构筑物及其附近水域受到直接污染，在取水点周围半径不小于100m 的水域内，不得停靠船只、游泳、捕捞和从事一切可能污染水源的活动，并应设有明显的范围标志。

2）为防止水体受到直接污染，在河流取水点上游1000m 至下游100m 的水域，不得排入工业废水和生活污水；其沿岸防护范围内，不得堆放废渣、设置有害化学物品的仓库或堆栈、设立装卸垃圾、粪便及有毒物品的码头；沿岸农田不得使用工业废水或生活污水灌溉及施用有持久性或剧毒的农药，并不应从事放牧。

供生活饮用的专用水库和湖泊，应视具体情况将整个水库、湖泊及其沿岸列入防护范围，其防护措施和上述相同。

3）在地表水源上游1000m 以外，排放工业废水和生活污水，应符合国家规定的排放标准。对于水源卫生防护地带以外的周围地区（包括地下水含水层的补给区），还应经常观察污水排放、传染病发病、事故污染等情况，如发现可能污染水源时应采取必要措施保护水源水质。

（二）取水工程

取水工程解决的是从水源取水的方法及取水构筑物的构造形式等问题。取水工程的形式主要取决于水源的种类。以地下水为水源的给水系统一般包括：取水构筑物（如井群、渗渠等）、净水工程（主要设施有清水池及消毒设备）、输配水工程，如图2-2 所示。以地表水为水源的给水系统一般包括：取水工程、净水工程、输配水工程、泵站等，如图2-3 所示。

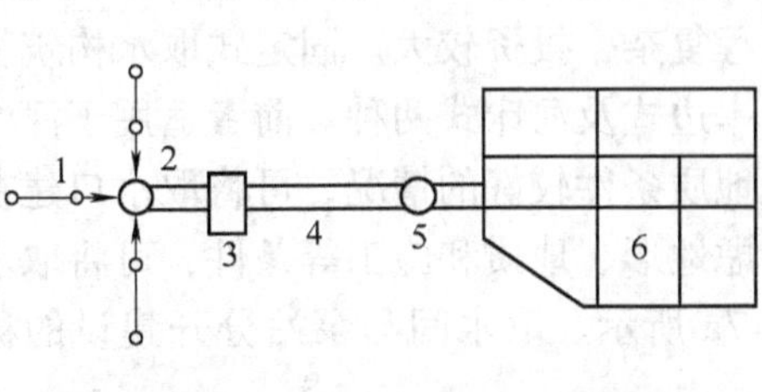

图2-2　地下水源给水系统

1—井群　2—集水井　3—加压泵站

4—输水管　5—水塔　6—配水管网

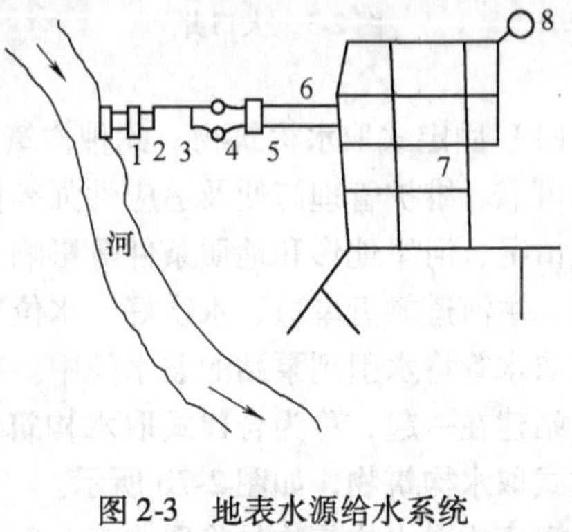

图2-3　地表水源给水系统

1—取水构筑物　2—一级加压泵站　3—水净化构筑物

4—清水池　5—二级加压泵站　6—输水管路

7—配水管网　8—水塔

从水源取用原水的设施称为取水构筑物。不同的水源取水方式不同，下面分别介绍。

1. 地下水的取水构筑物

地下水的埋深、蓄水层厚度以及地下水的类型决定着地下取水构筑物的形式。管井适用于地下水源丰富的地带，一般要求含水层厚度大于5m，底板埋深大于15m，在地层中开井孔，井径视取水量及使用水泵的情况而定，深度穿过蓄水层，如图2-4所示。大口井是用于取浅层地下水的构筑物，一般要求含水层厚度在5m左右，底板埋深小于15m。大口井由井筒及井口组成，筒下设滤水孔或滤水层，其构造如图2-5所示。渗渠是汲取地下水的构筑物，可以铺设于河流、水库地表水体下或岸边以利于汲取地下渗流水，一般要求含水层厚度小于5m，如图2-6所示。

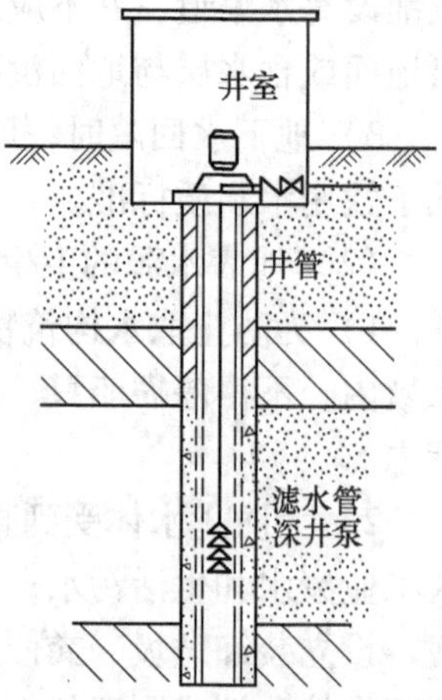

图2-4 管井

2. 地面水取水构筑物

地面水取水构筑物建于水源岸边，其位置应根据取水水质、水量并结合当地的地质、地形、水深及其变化情况和施工条件等确定。取水构筑物按构造及使用形式可分为固定式及活动式两种。

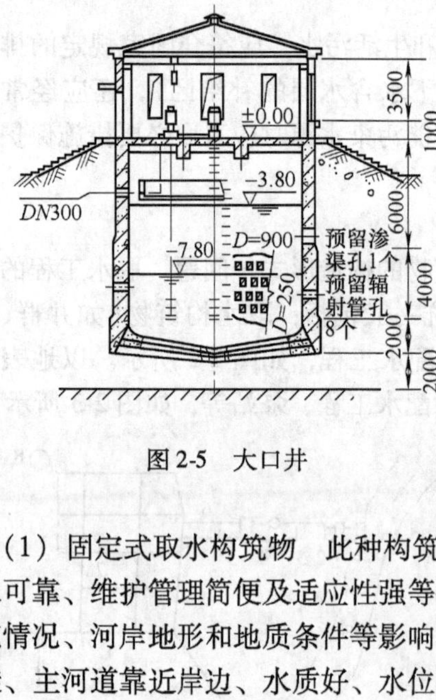

图2-5 大口井

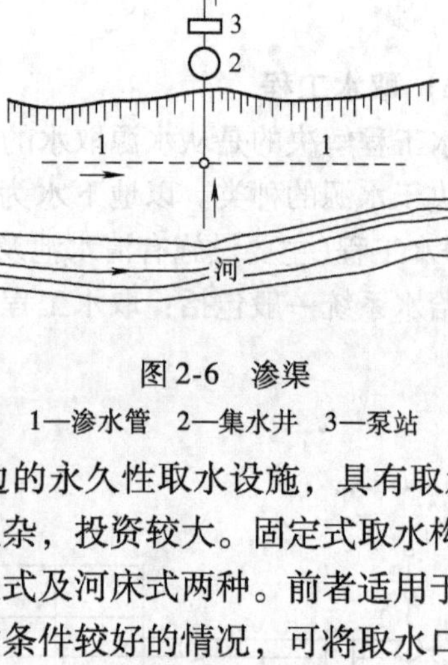

图2-6 渗渠

1—渗水管 2—集水井 3—泵站

（1）固定式取水构筑物 此种构筑物是建在河岸边的永久性取水设施，具有取水量大、取水可靠、维护管理简便及适应性强等优点，但工程复杂，投资较大。固定式取水构筑物因河流情况、河岸地形和地质条件等影响，又可分为岸边式及河床式两种。前者适用于河岸边较陡、主河道靠近岸边、水质好、水位变化不大及地质条件较好的情况，可将取水口建在河中以取水管将水引到泵站的取水间中。有时由于考虑地形、地质和施工等条件，可将取水间与泵站建在一起，称为合建式取水构筑物，如图2-7a所示。取水间与泵站分开建设的称为分建式取水构筑物，如图2-7b所示。

河床式取水构筑物是将取水口（又称取水头部）伸入河床深处，泵站建在岸边。适用于河岸平坦、枯水季水位浅或取不到水的情况，如图2-8所示。

（2）活动式取水构筑物 当水源水位涨落幅度较大且取水量较小、水流不急、河岸地质条件好的河段，在工程施工周期短的情况下可建活动式取水构筑物。它具有建设快、投资小、适应性强等优点。活动性取水构筑物有多种形式，常用的有浮船式、缆车式等。图2-9为浮船式河床取水构筑物，船随水位涨落而升降，可取用较好的水质。船上装设泵站，将河水经联络管送往水厂。缆车式取水构筑物是将取水泵站建在缆车上，岸边建倾斜的缆车轨道

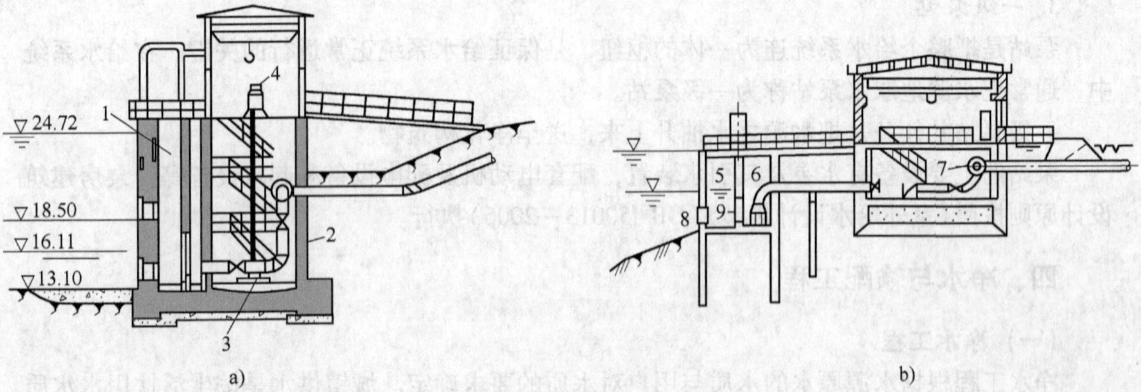

图 2-7　岸边式取水构筑物

a）合建式　b）分建式

1—进水井　2—泵站　3—立式泵　4—立式电动机组　5—进水间　6—吸水间　7—泵站　8—格栅　9—格网

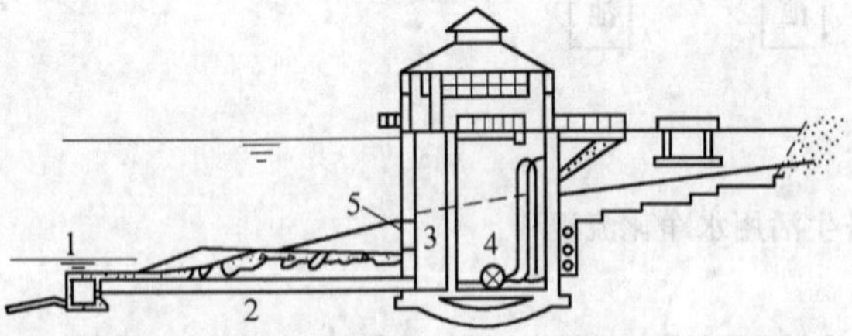

图 2-8　河床式取水构筑物

1—取水头部　2—自流管　3—集水间　4—泵房

5—高水位进水孔

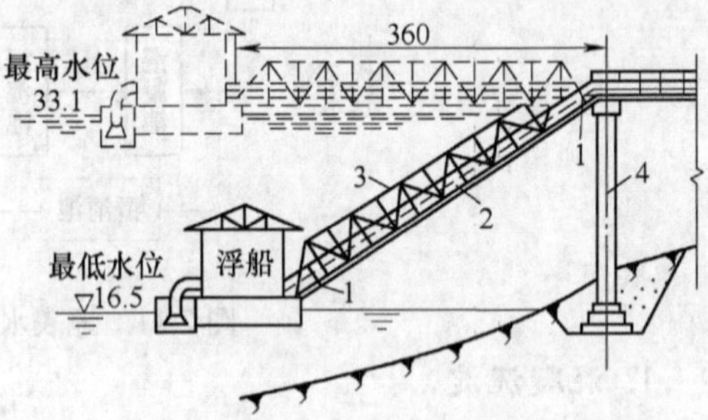

图 2-9　浮船式取水构筑物

1—橡胶短管　2—刚性联络管　3—活动钢引桥　4—支墩

和固定的原水输水管道，如图 2-10 所示。

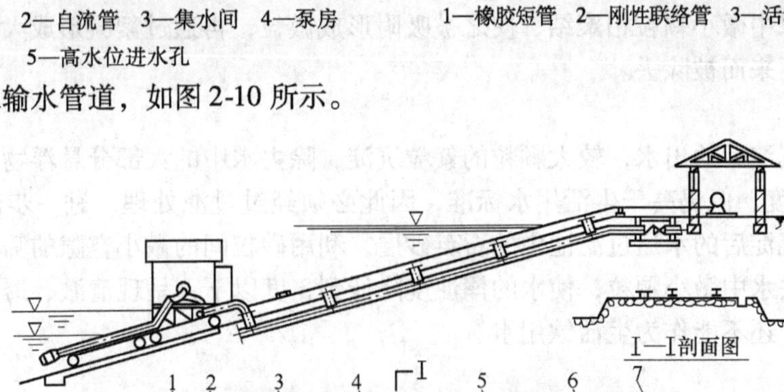

图 2-10　缆车式取水构筑物

1—泵车　2—联络管　3—输水管　4—钢轨　5—叉管　6—人行道　7—阀门井

8—绞车房　9—绞车　10—电缆沟　11—坡道　12—钢丝绳　13—挂钩座　14—尾车

3. 一级泵站

泵站是把整个给水系统连为一体的枢纽，是保证给水系统正常运行的关键。在给水系统中，通常把水源地取水泵站称为一级泵站。

一级泵站的任务是把水源之水抽升上来，送至净化构筑物。

泵站的主要设备有水泵及其引水装置，配套电动机及配电设备和起重设备等。泵房建筑设计原则按照《室外给水设计规范》(GB J50013—2006)执行。

四、净水与输配工程

(一) 净水工程

净水工程根据水源原水的水质与用户对水质的要求确定。城镇供水是按生活饮用水水质标准的要求供水的。净水工程的任务就是解决水的净化问题。

地表水的处理流程一般包括混凝沉淀、过滤及消毒三部分，如图2-11所示。

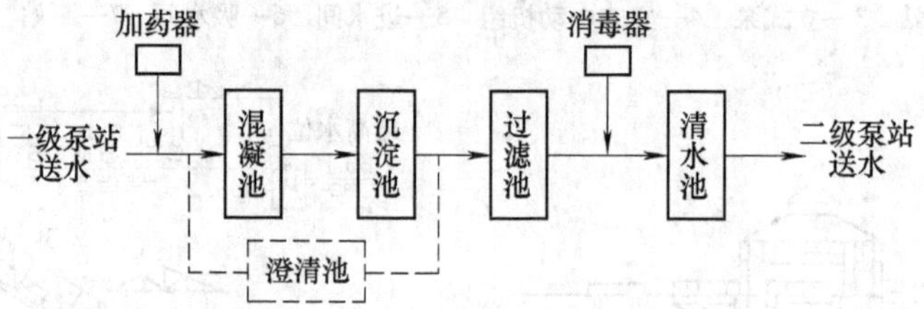

图2-11 地表水制备生活用水净化流程

1. 混凝沉淀

原水中含有大小颗粒的悬浮固体，其中较重的泥沙易于沉淀去除，但有些小颗粒物悬浮于水中，难以靠沉淀去除，必须加入混凝剂(如明矾、硫酸亚铁、碱式氯化铝等)，通过混凝剂水解产物与水中微小颗粒相聚结，使之被吸附形成微粒，再通过絮凝形成大絮粒，然后在沉淀池中沉淀下来而被除去。

2. 过滤

经过混凝沉淀后的出水，较大颗粒的絮粒沉淀，除去水中的大部分悬浮物质，可使水的浑浊度低于20度，但仍高于生活用水标准，因此必须经过过滤处理，进一步改善水质。过滤净化就是使沉淀后的水通过滤池中的石英砂层，利用砂粒间的微小空隙的筛滤、吸附、沉淀等作用，除去水中微小颗粒，使水的浑浊度降低到3度以下，呈现清澈、透明，但水中仍含有不少细菌，还不能作为生活饮用水。

3. 消毒

过滤后的水浑浊度已降到3度以下，但水中含有细菌或病菌，因此需要进一步消毒灭菌，以保证供水的水质。一般消毒的方法有物理法(如使用紫外线、超声波等)和化学法(如使用氯、氯胺、二氧化氯及臭氧等)。经常使用加氯或氯胺法，其消毒效果显著，方便经济。

(二) 输配工程

水经过净化后，达到生活饮用水标准，再由二级泵站升压，通过输配水管网送到用户，完成供水任务。输配水工程包括二级泵站、输水管、配水管网、管网的附属设备、管网的调节设备等部分。

1. 二级泵站

连接清水池和输配水系统的送水泵站称为二级泵站。二级泵站的任务是把净化后的水，由清水池抽升并送至配水管网供给用户，是供水系统的第二次升压泵站。

2. 输水管

输水管是输送用水到城市配水管网的输水总管，不负担配水任务，但要求简短、安全，一般设置两条，沿道路敷设。

3. 配水管网

配水管网是直接给用户供水的管道，在布置管线时，应根据用水区的建筑规划、地形及用户的分配情况，布置管线。要力求管线简短，供水干管通向用水量大的区域，以节省管材，便于施工和维护管理，与建筑物和其他管道的间距、埋深应符合规范要求。

配水管网的布置形式可分为枝式和环式两种，如图 2-12、图 2-13 所示。

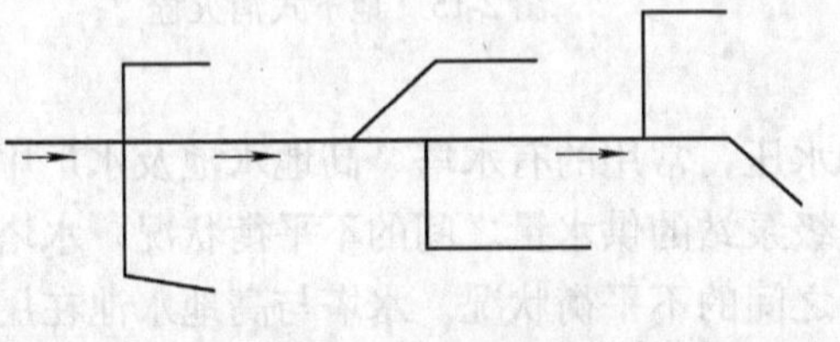

图 2-12　枝式管网

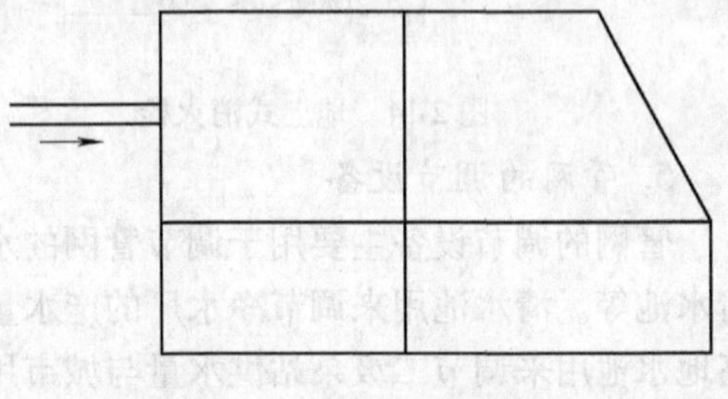

图 2-13　环式管网

枝式管网呈树枝状，管线向供水区延展，管径随用户的减少而逐渐减小。枝式管网管线最短，供水直接，初投资少，但供水安全性较差，一旦某段管路发生事故，其下游供水可能间断。环式管网干管间连接成环状，每条管线均可向两个方向供水，安全可靠，但管线长，投资大，一般在供水安全性要求严格的地区，多采用环式管网。

4. 管网的附属设备

为了便于维护管理，在管网上适当位置需设置阀门、减压阀、排气阀和室外消火栓等管网的附属设备。

阀门用于调节水流或截断水流。室外阀门多设在阀门井内，室内阀门可明装，也可以暗装。阀门种类很多，有闸阀、截止阀、蝶阀之分。按接口方式不同有螺纹联接和法兰联接两种。管径小于 50mm 的阀门多用螺纹联接，管径大于 50mm 的多用法兰联接。闸阀阻力小，水流可双向流动；截止阀产生的阻力大，水流有方向性；蝶阀安装占用空间小，阻力比闸阀稍大，造价低，常代替闸阀使用。

阀门设在管网的节点处或分支处。在较长管段上要设闸阀加以分段，以保证发生事故时断水的区段不过长，在设有消火栓的管段上每段上的消火栓不能超过 5 个。

减压阀是用来调控出水水压的，设在需要降低水压的管段上。排气阀设在输水管和管网的高处，以排除管道中的空气。泄水阀设在输水管和管网的低处，为排除流沙或事故泄水用。为防水流倒流，泵站的水泵出口设置单向阀。大型泵站设多功能阀，其作用为：一是防水倒流；二是防水锤作用。

室外消火栓是消防灭火时，消防车从城市配水管网取水的取水口，一般设置在配水管网沿线的路边、街口等便于取用的地点。布置间距要求不超过 120m，供水管径不小于 100mm。

消火栓分为地上式和地下式两种，寒冷地区宜采用地下式。详见图2-14、图2-15。

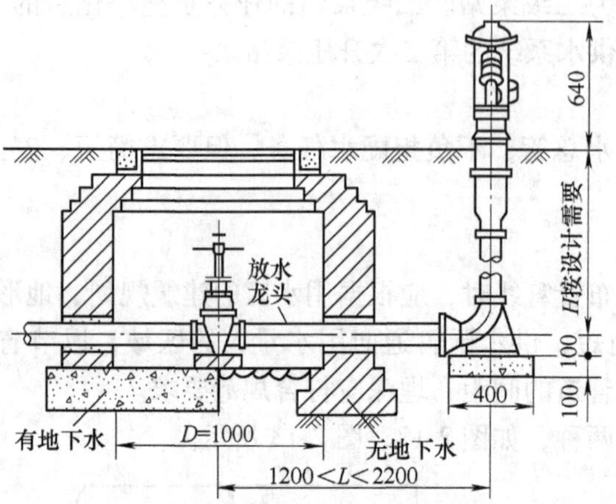

图2-14 地上式消火栓

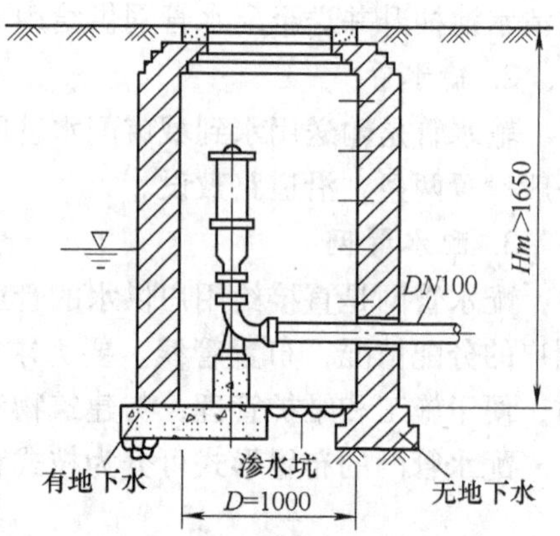

图2-15 地下式消火栓

5. 管网的调节设备

管网的调节设备主要用于调节管网的水量和水压，常用的有水塔、高地水池及水厂中的清水池等。清水池用来调节净水厂的产水量与二级泵站的供水量之间的不平衡状况。水塔与高地水池用来调节二级泵站供水量与城市用水量之间的不平衡状况。水塔与高地水池在用水低峰时将管网中多余的水储存起来，在用水高峰时将储存的水送入管网，这样可减小二级泵站的高峰供水量，保证管网压力基本稳定，同时又可保证水泵在高效率范围内运行，降低能耗。但因水塔和高地水池的设置高度要与管网供水水压相适应，建造费用较高，并且水塔的调节容量有限，所以只在小城镇或工矿企业内部调节水量较小或仅需平衡水压时才使用。

五、室外排水

（一）排水制度

在城市中，对生活污水、工业废水和降水采取的排除方式称为排水体制，也称排水制度。按排除方式可分为合流制和分流制排水系统两种。

1. 合流制排水系统

将生活污水、工业废水和降水用一个管道系统汇集输送排除的称为合流制排水系统。

根据污水、废水、降水混合汇集后的处理方式不同，合流排水系统可分为下列三种情况。

（1）直泄式合流制　如图2－16a所示，管道系统就近将各类排出水泄入水体。混合的污水不经过任何处理排入水体，使水体水质恶化，严重危害水体。目前这种直泄式合流制已不采用。

（2）全处理合流制　如图2－16b所示，污水、废水、降水混合汇集后全部输送到污水处理厂处理后再排入水体。这种排水方式对保障环境卫生方面当然是很理想的，但需要主干管的管径很大，污水处理厂的处理水量也增加很多，基本费用相应提高，很不经济，同时在运转管理方面也有困难。因此这种方式实际上也很少采用。

（3）截留式合流制　如图2-16c所示，污水、废水、降水同样也合用一套管道系统。晴

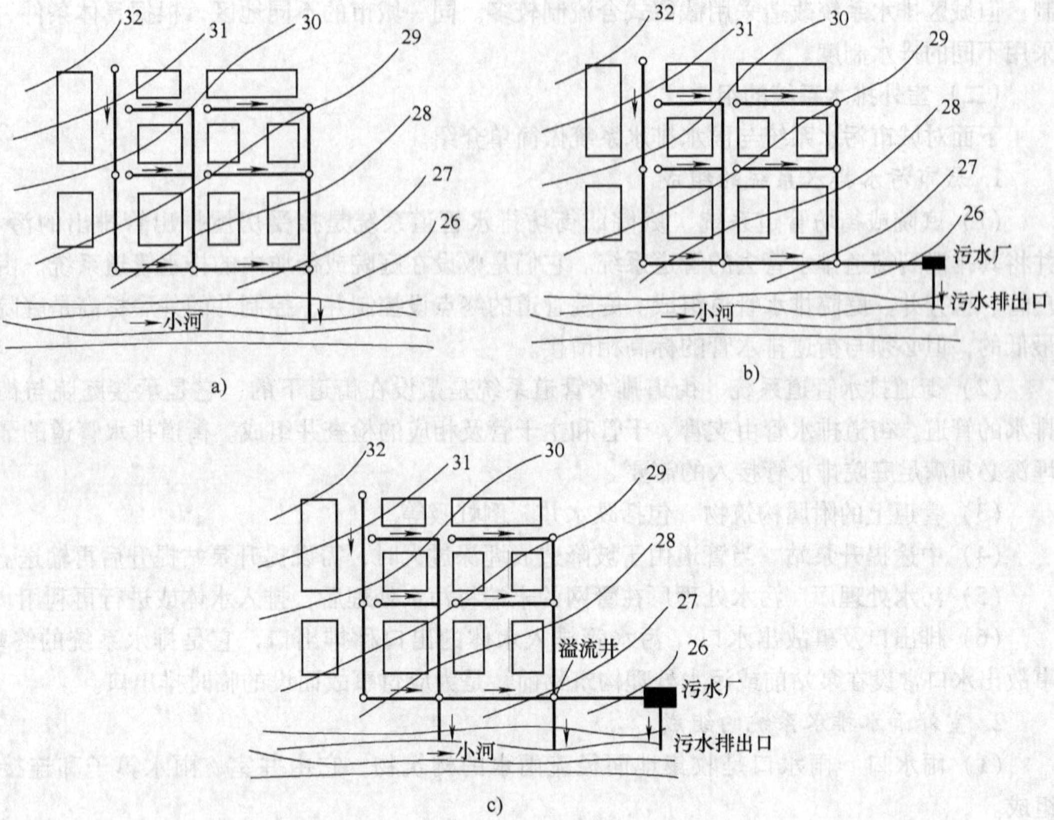

图 2-16　合流制排水系统示意图

a）直泄式合流制　b）全处理合流制　c）截留式合流制

天时全部输送到污水处理厂，雨天时当雨水量增大，雨水、污水和废水的混合量超过一定数量时，其超出部分通过溢流井排入水体。这种方式较多采用。

2. 分流制排水系统

当生活污水、工业废水、降水用两个或两个以上各自独立的管道系统来汇集和输送时，称为分流制排水系统，如图 2-17 所示。其中汇集生活污水和工业废水的系统称为污水排除系统；汇集和排除雨水的系统称为雨水排除系统；只排除工业废水的称为工业废水排除系统。

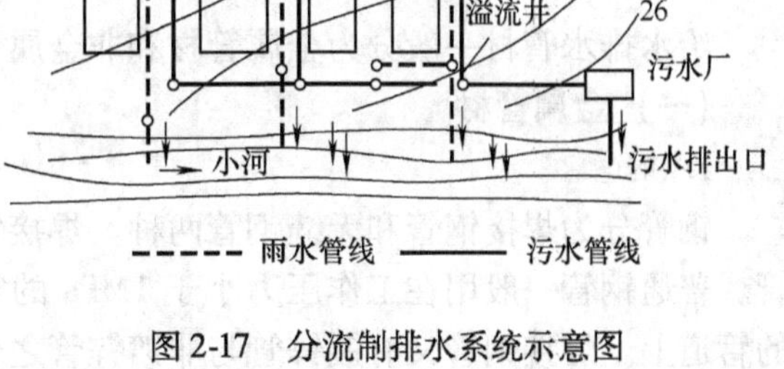

图 2-17　分流制排水系统示意图

分流制排水系统将各类污水分别排放，有利于污水的处理和利用，分流制管道的水力条件。

排水制度的选择应根据城市总体规划、环境保护的要求、当地的自然条件和水体条件、城市污水量和水质情况、城市原有排水设施情况等综合考虑，通过技术经济比较决定。一般新建城市或地区的排水系统，多采用分流制；但城区排水系统改造采用截留式合流制较多。同一城市的不同地区，根据具体条件，可采用不同的排水制度。

(二) 室外排水系统的组成

下面对城市污水系统与雨水排水系统做简单介绍。

1. 城市污水排水系统的组成

(1) 庭院或街坊管道系统　庭院或街坊排水管道系统是接受房屋排出管排出的污水，并将其排泄到街道排水管去的管道系统。它们是敷设在庭院或街坊内的排水管道系统。由出户管、检查井、庭院排水管道组成。庭院管道的终点设控制井，控制井的井底标高是庭院内最低的，但必须与街道排水管的标高相衔接。

(2) 街道排水管道系统　街道排水管道系统是敷设在街道下的，它是承接庭院与街坊排水的管道。街道排水管由支管、干管和主干管及相应的检查井组成。街道排水管道的最小埋深必须满足庭院排水管接入的需要。

(3) 管道上的附属构筑物　包括跌水井、倒虹吸等。

(4) 中途提升泵站　当管道由于坡降造成埋深过大时，需设提升泵站提升后再输送。

(5) 污水处理厂　污水处理厂在管网的末端将污水处理后，排入水体或进行再利用。

(6) 排出口及事故出水口　污水管排入水体的出口称排出口，它是排水系统的终端，事故出水口常设在泵站前或污水处理构筑物前，是为应付事故而设的临时排出口。

2. 室外雨水排水系统的组成

(1) 雨水口　雨水口是收集地面径流雨水的构筑物，它由井室、雨水箅子和连接管组成。

(2) 雨水管　雨水管由庭院或街坊、厂区雨水管、街道下雨水支管、雨水干管和雨水主干管组成。

(3) 出水口　即雨水排入水体的排放口。

(4) 排洪沟　排洪沟是指用于城镇外围大流域雨水的排水管渠。对于合流制排水系统，其管道系统的组成是上述两系统的综合，在截流管上增加流井。

第二节　给水排水常用管道、器材和卫生器具

一、给水排水常用管道材料

给水排水管材一般分为金属管材和非金属管材两大类。

(一) 金属管材

1. 钢管

钢管分为焊接钢管和无缝钢管两种。焊接钢管(水、燃气输送钢管)有普通钢管及加厚钢管。普通钢管一般用在工作压力小于 1MPa 的管道上；加厚钢管用在工作压力小于 1.6MPa 的管道上。焊接钢管又有镀锌管与非镀锌管之分，镀锌管即在管内、外壁镀锌而成，使其耐腐蚀性增强。无缝钢管在实际工程中应用较少，只有当焊接钢管不能满足压力要求的情况下才采用。

钢管的优点是：强度高、耐振动、重量较轻、接头方便、长度大、接头少、内表面光

滑、水力条件好。缺点是：易腐蚀、造价较高。

钢管连接方法有螺纹连接(又叫丝扣连接)、焊接和法兰连接。螺纹连接适用于大多数管子。

2. 铸铁管

给水铸铁管具有不易腐蚀、造价低、耐久性好等优点，因此在管径大于 70mm 时常用作埋地管。缺点是质脆，重量较大。

给水铸铁管常用承接和法兰连接，配件也相应带承插口或法兰盘。排水铸铁管由于不承受水压，故管壁较薄，重量轻。管径一般为 50～200mm。排水铸铁管采用承插连接，承插口直管有单承口及双承口两种。

(二) 非金属管材

1. 塑料管

塑料管是合成树脂加添加剂经熔融成型加工而成的制品。常用的塑料管有：硬聚氯乙烯管(PVC - U)、高密度聚乙烯管(PE - HD)、交联聚乙烯管(PE - X)、无规共聚聚丙烯管(PP - R)、聚丁烯管(PB)、工程塑料丙烯晴—丁二烯—苯乙烯共聚物(ABS)PAP(XPAP)管等。

塑料管的优点是：化学性能稳定、耐腐蚀、管壁光滑、水头损失小、重量轻、加工安装便捷。其缺点是：强度较低、膨胀系数较大、易受温度影响。

2. 复合管

常用的复合管有铝塑复合管、钢塑复合管。

铝塑复合管 PAP(XPAP)是由聚乙烯(或交联聚乙烯)层—胶粘剂层—铝层—胶粘剂层—聚乙烯(或交联聚乙烯)层共 5 层结构构成。它既保持了聚乙烯管和铝管的优点，又避免了各自的缺点。可弯曲，弯曲半径等于 5 倍直径；耐温性能强，使用温度范围 -100～110℃；耐高压，工作压力可以达到 1.0MPa 以上。可用于室内的冷、热水系统，目前市场上的供货规格在 *DN*14～*DN*32 之间。

钢塑复合管是在钢管内壁衬(涂)一定厚度的塑料层复合而成。钢塑复合管兼备了金属管材强度高、耐高压、能承受较强的外来冲击力和塑料管材的耐腐蚀性、不易结垢、导热系数低、流体阻力小等优点。

常用塑料管及复合给水管的物理性能见表 2-7。

3. 钢筋混凝土管及预应力钢筋混凝土管

此种管材可用于给水压力管，有较好的抗渗性和耐久性，适于埋设于地下，管径较大，用承插接口或套环连接，接装方便，价格较低，但重量大、质脆，搬运不方便。

表 2-7　常用塑料管及复合给水管的物理性能

项目 \ 管材	PVC-U	PE-X	PP-R	PB	ABS	PAP (XPAP)	钢塑复合管
材料名称	硬聚氯乙烯	交联聚乙烯	无规共聚聚丙烯	聚丁烯	丙烯晴-丁二烯-苯乙烯	聚乙烯或交联聚乙烯与铝管复合	聚氯乙烯或聚乙烯衬里钢管
密度/($kg \cdot m^{-3}$)	1.5×10^3	0.95×10^3	0.9×10^3	0.93×10^3	1.02×10^3	—	7.85×10^3
长期使用温度/℃	≤45	≤90	≤70	≤90	≤60	≤60	≤60

（续）

项目＼管材	PVC-U	PE-X	PP-R	PB	ABS	PAP（XPAP）	钢塑复合管
工作压力/MPa	1.6	1.6（冷水） 1.0（热水）	2.0（冷水） 1.0（热水）	1.6～2.5（冷水） 1.0（热水）	1.6	2.0～3.0	2.5
热膨胀系数/[mm·(m·℃)$^{-1}$]	0.07	0.15	0.11	0.13	0.11	0.025	0.014
热导率/[W·(m·℃)$^{-1}$]	0.16	0.41	0.24	0.22	0.26	0.45	接近钢管

管道材料的选择应根据具体用途而定。用于生产和消防的室内给水管道，一般采用镀锌钢管；室内生活给水管道应选用塑料给水管、塑料和金属复合管、铜管、不锈钢管等耐腐蚀和安装连接方便的管材；埋地的室内外给水排水管材应选用耐腐蚀和具有耐地面荷载能力的管材；室内污水管应根据敷设地点、管材性能、污水性质等情况选用，如排水铸铁管、排水塑料管等，具体可参考表2-8进行选择。

表2-8 建筑设备工程常用管材选择表

<table>
<tr><th rowspan="2">管道种类</th><th rowspan="2">室内或室外</th><th rowspan="2">公称压力 p_n/MPa</th><th colspan="14">公称直径(DN)/mm</th></tr>
<tr><th>15</th><th>20</th><th>25</th><th>32</th><th>40</th><th>50</th><th>70</th><th>80</th><th>100</th><th>125</th><th>150</th><th>200</th><th>250</th><th>≥300</th></tr>
<tr><td rowspan="2">给水</td><td>室内</td><td rowspan="2">≤1</td><td colspan="11"></td><td colspan="3"></td></tr>
<tr><td>室外</td><td colspan="3">不宜使用</td><td colspan="5"></td><td colspan="6">给水铸铁管</td></tr>
<tr><td rowspan="2">热水</td><td>室内热水供应</td><td rowspan="2">≤0.8
t≤130℃</td><td colspan="11"></td><td colspan="3" rowspan="2"></td></tr>
<tr><td>室内外热水采暖</td><td colspan="11">水煤气管</td></tr>
<tr><td rowspan="3">蒸汽</td><td rowspan="2">室内</td><td>≤0.6</td><td colspan="5"></td><td colspan="9"></td></tr>
<tr><td>>0.6</td><td colspan="14">无缝钢管</td></tr>
<tr><td>室外</td><td>≤1.3</td><td colspan="3">不宜使用</td><td colspan="11"></td></tr>
<tr><td rowspan="2">冷凝水</td><td>室内</td><td rowspan="2">≤0.8</td><td colspan="11">水煤气管</td><td colspan="3" rowspan="4"></td></tr>
<tr><td>室外</td><td colspan="3">不宜使用</td><td colspan="8"></td></tr>
<tr><td rowspan="2">压缩空气</td><td>室内</td><td rowspan="2">≤0.8</td><td colspan="4">水煤气管</td><td colspan="7">无缝钢管</td></tr>
<tr><td>室外</td><td colspan="3">不宜使用</td><td colspan="8"></td></tr>
<tr><td>煤气</td><td>室内、外</td><td>高、中、低压</td><td colspan="7">水煤气管</td><td colspan="3">无缝钢管</td><td colspan="4">螺旋电焊管</td></tr>
<tr><td>电气导线穿管</td><td>室内、外</td><td></td><td colspan="14">钢管（薄、厚壁）、硬、半硬塑料管</td></tr>
</table>

二、管道配件

管道配件是用于连接管道的连接零件。

1）用于直线段连接：套环、管箍。

2）用于改变方向的连接：45°弯头、90°弯头等各种角度的弯头。

3）用于分支管段的连接：三通、四通等。

4）用于变换管径的连接：大小头、补芯等，见图2-18。

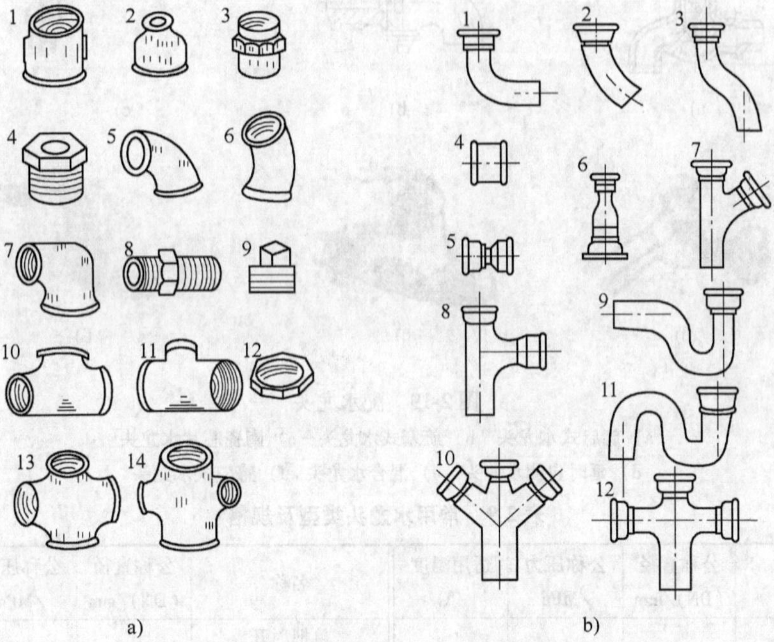

图2-18　室内给水钢制管件及排水铸铁承插管件

a）给水管件

1—管箍　2—异径管箍　3—活接头　4—补芯　5—90°弯头

6—45°弯头　7—异径弯头　8—内管箍　9—堵头　10—三通

11—异径三通　12—根母　13—四通　14—异径四通

b）排水铸铁管件

1—90°弯头　2—45°弯头　3—乙字管　4—套筒　5—双承插管

6—大小头　7—斜三通　8—正三通　9—P存水弯

10—斜四通　11—S存水弯　12—正四通

三、给水系统的附件

给水管道附件分为配水附件、控制附件两大类。

（一）配水附件

配水附件是指装在各种卫生器具及用水点的各式水龙头。按卫生器具的用途及使用要求有：洗面用水龙头及配件、洗涤盆水龙头及配件、浴盆水龙头及配件、淋浴器配件、便器配件、妇洗器配件，此外尚有皮带水龙头、长脖水龙头、热水龙头、三联化验水龙头、肘式及脚踏开关等多种。选用配水附件时要根据卫生洁具类型、功能和厂家产品规格、性能、价格等因素择优配套确定，其使用频率高，要求美观耐用，如图2-19所示，表2-9为各种常用水龙头种类和规格，其他可参阅有关手册。

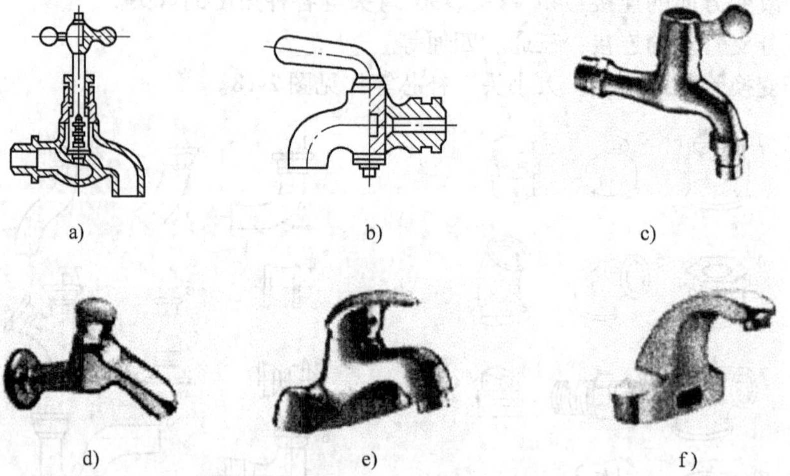

a) b) c)

d) e) f)

图 2-19 配水龙头

a）旋启式水龙头 b）旋塞式水龙头 c）陶瓷芯片水龙头
d）延时自闭水龙头 e）混合水龙头 f）感应式水龙头

表 2-9 常用水龙头类型及规格

名称	公称直径（DN）/mm	公称压力/MPa	适用温度/℃	名称	公称直径（DN）/mm	公称压力/MPa	适用温度/℃
普通水龙头（铁钢）	10 15 20 25	0.59	<50	单把肘开关带淋浴头水龙头	15	0.59	
				接管水龙头（螺口水龙头）	15 20 25	0.59	<50
单把肘开关带淋浴头水龙头	20	0.59		长脖水龙头	15 20	0.59	<50
热水龙头（转心门）	10 15 20 25	0.098	≤100	YZG 型延时自闭式节水型水龙头	15	0.59	≤60
				停水自闭水龙头	15 20	0.59	

（二）控制附件

控制附件是指用来调节水量、水压、关断水流、改变水流方向的各式阀门。控制水流的有截止阀、闸阀、止回阀、浮球阀等，降低水压的减压阀，保安用的安全阀以及排除积气的排气阀等，如图 2-20 所示。表 2-10 列出了建筑设备工程常用的阀门的名称、型号、适用介质及其温度。浮球阀及水位控制阀用于贮水池供水管端供水自动控制和水位控制，或用作建筑物水箱自动给水。浮球阀有法兰接口和螺纹接口两种，前者适用于大型贮水池自动供水时控制水位，后者多用于高位水箱。单纯为控制水位，则可采用液压水位控制阀，具有安装简便，占有空间小等优点。表 2-11 列出了浮球阀及水位控制阀的类型和规格。

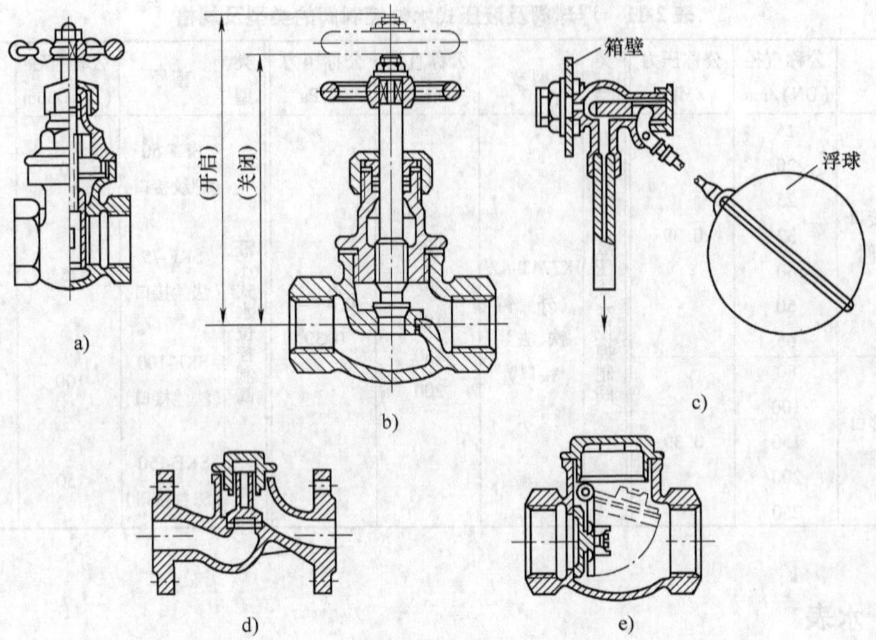

图 2-20　控制配件

a）闸阀　b）截止阀　c）浮球阀　d）升降式止回阀　e）旋启式止回阀

表 2-10　常用阀类型号及其基本参数

类别	阀类名称	型号	适用介质及温度/℃	直径范围公称直径(DN)/mm
闸阀	内螺纹暗杆楔式闸阀	Z15T-10 Z15 $\overline{W}$-10	水、蒸汽 120 煤气 100	15~70 15~70
	明杆楔式单闸板闸阀	Z41T-10 Z41 $\overline{W}$-10	水、蒸汽 200	50~450
	暗杆楔式单闸板闸阀	Z45T-10 Z45 $\overline{W}$-10	水、蒸汽 200 煤气 100	50~700 50~400
	明杆平行式双闸板闸阀	Z44T-10 Z44W-10	水、蒸汽 200 煤气 100	50~400
	内螺纹截止阀	J11X-10 J11 $\overline{W}$-10 J11T-16 J11W-16	水 60 水、蒸汽 200 煤气、水 100	15~70
	法兰截止阀	J41X-10 J41T-16 J41W-16 J41T-25 J41H-25	水 60 水、蒸汽 200 煤气、水 100 水、蒸汽 300 水、蒸汽 300	25~70 15~150 15~150 25~80 25~80
止回阀	内螺纹升降式止回阀	H11T-16 水、蒸汽 200		15~70
	法兰旋启式止回阀	H44X-10 水 60 H44T-10 水、蒸汽 200 H44H-25 蒸汽 250		50~600 50~600 200~500

类别	阀类名称	型号	适用介质及温度/℃	直径范围公称直径(DN)/mm
止回阀	法兰升降式止回阀	H41T-16 H41H-25K	水、蒸汽 200 300	25~150 25~80
旋塞	内螺纹旋塞	X13 $\overline{W}$-10 X13T-10	煤气 100 水、蒸汽 200	15~50 15~50
	法兰旋塞	X43W-10 X43T-10	煤气 100 水、蒸汽 200	25~150 25~150
	法兰三通旋塞	X44W-6	煤气 100	25~100
安全阀	外螺纹弹簧或安全阀	A27 $\overline{W}$-10T	空气 120	15~20
	外螺纹弹簧式带扳手安全阀	A27H-10K	水、蒸汽、空气-200	10~40
	弹簧带扳手安全阀	A47H-16 A47H-16C A47H-40	水、蒸汽、空气 200 350 蒸汽、空气 350	40~100 40~80 40~80
	外螺纹弹簧封闭式安全阀	A21H-16C A21H-40	空气、氨水、氨液 200	10~25 15~25
	弹簧封闭式安全阀	A41H-40	空气、氨、水、氨液 300	32~80
减压阀	活塞式减压阀	Y43H-10 Y43H-16 Y43H-16Q Y43H-45	蒸汽、空气 200 300 300 450	40~50 65~100 20~200 25~200
	波纹管式减压阀	Y44T-10	蒸汽、水、空气 200	20~25

表 2-11 浮球阀及液压式水位控制阀的类型及规格

类型	型号	公称直径(DN)/mm	公称压力/MPa	类型	型号	公称直径(DN)/mm	公称压力/MPa	类型	型号	公称直径(DN)/mm	公称压力/MPa
浮球阀	螺纹接口浮球阀	15	0.39	液压式水位控制阀	K774T-4Z（外壳铸铁、法兰接口）	50	0.49～0.39	液压式水位控制阀	SKF-50（螺纹接口）	50	0.02～0.8
		20				80					
		25				100					
		32				150			SKF-75（法兰接口）	75	
		40				200					
		50									
		65							SKF-100（法兰接口）	100	
	法兰接口浮球阀	80	0.39								
		100									
		150							SKF-150（法兰接口）	150	
		200									
		250									

四、水表

（一）水表的种类

按基本工作原理水表可分为体积式和流速式。体积式水表因体积偏大，现很少应用。常用的流速式水表按翼轮构造的不同分为旋翼式和螺翼式，如图 2-21 所示。

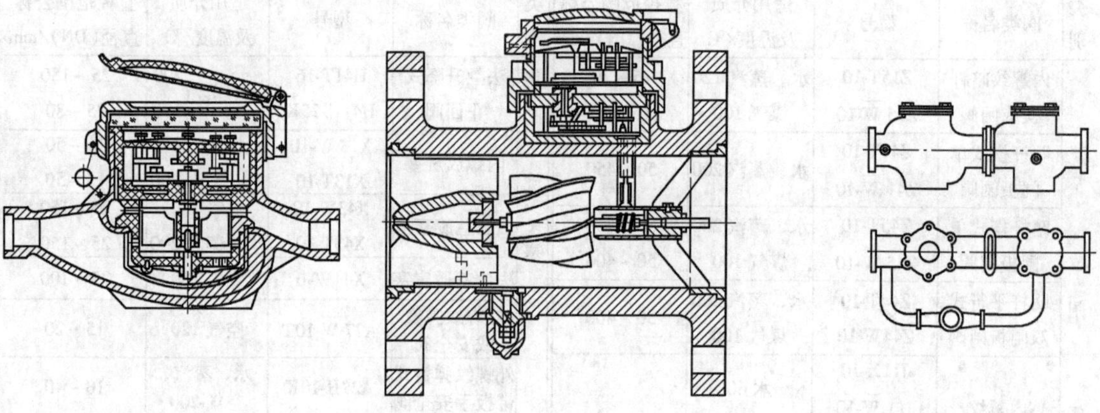

a) b) c)

图 2-21 水表

a）旋翼式水表 b）螺翼式水表 c）复式水表

1. 旋翼式水表

翼轮转轴与水流方向垂直，水流阻力较大，多为小口径水表，宜用于测量小的流量，如用于住宅。

2. 螺翼式水表

翼轮转轴与水流方向平行，阻力较小，是大口径水表，适用于测量大的流量。

3. 复式水表

该表由大、小两块水表组成，适用于水流量变化较大的系统水量的准确计量。流量大时水流通过大表计量，流量小时通过小表计量，两块水表的水量之和即为总水量。

流速式水表按其计数盘是否浸水又分为干式和湿式两种。干式适用在水质浑浊的场合，而湿式水表要求水质不含杂质。

（二）水表的工作原理及构造

常用的流速式水表的工作原理为：水流通过水表推动水表盒内叶轮转动，其转速与水的流速成正比，叶轮轴传动一组联动齿轮，然后传递到记录装置，指示针即在标度盘上指出流量的累积值。

（三）水表的选择

选择水表是按通过水表的设计流量（不包括消防流量），以不超过水表的公称流量确定水表直径，并以平均小时流量的6%～8%校核水表灵敏度。对生活消防共享系统，还需加消防流量复核，使总流量不超过水表的最大流量限值。其流经水表的水头损失可按厂家提供的资料进行确定。表2-12给出了国产部分冷水旋翼式水表规格及性能。

表2-12　国产部分冷水旋翼式水表规格及性能

型号	公称直径（DN）/mm	计算等级	最大流量	公称流量	分界流量	最小流量	始动流量	最小读数/m^3	最大读数/m^3	使用条件	特性
			/($m^3\cdot h^{-1}$)		/($L\cdot h^{-1}$)						
LXS-15E	15	$\frac{A}{B}$	3	1.5	$\frac{150}{120}$	$\frac{45}{30}$	$\frac{14}{10}$	0.0001	9999		
LXS-20E	20	$\frac{A}{B}$	5	2.5	$\frac{250}{200}$	$\frac{75}{50}$	$\frac{19}{14}$	0.0001	9999		
LXS-25E	25	$\frac{A}{B}$	7	3.5	$\frac{350}{280}$	$\frac{105}{70}$	$\frac{23}{7}$	0.0001	9999	≤50℃ 1MPa	湿式指针字轮式，LXS-150C-50C型的改型
LXS-32E	32	$\frac{A}{B}$	12	6.0	$\frac{600}{480}$	$\frac{180}{120}$	$\frac{32}{27}$	0.0001	9999		
LXS-40E	40	A	20	10	$\frac{1000}{800}$	$\frac{300}{200}$	$\frac{56}{46}$	0.001	99999		
LXS-50E	50	B	30	15	1500	450	75	0.001	99999		
LXS-100E LXS-150E	100 150	A B	100 200	50 100			1400 2400	400 500		40℃ 1MPa	全国统一设计 湿式指针字轮式

五、卫生器具

卫生器具是建筑物内生活及生产用盥洗、淋浴、冲便和洗涤等设施的总称。按功能划分有盥洗类，如洗脸盆、浴盆、净身器等；冲便类，如蹲式、坐式便器、小便斗等；洗涤类，如洗涤盆、化验盆、污水池等。此外，尚有专用卫生器具，如医疗、残疾人专用卫生器具。卫生器具按材质有陶瓷、塑料、玻璃钢、珐琅铸铁、珐琅钢板、亚克力材料等制品。卫生器具的式样和颜色多种多样，但要求是功能完善、节水、造型及色彩美观、表面光滑（浴盆要求光洁防滑）不透水、无藏污纳垢之处、耐腐蚀、耐冷热、有一定强度。下面介绍几种常用卫生器具。

（一）便溺器具

1. 大便器

大便器有坐式、蹲式和大便槽之分。坐式大便器多设于住宅、宾馆类建筑，其他两种多设于公共建筑。大便器有冲洗式、虹吸式、喷射虹吸式和旋涡虹吸式等多种，如图2-22所示。

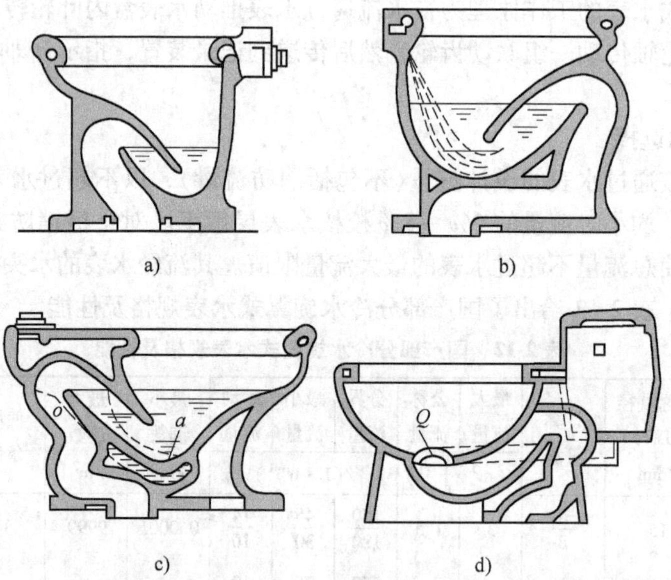

图2-22 坐式大便器的冲洗方式

a）冲洗式 b）虹吸式 c）喷射虹吸式 d）旋涡虹吸式

冲洗式大便器因污物不易冲洗干净且臭气向外逸出，已逐渐淘汰，目前广泛采用虹吸式冲洗方式。虹吸式坐便器靠虹吸作用把污物吸出，冲洗迅速、干净。

图2-23为低水箱坐便安装简图，图2-24为高水箱蹲便安装简图。

大便槽多用于建筑标准不高的公共建筑，其冲洗设备宜采用自动冲洗水箱定时冲洗。

2. 小便器

小便器有挂式、立式和小便池三种。图2-25所示为悬挂式小便斗的安装简图。立式小便器、小便池等安装尺寸及冲洗水栓可参见国家标准。

近年来随着生活水平的提高，为满足人们改善和美化生活环境的要求，出现了很多新型的便溺用卫生器具，图2-26为一种新型的墙前隐蔽式冲洗设备大、小便器示意图。

（二）盥洗、沐浴用卫生器具

1. 洗脸盆

洗脸盆的形状有长方形、半圆形及三角形等。按架设方式可分为墙架式、柱脚式和台式。台式洗脸盆安装图如图2-27所示。

2. 盥洗槽

盥洗槽通常设置在集体宿舍及工厂生活间内，多用水泥或水磨石制成，造价较低，有标准施工详图可供查阅。

3. 浴盆

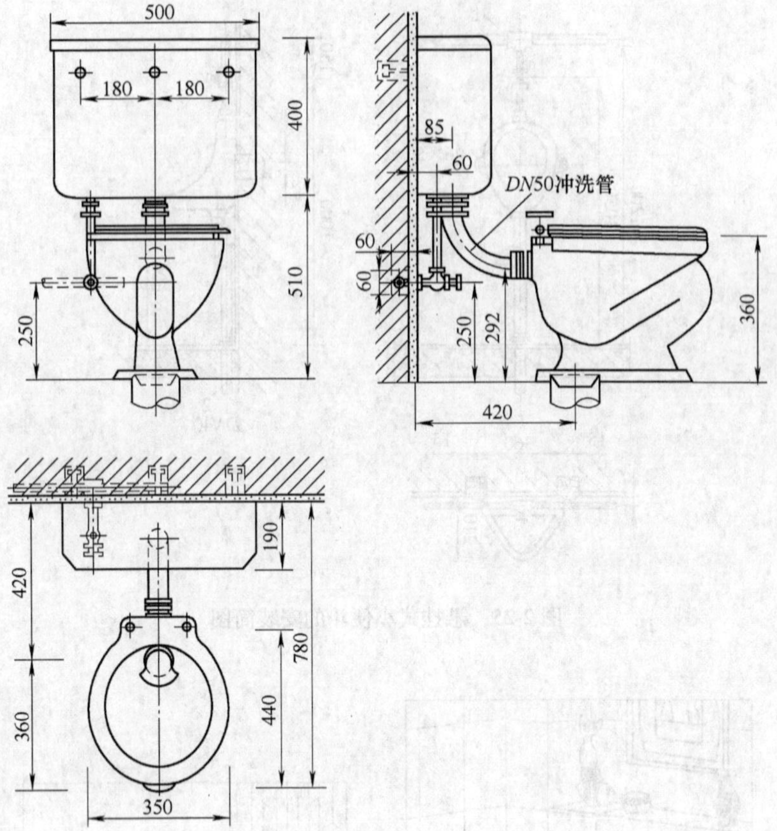

图 2-23　低水箱坐便器安装简图

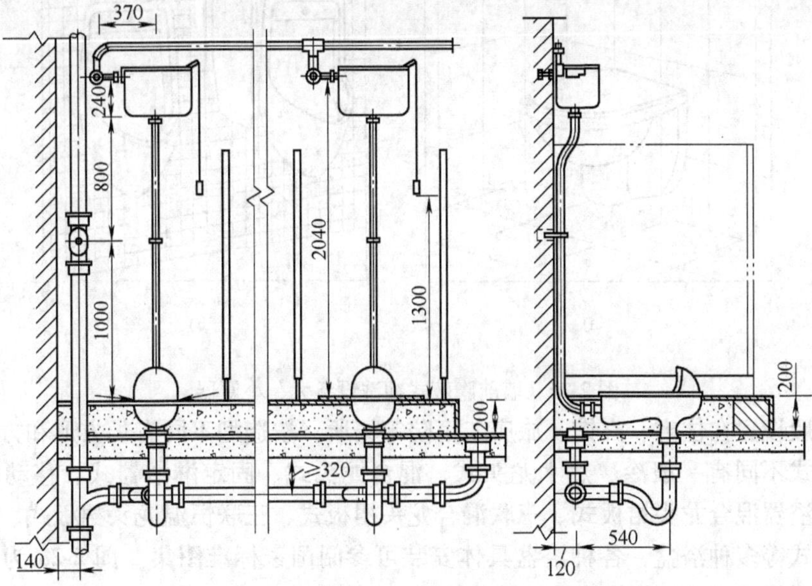

图 2-24　高水箱蹲便器安装简图

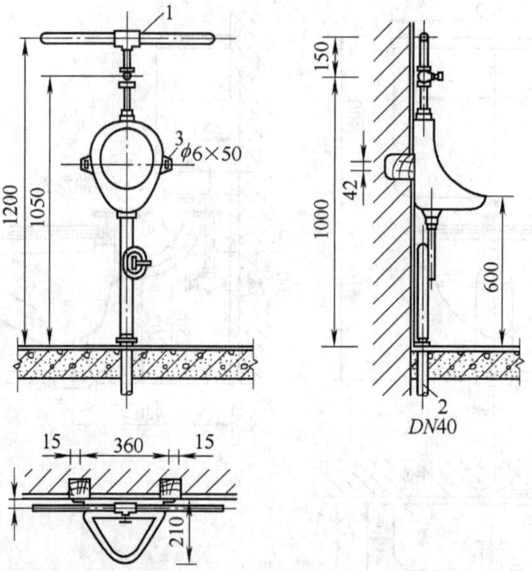

图 2-25 悬挂式小便斗的安装简图

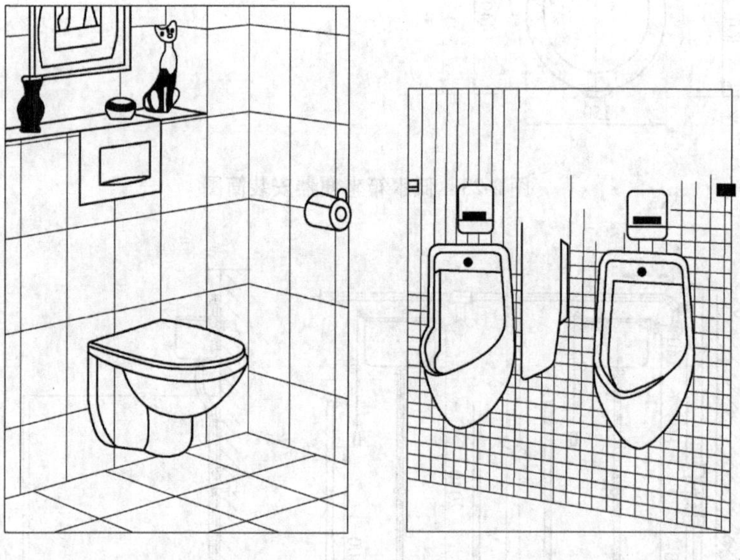

a) b)

图 2-26 墙前隐蔽式冲洗设备大、小便器

浴盆一般设置在住宅、宾馆、旅店、医院等场所，按造型不同有长方形和方形；按浴盆龙头安装方式不同有一般冷、热水龙头式、混合龙头式、固定淋浴器式、移动软管淋浴器式、单柄淋浴器混合龙头裙板式、三联混合龙头裙板式、三联恒温龙头裙板式、单柄暗装混合龙头裙板式等多种浴盆，各种浴盆具体安装可参阅国家标准图集。图 2-28 为一般冷、热水龙头长方形浴盆安装示意图。

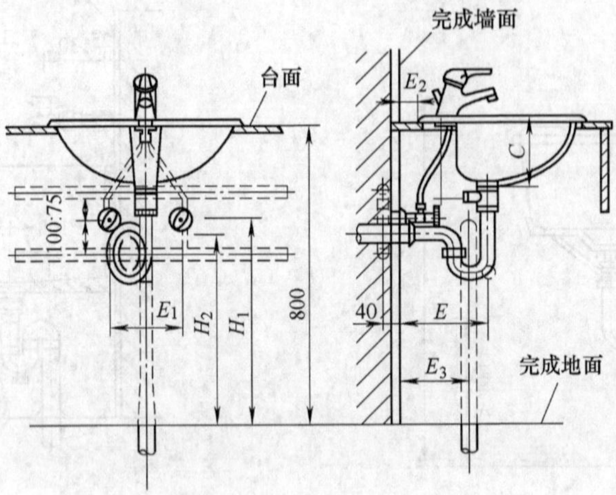

图 2-27　台式洗脸盆安装图

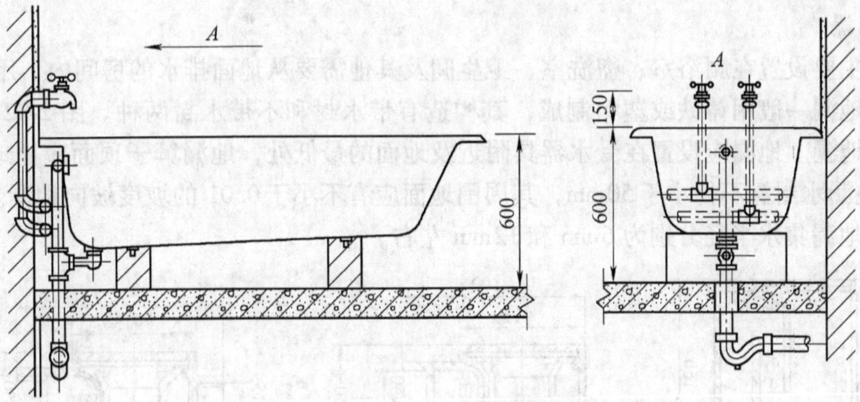

图 2-28　一般冷、热水龙头长方形浴盆安装示意图

4. 淋浴器

多用于公共浴室，与浴盆相比具有占地面积小、费用低、卫生等优点。图 2-29 为淋浴器安装图。

（三）洗涤用卫生器具

洗涤用卫生器具主要有污水盆、洗涤盆、化验盆等。通常污水盆装置在公共建筑的厕所、卫生间及集体宿舍盥洗室中，供打扫厕所、洗涤拖布及倾倒污水之用；洗涤盆装置在居住建筑、食堂及饭店的厨房内供洗涤碗碟及菜蔬食物之用。洗涤盆及污水盆安装见图 2-30、图 2-31。

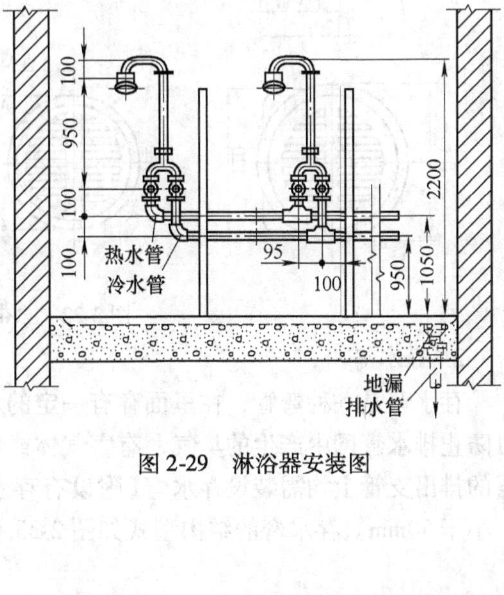

图 2-29　淋浴器安装图

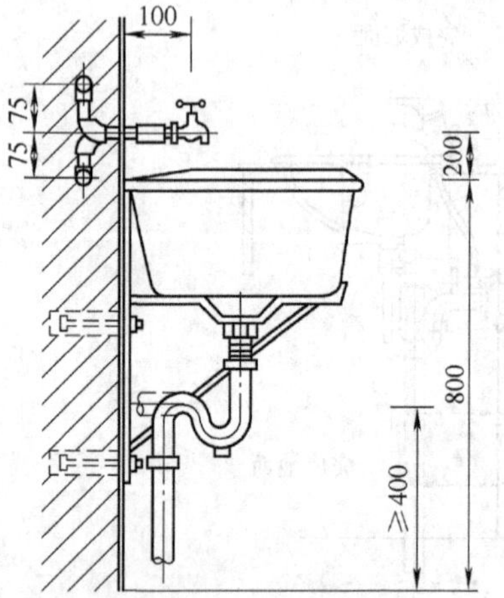

图2-30　洗涤盆安装图

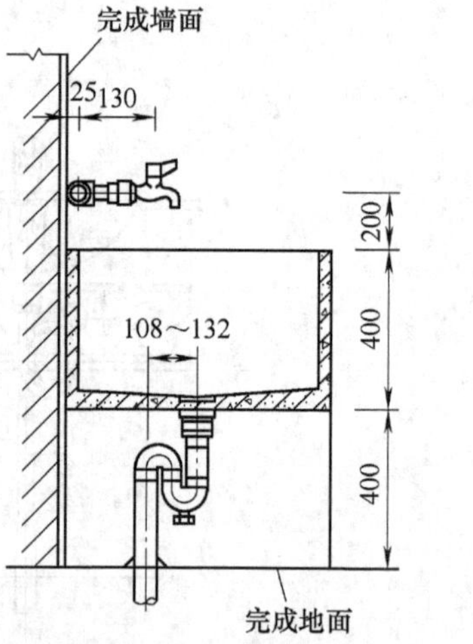

图2-31　污水盆安装图

（四）地漏及存水弯

1. 地漏

地漏主要设置在厕浴室、盥洗室、卫生间及其他需要从地面排水的房间内，用以排除地面积水。地漏一般用铸铁或塑料制成，其构造有带水封和不带水封两种。图2-32为自带水封的新型地漏。地漏应设置在受水器具附近及地面的最低处，地漏箅子顶面应比地面低5～10mm，地漏水封深不得小于50mm，其周围地面应有不小于0.01的坡度坡向地漏。DN50和DN100的地漏集水半径分别为6mm和12mm左右。

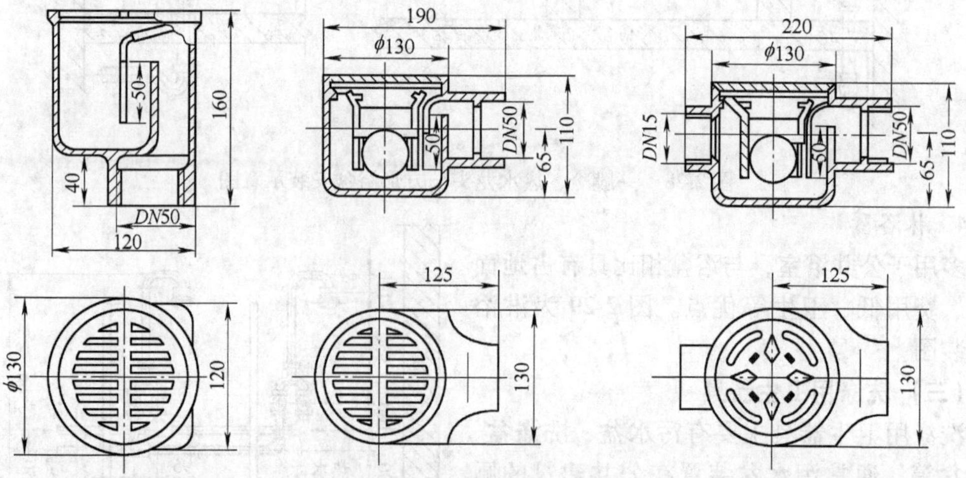

图2-32　自带水封的新型地漏

2. 存水弯

存水弯是一种弯管，在里面存有一定的水，水的深度称为水封深度。水封装置的作用是可防止排水管网中产生的臭气、有害气体或可燃气体通过卫生器具进入室内。因此每个卫生器的排出支管上均需装设存水弯（附设有存水弯的卫生器具除外）。存水弯的水封深度一般不小于50mm。存水弯的结构型式如图2-33所示。

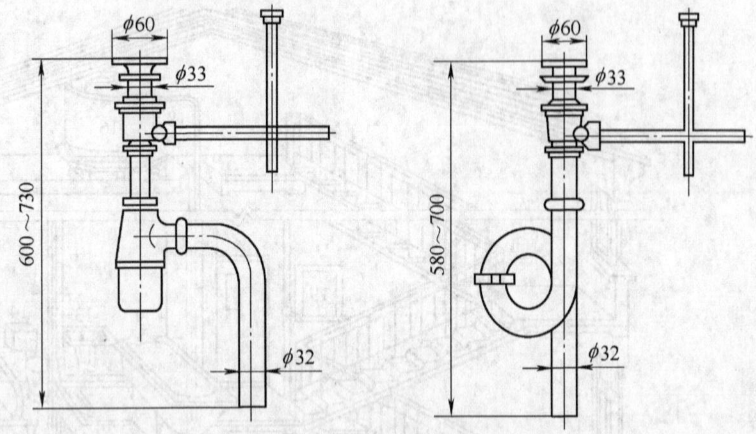

图 2-33　存水弯的结构型式

（五）冲洗设备

冲洗设备是便溺卫生器具中的一个重要设备，必须具有足够的水压、水量以便冲走污物，保持清洁卫生。冲洗设备包括冲洗水箱和冲洗阀。

冲洗水箱多应用虹吸原理设计制作，具有冲洗能力强，构造简单，工作可靠且可控制和自动作用等优点。利用冲洗水箱作为冲洗设备，由于储备了一定的水量，可减少给水管径。

冲洗阀型式较多，一般均直接装在大便器的冲洗管上，距地板面高 0.8m。按动手柄，冲洗阀内部的通水口被打开，于是强力水流经过冲洗管进入卫生器具进行冲洗。

第三节　建筑给水工程

一、给水系统和给水方式

（一）建筑给水系统分类及其组成

1. 给水系统的分类

建筑给水系统按供水对象及其要求不同可以分为以下三类：

（1）生活给水系统　专供人们生活用水。水质应符合国家规定的饮用水水质标准。

（2）生产给水系统　专供生产用水，如生产蒸汽、冷却设备、食品加工和造纸等生产过程中的用水。水质按生产性质和工艺要求而定。

（3）消防给水系统　专供消火栓和其他消防装置用水。

除上述三种系统外，还可根据所要求的水质、水压、水量和水温并考虑经济、技术和安全等方面的条件，组成不同的联合给水系统，如：生活—生产给水系统；生活—消防给水系统；生产—消防给水系统；生活—生产—消防给水系统等。

2. 给水系统的组成

建筑给水系统的功能是将水自室外给水管引入室内，并在保证满足用户对水质、水量、水压等要求的情况下，把水送到各个配水点（如配水龙头、生产用水设备、消防设备等）。由图 2-34 可以看出，建筑给水系统由以下几个基本部分组成：

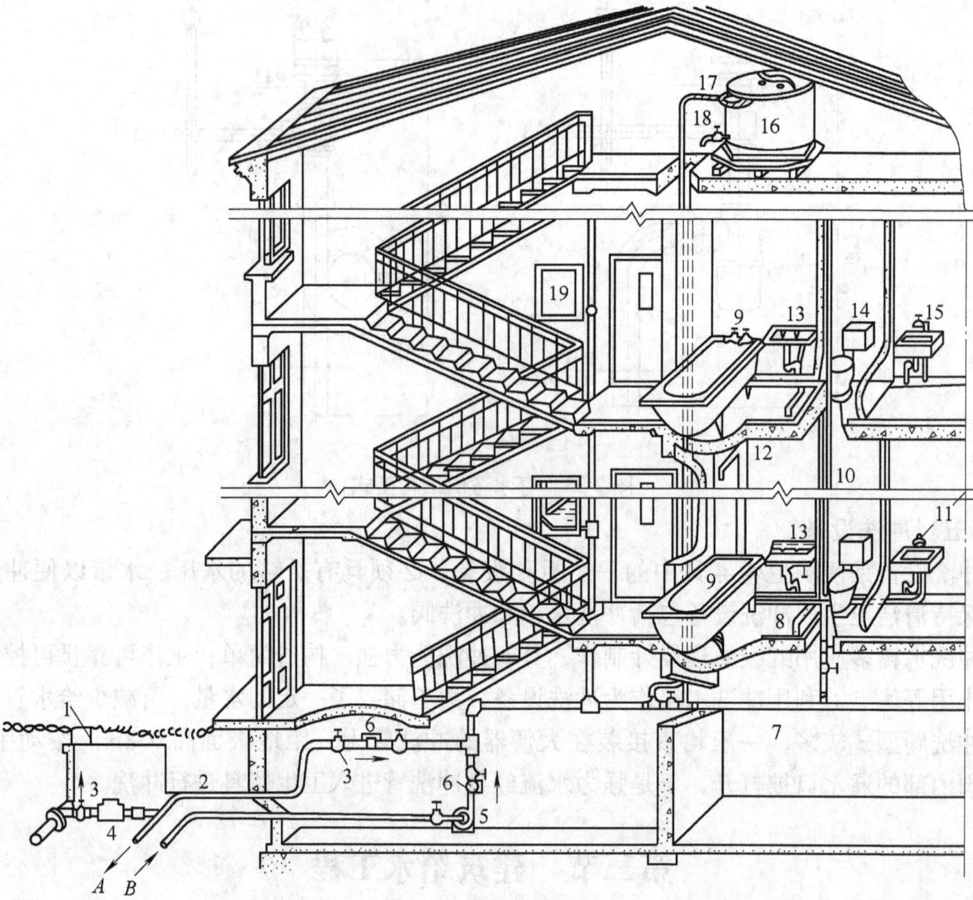

图2-34 建筑给水系统

1—阀门井 2—引入管 3—闸阀 4—水表 5—水泵 6—逆止阀 7—干管 8—支管 9—浴盆 10—立管 11—水龙头 12—淋浴器 13—洗脸盆 14—大便器 15—洗涤盆 16—水箱 17—进水管 18—出水管 19—消火栓 A—进贮水池 B—来自贮水池

(1) 引入管 引入管是将水由市政给水管道引入到小区给水管网的管段，需穿过建筑物承重墙或基础，也是自室外给水管将水引入室内给水管网的总进水管段。

(2) 水表节点 水表节点是安装在引入管上的水表及其前后设置的阀门和泄水装置的总称，水表用于计量建筑物的用水量。

(3) 给水管网 由水平干管、立管和横支管等组成的管道系统。

(4) 配水龙头或生产用水设备 配水龙头或生产用水设备是整个给水系统末端的装置。

(5) 给水附件 给水附件是给水管路上的闸门、止回阀、减压阀等。

(6) 升压和贮水设备 在室外给水管网压力不足或建筑内部对安全供水、水压稳定有要求时，需设置各种附属设备，如水箱、水泵、气压装置、水池等升压和贮水设备。

(7) 室内消防设备 按照建筑物的防火要求及规定，需要设置消防给水时，一般应设消火栓消防设备。有特殊要求时，另专门装设自动喷水灭火或水幕灭火设备。

(二) 建筑给水系统所需的压力

建筑给水管网所需要的压力是用以保证将所需的水量送到各个配水点，并且还要保证最高最远的配水龙头(即最不利配水点)处具有一定的流出水头，其数值可参见图2-35，由下式确定。

$$H = H_1 + H_2 + H_3 + H_4 \qquad (2\text{-}9)$$

式中　H——建筑给水管网所需的压力水头(m)；

H_1——室内给水引入管起点至最高最远配水点处的水头(m)；

H_2——计算管路的沿程水头损失与局部水头损失之和(m)；

H_3——水流经水表时的水头损失(m)；

H_4——计算管路最高最远配水点所需的流出水头(m)。

在实际工程中，为了在初步设计阶段能够估算出建筑给水管网所需压力，对于民用建筑可按建筑物层数，估算出自室外地面算起的最小保证压力(见表2-13)。

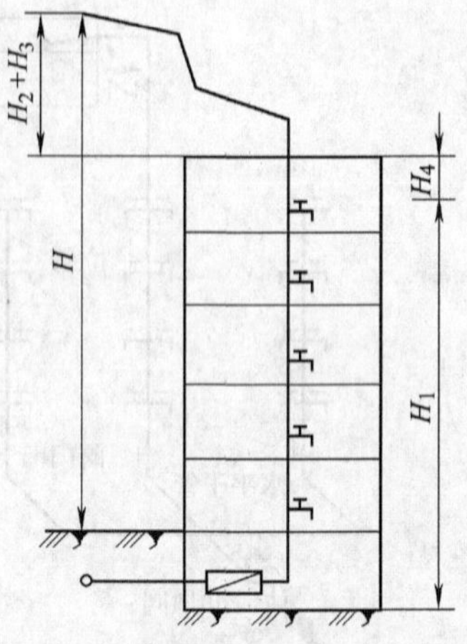

图2-35　室内给水系统所需压力

表2-13　按建筑物层数确定系统所需要的最小保证压力水头

建筑物层数	1	2	3	4	5	6	7	8	9	10
最小压力水头值(自地面算起) m	10	12	16	20	24	28	32	36	40	44

(三) 给水方式

建筑给水方式的确定要根据建筑物的使用功能、高度、配水点的布置情况以及室内所需水压、室外管网供水压力和水量等因素综合决定。常用的给水方式有如下几种：

1. 直接给水方式

直接给水方式适用于外网供水压力在任何时候都能满足建筑给水管网所需水压及流量的情况，见图2-36。此种给水方式是最简单、经济的供水方式。

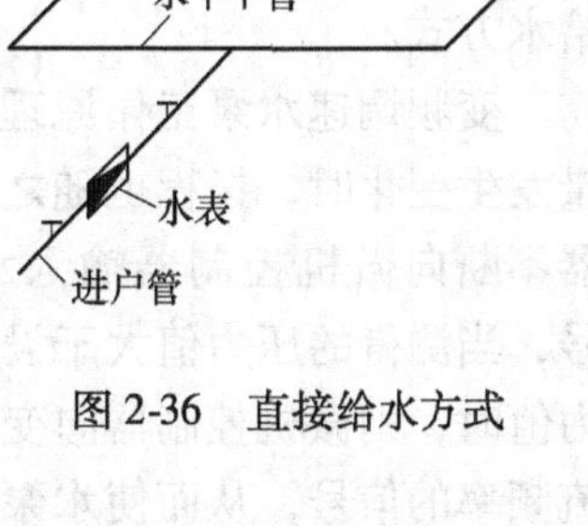

图2-36　直接给水方式

2. 仅设水箱的给水方式

室外给水管网的供水压力有周期性波动，大部分时间能达到室内给水系统所需压力要求，仅在用水高峰时供水压力不足，这种情况就可以采用仅设水箱的给水方式，见图2-37。在供水压力满足要求时水箱贮水，到用水高峰水压不足时由水箱贮存水量向系统供水。此种给水方式的优点是：供水较简单方便，能贮备一定量的水，不会造成室内供水的间断。缺点是：水箱的重量较大，增大建筑物的荷载，需要加大建筑梁、柱的断面尺寸，同时水箱位于屋顶影响建筑立面效果。

3. 水泵—水箱联合给水方式

外网的供水压力始终不足，同时室内用水又极不均匀时，可考虑采用这种给水方式，水箱采用浮球继电器等装置自动启闭水泵，见图2-38。此种给水方式的优点是水泵水箱互相配合运行，有水泵时水箱容积可以减小；有水箱时，水泵可高效运行，供水经济安全。

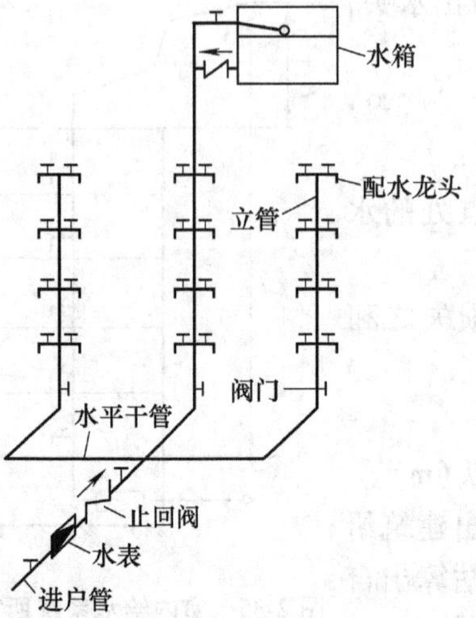

图2-37 仅设水箱给水方式

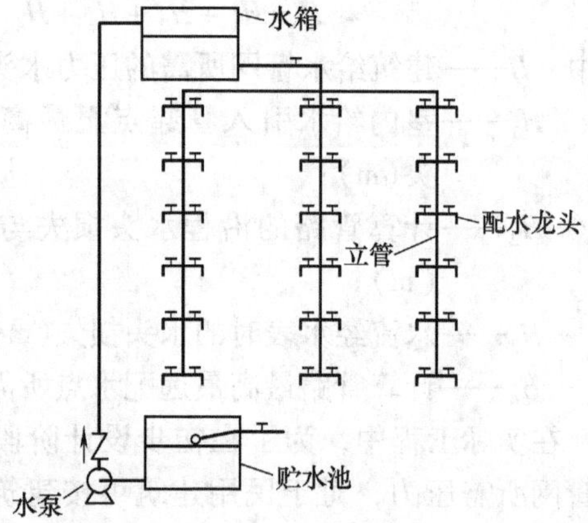

图2-38 水泵-水箱联合给水方式

4. 气压给水方式

气压给水方式是一种集加压、贮存和调节供水于一体的给水方案。其工作流程是将水经水泵加压后充入有压缩空气的密闭罐体内，然后借罐内压缩气体的压力将水送到建筑物各用水点。图2-39所示为单罐变压式气压给水设备。这种方式适用于建筑不宜设置高位水箱的场所，如纪念性、艺术性建筑和地下建筑等。其缺点是耗能和造价高。根据建筑用水要求，气压给水设备还有定压式、隔膜式等多种类型。

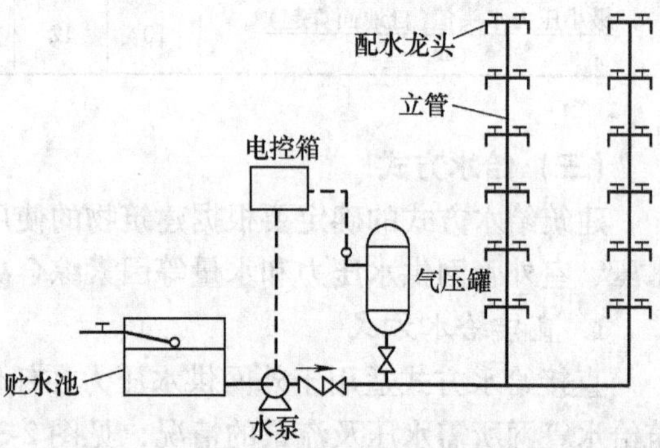

图2-39 气压给水方式

5. 变频给水方式

水泵的扬程随流量减小而增大，管路水头损失随流量减少而减少，当用水量下降时，水泵扬程在恒速条件下得不到充分利用，为达到节能的目的，可采用图2-40所示的变频调速给水方式。

变频调速水泵工作原理为：当给水系统中流量发生变化时，扬程也随之发生变化，压力传感器不断向微机控制器输入水泵出水管压力的信号，当测得的压力值大于设计给水流量对应的压力值时，则微机控制器向变频调速器发出降低电流频率的信号，从而使水泵转速降低，水泵出水量减少，水泵出水管压力下降。反之亦然。

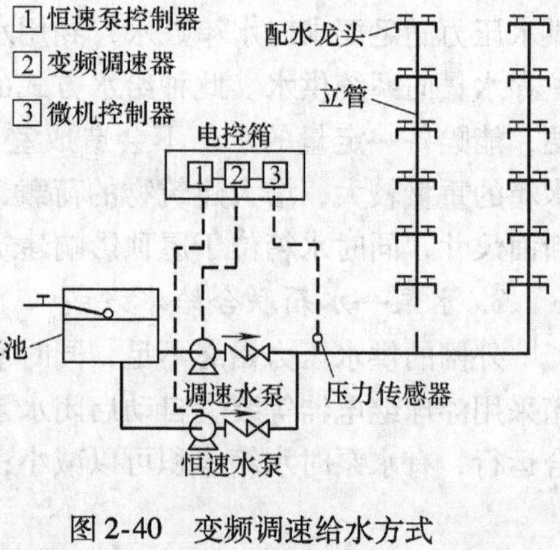

图2-40 变频调速给水方式

6. 分区给水方式

室外给水管网的供水压力较低，仅能满足建筑物下面几层的供水需要，而上面楼层采用水泵—水箱联合给水方式，从而形成上下分区。在高层建筑中，如不考虑上下分区，管网静水压力很大，下层管网由于压力过大，管道接头和配水附件等极易损坏，而且电能消耗也不合理。因此，高层建筑多采用分区给水方式，见图2-41。

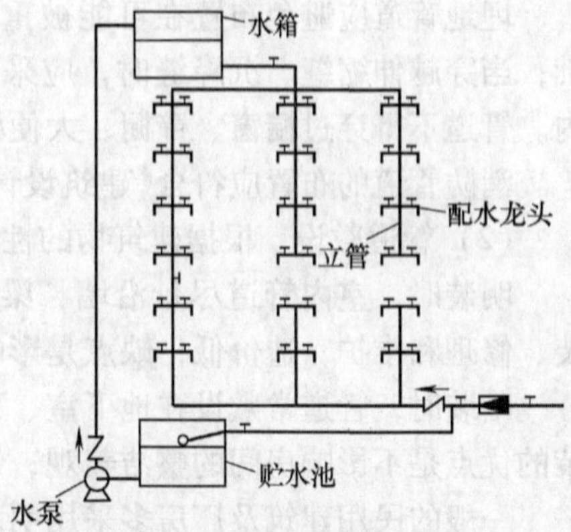

图2-41　分区给水方式

(四) 室内给水管网的布置和敷设

1. 引入管

引入管自室外管网将水引入室内，铺设时常与外墙垂直，应力求简短。

(1) 引入管的位置　引入管的位置宜结合室外给水管网的具体情况，由建筑最大用水量处接入。在住宅建筑中，如卫生器具分布比较均匀，则可从房屋中央引入。选择引入管位置时，应考虑到便于水表的安装和维护管理，同时要注意和其他地下管道协调和综合布置。

(2) 引入管的数目　引入管的数目应根据房屋的使用性质及消防要求等因素而定。一般的室内给水管网只设一根引入管；对用水量大，设有消防给水系统，且不允许断水的大型或多层建筑，设置两根或两根以上的引入管。

(3) 引入管的埋设深度　引入管的埋设深度主要根据城市或小区给水管网的埋深及当地的气候、水文地质条件和地面荷载而定。在寒冷地区，应埋设在冰冻线以下。

引入管穿越承重墙或基础时，应注意管道的保护。若基础埋深较浅，则管道可从基础底部穿过；若基础埋深较深，则引入管将穿越承重墙或基础本体，此时应预留洞口或预留柔性防水套管。预留洞口时管顶上部净空不得小于建筑物的最大沉陷量，且不得小于0.15m。预留柔性防水套管时套管比引入管大1～2号。遇有湿陷性黄土地区，引入管可设在地沟内引入。

2. 水表节点

水表节点是引入管上装设的水表及其前后设置的阀门和泄水阀的总称。前后阀门的作用是关闭管段，以便修理或拆换水表。泄水阀主要用于检修室内管路时，将系统内的水放空以及检验水表的灵敏度。

水表节点在我国温暖地区可设在室外水表井中，井距建筑物外墙2 m以上。在寒冷地区常设于室内的供暖房间。但应设电子传感装置，以供室外观察水表计量数据。

建筑物的某部分或个别设备必须计算水量时，应在其配水管上装设水表。住宅建筑应装设分户水表。

3. 管网的布置和敷设

(1) 管网布置　室内给水管网的布置与建筑物的性质、结构情况、用水要求及用水点的位置等有关。布置管道时，应力求管线简短，平行于梁、柱沿壁面或顶棚作直线布置，不妨碍美观，且便于安装及检修。下行上给式的水平干管，通常布置于底层走廊内、走廊地下或地下室中。上行下给式的干管，一般沿最高的顶棚布置。

厂房内管道架空布置时，应注意不得妨碍生产操作、交通运输和建筑物的使用；不得布置在遇水能引起爆炸、燃烧或损坏原料、产品和设备的上方。

埋地管道应避免布置在可能被重物压坏或被设备振坏之处。管道不得穿越生产设备基础；当穿越伸缩缝、沉降缝时，应采取相应的技术措施；给水管道不得布置在烟道和风道内。管道不得穿过橱窗、壁橱、大便槽和小便槽等。

消防管道的布置应符合《建筑设计防火规范》的要求。

(2) 管道敷设 根据建筑物的性质及要求，给水管道的敷设有明装和暗装两种。

明装时，室内管道尽量沿墙、梁、柱、顶棚、地板或桁架敷设。明装的优点是便于安装、修理和维护，造价低；缺点是影响房间的美观和整洁。

暗装时，管道常敷设在地下室、顶棚内、墙槽、管道井、管道设备层或公共管沟内。暗装的优点是不影响房间的整洁美观；缺点是施工复杂，检修不便，造价高。

一般的民用建筑及厂房多采用明装。对装饰及卫生要求较高的建筑如高层建筑、宾馆、医院及精密仪表车间等则采用暗装。

在某些建筑物内，管道种类较多(如有热水管、暖气管、蒸汽管等)，给水管可和其他管道同沟敷设，但给水管宜敷设在热水和蒸汽管的下方，排水管上方。管道穿越墙壁、楼板时，应预留管洞。给水管道每隔适当距离，应采用固定配件(如支、吊架等)加以固定。

4. 管道的防腐、防冻、防结露及防噪声

(1) 防腐 明装或暗装的给水管道，除镀锌钢管和塑料管道外，必须进行管道防腐。管道防腐最简单的办法是刷油；把管道外壁除锈打磨干净，先涂刷底漆，然后涂刷面漆。对于不需要装饰的管道，面漆可刷银粉漆；需要装饰和标志的管道，面漆可刷调和漆或铅油，管道颜色应与房间装修要求相适应。暗装管道可不涂刷面漆。埋地管道一般先刷冷底子油，再用沥青涂层等方法处理。

(2) 防冻与防结露 在寒冷地区，对于敷设在冬季不采暖建筑内及安装在受室外冷空气影响的门厅过道等处的管道，应采取相应的保温、防冻措施。常用的做法是：管道除锈涂油漆后，可包扎矿渣棉、石棉硅藻土、玻璃棉、膨胀蛭石或用泡沫水泥瓦等保温层外包玻璃布涂漆等作为保护层。

管道明装在温度较高、湿度较大的房间，如厨房、洗涤间、某些车间等，根据建筑物性质及使用要求，可以采取防结露措施。防结露的作法与保温方法相同。

(3) 防噪声 管网或设备在使用过程中常会发生噪声，噪声能沿着建筑物结构或管道传播。

噪声的来源一般有下列几方面：由于器材的损坏，在某些地方(阀门、止回阀等)产生机械的敲击声；管道中水的流速太高，通过阀门时，以及在管径突变或流速急变处，可能产生噪声；水泵工作时发出的噪声；由于管中压力大、流速高引起水锤发生噪声。

防止噪声的措施，要求在建筑设计时使水泵房、卫生间不靠近卧室及其他需要安静的房间，必要时可做隔音墙壁。在布置管道时，应避免管道沿着卧室或与卧室相邻的墙壁敷设。为了防止附件和设备上产生噪声，应选用质量良好的配件、器材及可曲挠橡胶接头等。此外，提高水泵机组装配和安装的准确性，采用减振基础及安装隔振垫等措施，也能减弱或防止噪声的传播。

二、给水管网计算

(一) 用水定额

1. 生活用水定额

1) 住宅的最高日生活用水定额及小时变化系数见表2-14。

2) 集体宿舍、旅馆和公共建筑生活用水定额及小时变化系数见表2-15。

3) 工业企业建筑、生活用水和淋浴用水定额，按2-2确定。

4) 农村生活用水定额见表2-16a，农村最高日用水量、时变化系数见表2-16b。

2. 生产用水定额

生产用水定额由生产工艺按照有关行业标准提出。

3. 消防用水量

消防用水量按表2-3、表2-4、表2-5确定。

4. 道路浇洒、绿化用水和冲洗汽车用水定额

道路浇洒、绿化用水和冲洗汽车用水按第一节相关内容及表2-6确定。

表2-14 住宅的最高日生活用水定额及小时变化系数

住宅类别		卫生器具设置标准	用水定额/[L·(人·d)$^{-1}$]	小时变化系数 K_h
普通住宅	Ⅰ	有大便器、洗涤盆	85~150	3.0~2.5
	Ⅱ	有大便器、洗脸盆、洗涤盆、洗衣机、热水器和沐浴设备	130~300	2.8~2.3
	Ⅲ	有大便器、洗脸盆、洗涤盆、洗衣机、集中热水供应(或家用热水机组)和沐浴设备	180~320	2.5~2.0
别墅		有大便器、洗脸盆、洗涤盆、洗衣机、洒水栓、家用热水机组和沐浴设备	200~350	2.3~1.8

注：1. 当地主管部门对住宅生活用水定额具有具体规定时，应按当地规定执行。

2. 别墅用水定额中含庭院绿化用水和汽车抹车用水。

表2-15 集体宿舍、旅馆和公共建筑生活用水定额及小时变化系数

序号	建筑物名称	单位	最高日生活用水定额/L	使用时数/h	小时变化系数 K_h
1	单身职工宿舍、学生宿舍、招待所、培训中心、普通旅馆 设公用盥洗室 设公用盥洗室、淋浴室 设公用盥洗室、淋浴室、洗衣室 设单独卫生间、公用洗衣室	每人每日 每人每日 每人每日 每人每日	50~100 80~130 100~150 120~200	24	3.0~2.5
2	宾馆客房 旅馆 员工	每床位每日 每人每日	250~400 80~100	24	2.5~2.0

（续）

序号	建筑物名称	单位	最高日生活用水定额/L	使用时数/h	小时变化系数 K_h
3	医院住院部				
	设公用盥洗室	每床位每日	100~200	24	2.5~2.0
	设公用盥洗室、淋浴室	每床位每日	150~250	24	2.5~2.0
	设单独卫生间	每床位每日	250~400	24	2.5~2.0
	医务人员	每人每班	150~250	8	2.0~1.5
	门诊部、诊疗所	每病人每次	10~15	8~12	1.5~1.2
	疗养院、休养所住房部	每床位每日	200~300	24	2.0~1.5
4	养老院、托老所				
	有住宿	每人每日	100~150	24	2.5~2.0
	无住宿	每人每日	50~80	10	2.0
5	幼儿园、托儿所				
	全托	每儿童每日	50~100	24	3.0~2.5
	日托	每儿童每日	30~50	10	2.0
6	公共浴室				2.0~1.5
	淋浴		100	12	
	浴盆、淋浴	每顾客每次	120~150	12	
	桑拿浴（淋浴、按摩池）	每顾客每次	150~200	12	
7	理发室、美容院	每顾客每次	40~100	12	2.0~1.5
8	洗衣房	每kg干衣	40~80	8	1.5~1.2
9	餐饮业				
	中餐酒楼	每顾客每次	40~60	10~12	1.5~1.2
	快餐店、职工及学生食堂	每顾客每次	20~25	12~16	1.5~1.2
	酒吧、咖啡馆、茶座、卡拉OK房	每顾客每次	5~15	8~18	1.5~1.2
10	商场 员工及顾客	每 m^2 营业厅面积每日	5~8	12	1.5~1.2
11	办公楼	每人每班	30~50	8~10	1.5~1.2
12	教学、实验楼				
	中小学校	每学生每日	20~40	8~9	1.5~1.2
	高等院校	每学生每日	40~50	8~9	1.5~1.2
13	电影院、剧院	每观众每场	3~5	3	1.5~1.2
14	健身中心	每人每次	30~50	8~12	1.5~1.2
15	体育场（馆）			4	
	运动员沐浴	每人每次	30~40		3.0~2.0
	观众	每人每场	3		1.2
16	会议厅	每座位每次	6~8	4	1.5~1.2
17	客运站旅客、展览中心观众	每人次	3~6	8~16	1.5~1.2
18	菜市场地面冲洗及保险用水	每 m^2 每日	10~20	8~10	2.5~2.0
19	停车库地面冲洗水	每 m^2 每次	2~3	6~8	1.0

注：1. 除养老院、托儿所、幼儿园的用水定额中含食堂用水，其他均不含食堂用水。

2. 除注明外，均不含员工生活用水，员工生活用水定额为每人每班40~60L。

3. 医疗建筑用水含医疗用水。

4. 空调用水应另计。

表 2-16a 农村生活用水定额

气候分区	供水条件	给水卫生设备类型及最高日生活用水量 /[L·(人·d)$^{-1}$] 集中给水龙头	龙头安装到户 无洗涤池	龙头安装到户 有洗涤池或有洗涤池及沐浴设备	气候分区	供水条件	给水卫生设备类型及最高日生活用水量 /[L·(人·d)$^{-1}$] 集中给水龙头	龙头安装到户 无洗涤池	龙头安装到户 有洗涤池或有洗涤池及沐浴设备
一	计量收费供水	20~35	30~40	40~70	一	免费供水		40~60	85~120
二		20~35	30~40	40~70	二			50~70	90~140
三		30~50	40~70	60~100	三			60~100	100~180
四		30~50	40~70	70~100	四			70~100	100~180
五		20~40	35~55	50~80	五			50~90	90~140

注：1. 本表所列用水量包括农家散养的猪、羊、禽类的饮用水量，但未包括大牲畜及集体和专业户饲养的猪、羊、禽类的饮用水量和庭院菜地的用水量。

2. 免费供水条件下，当龙头(包括户用与公用)安装在室外时，如排水方便，可在龙头下自由沐浴，其用水量按有洗涤池的标准考虑。

3. 水网地区或地面水水质良好、使用方便的其他地区，设计时宜采用低值，缺乏良好地面水体或生活水平较高的地区宜采用高值。

4. 定时供水者，宜采用低值。

5. 按户或按人固定收费者，设计时应按免费供水标准选用。

6. 其他地区的农村生活饮用水量标准，可根据地区气候和人民生活习惯等具体情况，参照相似地区的标准确定。

表 2-16b 农村最高日用水量时变化系数

村镇用水人数/人	K_h 值 全日供水	K_h 值 定时供水 $t \geq 8h$
<500	3.7~2.0	5.0~3.8
500~1000	3.0~2.0	3.8~3.2
1000~3000	2.5~1.8	
≥3000	2.0~1.6	—

注：1. 工、商、副业较集中的城镇宜采用低值。

2. 人数少的小村应采用高值。

(二) 设计秒流量的计算

在建筑物中，用水情况在一昼夜间是不均匀的，并且“逐时逐秒”地在变化。在设计室内给水管网时，必须考虑到这种“逐时逐秒”的变化情况，以求得最不利时刻的最大用水量，这就是管网水力计算中所需的设计秒流量。

设计秒流量是根据建筑物内卫生器具类型数量和这些器具满足使用情况的用水量确定。为了便于计算，引用“卫生器具当量”这一术语。

卫生器具当量：即以污水盆上支管直径为15mm的水龙头的额定流量0.2L/s作为一个“当量”值，其他卫生器具的额定流量均以它为标准折算成当量值的倍数，即“当量数”。

1. 住宅建筑的生活给水管道设计流量的计算

住宅建筑的生活给水管道设计流量是按统计最大秒流量计算的，这个统计最大值与室内用水设备设置情况、用水标准和气候、生活习惯都有关系，我国在2003年的《建筑设计给水排水设计规范》(GB 50015—2003)中规定，按以下步骤计算：

1）根据住宅配置的卫生器具给水当量、使用人数、用水定额、使用时数及小时变化系数等，求出最高日最高时给水当量的平均出流概率，即

$$U_0=\frac{q_0 m K_h}{0.2 N_g T 3600}\% \tag{2-10}$$

式中 U_0——一个给水当量在最高日最高时的平均出流概率(%)；

q_0——最高日用水定额[L/(人·d)]；

m——每户用水人数；

K_h——时变化系数；

N_g——每户设置的卫生器具给水当量数；

T——用水时数(h)；

0.2——一个卫生器具给水当量的额定流量(L/s)。

2）根据计算管段上卫生器具的给水当量，计算出该管段上卫生器具的同时使用(出流)概率(以当量计)，即

$$U=\frac{1+\alpha_c(N_g-1)^{0.49}}{\sqrt{N_g}} \tag{2-11}$$

式中 U——计算管段上卫生器具的给水当量同时出流概率(%)；

α_c——对应于不同U_0的系数，见表2-17；

N_g——计算管段所承担的给水当量总数。

表2-17 $U_0\sim\alpha_c$值对应表最高日用水量时变化系数

U_0%	α_c	U_0%	α_c	U_0%	α_c
1.0	0.00323	3.0	0.01939	5.0	0.03715
1.5	0.00697	3.5	0.02374	6.0	0.04629
2.0	0.01097	4.0	0.02816	7.0	0.05555
2.5	0.01512	4.5	0.03263	8.0	0.06489

3）根据计算管段上的给水当量同时出流概率，计算管段上的设计秒流量，即

$$q_g=0.2UN_g \tag{2-12}$$

式中 q_g——计算管段的设计秒流量(L/s)。

4）当干管上汇入两条或多条具有不同U_0的支管时，干管的U_0值应取其平均值，即

$$\overline{U_0}=\frac{\sum U_{0i}N_{gi}}{\sum N_{gi}} \tag{2-13}$$

式中 $\overline{U_0}$——给水干管上的给水当量平均出流概率；

U_{0i}——支管i上的卫生设备当量最高日最高时平均出流概率；

N_{gi}——支管i上的给水当量总数。

为了计算方便，有人已将管段上的设计秒流量制成表，只要计算出U_0值，再根据N_g值就可以直接从秒流量计算表上查出流量来了。计算管段上的秒流量计算表见附录表B-5。

2. 集体宿舍、旅馆、宾馆、医院、疗养院、幼儿园、养老院、办公楼、商场、客运站、会展中心、中小学教学楼、公共厕所的建筑的给水设计秒流量的计算

$$q_g = 0.2\alpha\sqrt{N_g} \tag{2-14}$$

式中 q_g——计算管段的设计秒流量(L/s)；

N_g——计算管段的卫生器具当量总数，可按表2-18确定；

α——根据建筑物用途而定的系数，可按表2-19确定。

1）若计算值小于该管段上一个最大卫生器具给水额定流量时，应以这个最大的卫生器具给水额定流量作为设计流量。

2）若计算值大于该管段上按卫生器具给水额定流量累加所得流量值时，应按卫生器具给水额定流量累加值采用。

3）有大便器延时自闭冲洗阀的给水管道，大便器延时自闭冲洗阀的给水流量以0.5计，计算得到的 q_g 附加1.10L/s后，作为该管段的设计秒流量。

4）综合楼建筑的 α 值应根据楼中各功能分区不同的 α 值取加权平均值。

表2-18　卫生器具给水额定流量、当量、连接管公称管径和最低工作压力

序号	给水配件	额定流量/(L·s^{-1})	当量	连接管公称管径/mm	最低工作压力/MPa
1	洗涤盆、拖布盆、盥洗槽				
	单阀水嘴	0.15~0.20	0.75~1.00	15	
	双阀水嘴	0.30~0.40	1.50~2.00	20	0.050
	混合水嘴	0.15~0.20(0.14)	0.75~1.00(0.70)	15	
2	洗脸盆				
	单阀水嘴	0.15	0.75	15	0.050
	混合水嘴	0.15(0.10)	0.75(0.50)	16	
3	洗手盆				
	感应水嘴	0.10	0.50	15	0.050
	混合水嘴	0.15(0.10)	0.75(0.50)	15	
4	浴盆				
	单阀水嘴	0.20	1.00	15	0.050
	混合水嘴(含带淋浴转换器)	0.24(0.20)	1.20(1.00)	15	0.050~0.07
5	淋浴器				
	混合阀	0.15(0.10)	0.75(0.50)	15	0.050~0.10
6	大便器				
	冲洗水箱浮球阀	0.10	0.50	15	0.020
	延时自闭式冲洗阀	1.20	6.00	25	0.100~0.15
7	小便器				
	手动或自动自闭式冲洗阀	0.10	0.50	15	0.050
	自动冲洗水箱进水阀	0.10	0.50	15	0.020
8	小便槽穿孔冲洗管(每m长)	0.05	0.25	15~20	0.015
9	净身盆冲洗水嘴	0.10(0.07)	0.50(0.35)	15	0.050
10	医院倒便器	0.20	1.00	15	0.050

（续）

序号	给水配件	额定流量/($L\cdot s^{-1}$)	当量	连接管公称管径/mm	最低工作压力/MPa
11	实验室化验水嘴（鹅颈）				
	单联化验水嘴	0.07	0.35	15	0.20
	双联化验水嘴	0.15	0.75	15	0.20
	三联化验水嘴	0.20	1.00	15	0.20
12	饮水器喷嘴	0.05	0.25	15	0.050
13	洒水栓	0.40	2.00	20	0.050~0.10
		0.70	3.50	25	0.050~0.10
14	室内地面冲洗水嘴	0.20	1.00	15	0.050
15	家用洗衣机水嘴	0.20	1.00	15	0.050

注：1. 表中括弧内的数值系在有热水供应时，单独计算冷水或热水时使用。

2. 当浴盆上附设淋浴器时，或混合水嘴有淋浴器转换开关时，其额定流量和当量只计水嘴，不计淋浴器，但水压应按淋浴器计。

3. 家用燃气热水器，所需水压应按产品要求和热水供应系统最不利配水点所需工作压力确定。

4. 绿地的自动喷灌应按产品要求设计。

表2-19 根据建筑物用途而定的系数α值

建筑物名称	α值	建筑物名称	α值
幼儿园、托儿所、养老院	1.2	医院、疗养院、休养所	2.0
门诊部、诊疗所	1.4	集体宿舍、旅馆、招待所、宾馆	2.5
办公楼、商场	1.5	客运站、会展中心、公共厕所	3.0
学校	1.8		

3. 工业企业生活间、公共浴室、洗衣房、职工食堂或营业餐馆的厨房、体育场馆、运动员休息室、剧院的化妆室、普通理化实验室给水设计秒流量的计算

$$q_g = \sum q_0 n_0 b \tag{2-15}$$

式中 q_g——计算管段的设计秒流量（L/s）；

q_0——同类型一个卫生器具给水额定流量（L/s）；

n_0——同类型卫生器具数；

b——卫生器具同时给水百分数，可按表2-20、表2-21、表2-22确定。

1）若设计值小于该管段上一个最大卫生器具的给水额定流量时，应采用最大卫生器具的给水额定流量作为设计秒流量。

2）大便器自闭冲洗阀应单列计算，当单列计算值小于1.2L/s时，以1.2L/s计；大于1.2L/s时，采用计算值。

表 2-20　工业企业生活间、公共浴室、剧院的化妆间、体育场馆运动员休息室等卫生器具同时给水百分数

卫生器具名称	同时给水百分数(%)			
	工业企业生活间	公共浴室	剧院化妆间	体育场馆运动员休息室
洗涤盆(池)	33	15	15	15
洗手盆	50	50	50	50
洗脸盆、盥洗槽水嘴	60~100	60~100	50	80
浴盆	—	50	—	—
无间隔淋浴器	100	100	—	100
有间隔淋浴器	80	60~80	60~80	60~100
大便器冲洗水箱	30	20	20	20
大便器自闭式冲洗阀	2	2	2	2
小便器自闭式冲洗阀	10	10	10	10
小便器(槽)自动冲洗水箱	100	100	100	100
净身盆	33	—	—	—
饮水器	30~60	30	30	30
小卖部洗涤盆	—	50	—	50

注：健身中心的卫生间，可采用本表体育馆运动员休息室的同时给水百分率。

表 2-21　职工食堂、营业餐馆厨房设备同时给水百分数

厨房设备名称	同时给水百分数(%)	厨房设备名称	同时给水百分数(%)
污水盆(池)	50	器皿洗涤机	90
洗涤盆(池)	70	开水器	50
煮锅	60	蒸汽发生器	100
生产性洗涤机	40	灶台水嘴	30

注：职工或学生饭堂的洗碗台水嘴，按 100% 同时给水，但不与厨房用水叠加。

表 2-22　实验室化验水嘴同时给水百分数

化验水嘴名称	同时给水百分数(%)	
	科学研究实验室	生产实验室
单联化验水嘴	20	30
双联或三联化验水嘴	30	50

（三）管网水力计算简介

室内给水管网水力计算的目的，在于确定各管段的管径及此管段通过设计流量时的水头损失。

1. 管径的确定

已知给水管道设计秒流量，根据流量公式

$$q_g = \frac{\pi d^2 v}{4} \tag{2-16}$$

式中 q_g——管段设计秒流量(m^3/s)；

v——管段中的流速(m/s)；

d——管径(m)。

由式(2-16)可知，只要确定流速 v，便可求得管径 d，因此在实际工程中常采用控制流速法来确定管径。室内生活给水管道的控制流速可按表2-23确定。

表2-23 生活给水管道水流速度

公称直径/mm	15~20	25~40	50~70	≥80
水流速度/m/s	≤1.0	≤1.2	≤1.5	≤1.8

消火栓给水管道 $v<2.5$m/s；自动喷洒灭火系统给水管 $v<5$m/s；生产和生活合用给水管 $v<2.0$m/s。

对于一般建筑生活给水系统，可以根据管道所负担的卫生器具当量数的最大值概略地确定管径。先根据估算管段上连接卫生器具的情况，将该管段按卫生器具连接点分成若干小段，从系统的最不利用水点(系统最末端)开始，依次向后逐段累加卫生器具当量数，求得每小段所负担的卫生器具当量数之和，保证每小段的卫生器具当量数之和不大于表2-24规定的最大值即可确定管径。

表2-24 按卫生器具当量数确定管径

管径/mm	15	20	25	32	40	50	70
卫生器具当量数最大值	3	6	12	20	30	50	75

管径的选定应从技术上和经济上两方面来综合考虑。从经济上看，当流量一定时管径愈小管材愈省。室外管网的压力 H_0 愈大，愈应用较小的管径，以便充分利用室外的压力。但管径太小时，流速过大，在技术上是不允许的，因为由于流速过大，在管网中引起水锤时能损坏管道并造成很大的噪声，同时使给水系统中水龙头的出水量和压力互相干扰，极不稳定。

2. 管网水头损失的计算

管网的水头损失为各管段的沿程损失及局部损失之和。

(1) 管道沿程水头损失的计算式

$$h_f = iL \tag{2-17}$$

$$i = 105 C_h^{-1.85} d_i^{-4.87} q_g^{1.85} \tag{2-18}$$

式中 h_f——计算管道沿程水头损失(m)；

i——单位管长的沿程水头损失(m)；

d_i——管道计算内径(m)；

q_g——给水设计流量(m^3/s)；

C_h——海澄—威廉系数，各种塑料管、内衬(涂)塑管：$C_h=140$；铜管、不锈钢管：$C_h=130$；衬水泥、树脂的铸铁管：$C_h=130$；普通钢管、铸铁管：$C_h=100$；

L——计算管道长度(m)。

(2) 管道局部水头损失

$$h_m=\xi\frac{v^2}{2g} \tag{2-19}$$

式中　h_m——管件上的局部水头损失(m)；

ξ——配件上的局部阻力系数；

g——重力加速度(m/s^2)。

为了简便，可采用管(配)件当量长度法或按管件连接状况以管路沿程水头损失百分数估算：生活给水管道取25%～30%；生产给水管道取20%；消防给水管道取10%；生活、消防共享的给水管道取25%；生活、生产、消防共享的给水管道取20%。

水表水头损失当选定产品型号时，应按该产品生产广家提供的资料进行计算。若确定具体产品时，可采用下值进行估算：住宅入户管上的水表宜取0.01MPa；建筑物或小区引入管上的水表在生活用水工况时，宜取0.03MPa，校核消防工况时，宜取0.05MPa。

(3) 总水头损失计算

$$H_L=\sum h_f+\sum h_m \tag{2-20}$$

式中　H_L——从供水起点到最不利供水点的总水头损失(m)；

$\sum h_f$——从供水起点到最不利点的供水管道的沿程水头损失总和(m)；

$\sum h_m$——从供水起点到最不利点的供水管道的局部水头损失总和(m)；

3. 校核供水压力

要求室外供水压力水头满足下式要求：

$$H_0\geqslant H+H_L+H_f \tag{2-21}$$

式中　H_0——室外供水管网上从地面算起的水压以水头计(m)；

H——建筑内最不利用水设备距地面的高度(m)；

H_L——从供水起点到最不利供水点的总水头损失(m)；

H_f——最不利用水设备所需要的工作水头(m)。

如不能满足上式要求，则应根据供水水压相差的大小或采用调整给水管管径、降低水头损失的办法或采用增压的办法来解决。

三、给水设备

城市建筑是多种多样的，这种多样性也体现在不同的建筑物对水量、水压的要求是不同的。作为城市给水管网不能按最高水压设计，否则会使管网承压过高，使用不便，甚至造成管道破裂，加重维修管理工作。因此城市给水管网以满足低层建筑给水系统所需压力为基准，对于其他对水压要求高的建筑，常通过设置水泵或水箱等给水设备来解决。

(一) 水泵

水泵是给水系统中的重要升压设备。在建筑给水系统中，一般采用具有结构简单，体积小，效率高等优点的离心式水泵，简称离心泵。

1. 水泵的工作原理及性能

离心泵通过离心力的作用来输送和提升液体，其结构见图2-42。开泵前要排除泵内空气，使泵壳和吸水管充满水，当叶轮高速转动时，在离心力的作用下，叶轮间的水被甩入泵壳获得动能和压能，由于泵壳的断面是逐渐扩大的，所以水流入泵壳后，流速逐渐减小，部分动能转化为压能，因而流出水泵出水管的水具有较高的压力。

水泵从水池抽水时，其启动前的充水方式有两种：一种是“吸入式”即泵轴高于水池水面；另一种是“灌入式”即水池水面高于泵轴。后者可省去真空泵等灌水设备，也便于水泵及时启动，有条件时，应优先采用。

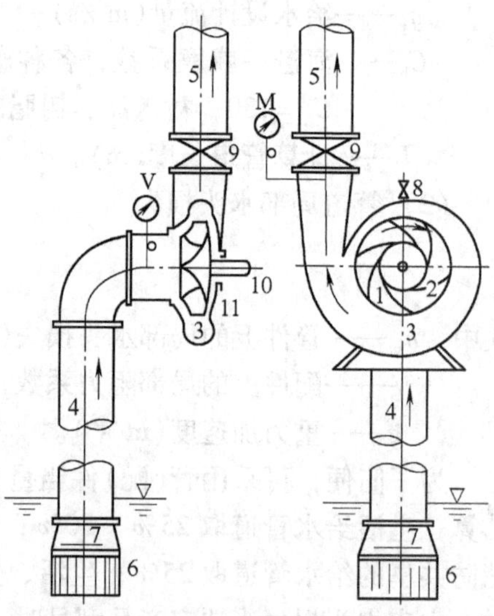

图2-42 离心泵装置图

1—工作轮 2—叶片 3—泵壳 4—吸水管 5—压水管 6—拦污栅 7—底阀 8—加水漏斗 9—阀门 10—泵轴 11—填料函 M—压力计 V—真空计

表明离心泵工作性能的基本参数有：

1）流量(Q_b)。指单位时间内水通过水泵的体积，单位为L/s或m^3/h。

2）扬程(H_b)。通过水泵时所获得的能量水头，又称总扬程或全扬程，单位为m。

3）轴功率(N)。水泵从电动机处所得到的全部功率，单位为kW。

4）效率(η)。因水泵工作时，本身也有能量损失，因此，水泵真正得到的能量即有效功率N_μ，必小于N，效率η为二者比值，即$\eta = \frac{N_\mu}{N}100\%$。

5）转速(n)。叶轮每分钟的转数，单位为r/min。

水泵的工作参数是相互联系和影响的，工作参数之间的关系，可用水泵的性能曲线来表示，如图2-43所示。水泵铭牌上所标明的各工作参数是水泵的设计参数也称额定参数，在水泵样本的性能表中均全部列出。当通过水泵的流量等于泵的额定流量时，其效率最高。

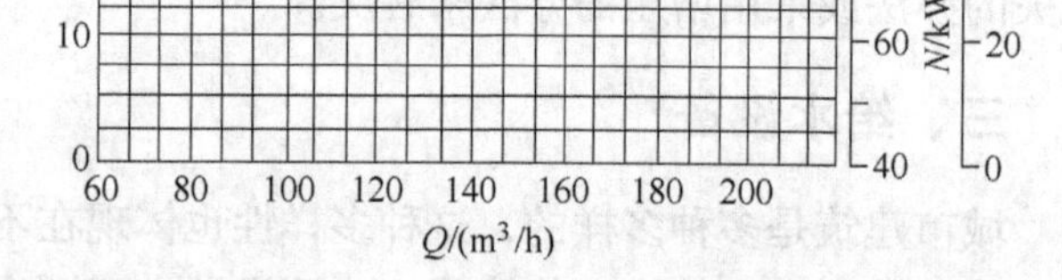

图2-43 离心泵的性能曲线

2. 水泵的选择及设置要求

选择水泵应以节能为原则，使水泵在给水系统中保持高效运行。水泵变速运行能根据用水需要变负荷供水，并在供水量不同时，保持在较高的效率范围内工作。水泵的型号可根据流量、扬程两个参数，查水泵样本选定。

(1) 流量 在生活(生产)给水系统中，无水箱时，水泵流量需满足系统高峰用水要求，故不论是恒速或者是调速水泵，其流量均应以系统最大瞬时流量即设计秒流量确定。有水箱时，因水箱能起调节水量的作用，水泵流量可按最大时流量确定。若水箱容积较大，且用水量较均匀，则水泵流量可按水泵平均时流量确定。生活、生产消防共享调速水泵，在消防时其流量除保证消防用水量外，还应保证生活、生产最大时流量。

（2）扬程 根据水泵与室外给水管网连接的方式不同，其扬程可按以下不同公式计算

当水泵与外网直接连接时

$$H_b \geqslant H_1 + H_2 + H_3 + H_4 - H_0 \tag{2-22}$$

式中 H_b——水泵扬程(m)；

H_1——相当于引入管起点至最不利配水点垂直高度(m)；

H_2——水泵吸水管和出水管的沿程和局部水头损失之和(m)；

H_3——水流经水表时的水头损失(m)；

H_4——最不利配水点所需的流出水头或最不利消火栓、自动喷水灭火喷头所需水压头(m)；

H_0——室外给水管网所保证的最小水压头(m)。

根据以上计算选择水泵后，还应以室外管网的最大水压校核水泵的工作效率和超压情况，若效率偏低，超压过多，应采取相应的措施如选用流量—扬程曲线平缓的水泵或设置泄压装置等，以防管道、附件损坏和提高水泵的总体效率。

当水泵与外网间接连接，自水池抽水时

$$H_b \geqslant H_1 + H_2 + H_3 \tag{2-23}$$

式中 H_1——相当于贮水池最低水位至最不利配水点的垂直高度(m)；

H_b、H_2、H_3同式(2-22)。

为保证安全供水，生活和消防水泵应设置备用泵，生产用水泵是否设置备用泵，应根据生产工艺的要求确定。

水泵机组一般设置在水泵房内。泵房应有良好的通风、采光、防冻和排水措施。在要求防振、安静的房间周围不要设置水泵。泵房内水泵机组的布置要保证检修时能拆卸、放置电机和泵体，并满足维护要求。为减少振动和噪声传递，防止操作人员误接触快速运转的泵轴，水泵机组应设高度不小于0.1m的独立基础，即基础不得与建筑结构相连。泵房净高不应小于3.2m，门的宽度和高度，应根据设备运入的方便确定。

（二）贮水池

贮水池是用来贮存和调节水量的构筑物。

有效容积可按下式确定：

$$V \geqslant (Q_b - Q_L) T_b + V_f + V_s$$

$$Q_L T_t \geqslant T_b (Q_b - Q_L) \tag{2-24}$$

式中 V——贮水池有效容积(m^3)；

Q_b——水泵出水量(m^3/h)；

Q_L——贮水池进水量(m^3/h)；

T_b——水泵最长连续运行时间(h)；

T_t——水泵运行时间间隔(h)；

V_f——消防贮备水量(m^3)；

V_s——生产事故用水量(m^3)。

消防贮备水量可根据消防要求确定，生产事故备用水量，应根据用户安全供水要求，中断供水的后果和城市供水管网可能停水等因素确定。当资料不足时，生活(生产)调节水量即$(Q_b - Q_L)T_b$可以按照不小于建筑日用水量的10%计算。若贮水池仅贮备生活(生产)调节水量，则水池有效容积不计V_f和V_s。

(三) 水箱

水箱除具有贮存和调节水量的作用外，高位水箱还可以起到稳压和减压的作用。水箱常制成圆形或矩形，在特殊条件下也可设计成其他形状。水箱的材质应不影响水质，一般常用钢板、铝板、钢筋混凝土或玻璃钢。普通钢板水箱内壁应刷无毒无害涂料，选用玻璃钢作为生活给水箱时，应采用食品级树脂为原料。

1. 水箱的配管附件及设置要求

水箱上一般设有以下配管(参见图2-44)。

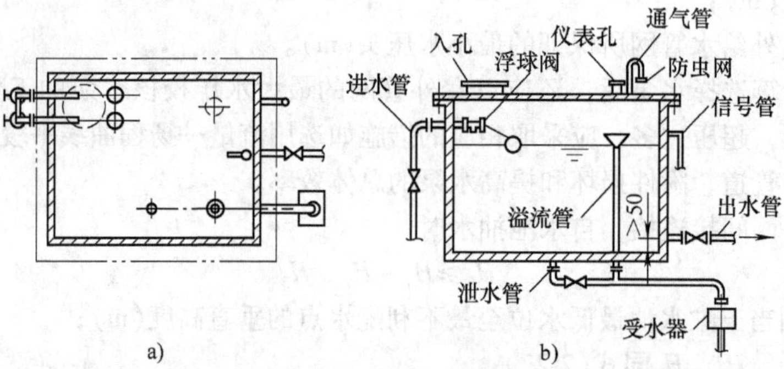

图2-44 水箱附件示意图

(1) 进水管 当水箱直接由室外给水管网压力进水时，进水管上应安装浮球阀或液压水位控制器，并在其进水端设检修阀。若安装浮球阀应不宜少于两个，进水管入口距箱盖的距离，应满足浮球阀的安装要求，一般应有150~200mm。当水箱由水泵供水，并采用控制水泵起停的自动装置时，不需设水位控制阀。进水管管径可按水泵出水量或室内最大瞬时用水量即设计秒流量确定。

(2) 出水管 可由水箱侧壁或箱底接出，其管口下缘或入水口至水箱内底的距离应不小于50mm，以防沉淀物流入配水管网。其管径应按设计秒流量确定。进水管与出水管可分别设置，亦可合用一条管道，合用时应在出水管上设止回阀。

(3) 溢流管 管口要设在水箱允许最高水位以上，管径应按水箱最大流入量确定，一般比进水管径大1号。溢流管上不允许设阀门。为防止水质污染，溢流管出口应设置网罩且不得与污水管直接连接，必须经过断流水箱，并要设水封装置。

(4) 水位信号装置 反映水位控制阀失灵信号的装置，可采用自动液位信号计，设在水箱内，也可在溢流管下10mm处设信号管，直通值班室内的洗涤盆等处，其管径一般采用$DN15$~20mm。若需随时了解水箱水位，也可在水箱侧壁安装玻璃液位计。

(5) 泄水管 装在箱底，用以泄水。管径$DN40$~50mm，管上应设阀门，可与溢流管连接后用同一管道排水，但不得与排水管道直接相连接。

设置水箱的房间净高不得低于2.2m，设置水箱的承重结构应为非燃烧体，室内温度不低于5℃。在一般的居住和公共建筑内，可以只设置一个水箱；在高层建筑和重要的公共建筑、生产建筑内，根据不同的技术要求，常设置两个或两个以上水箱。水箱间的布置间距按表2-25选用。水箱距地面应有不小于400mm的净空，以便于管道安装和进行检修。水箱底可置于工字钢或混凝土支墩上，金属箱底与支墩接触面间应衬橡胶或塑料垫片以防腐蚀。水箱有结冻、结露可能时，要采取保温措施。生活(生产)、消防给水系统共享的水箱，应有消防贮水量平时不被动用和保证水质不致恶化的措施。

表2-25 水箱之间及水箱与建筑结构之间的最小净距

水箱形式	水箱壁与墙面之间的距离/m		水箱之间的净距/m	水箱顶至建筑结构最低点的距离/m
	有浮球阀一侧	无浮球阀一侧		
圆形	0.8	0.5	0.7	0.6
矩形	1.0	0.7	0.7	0.6

2. 水箱的有效容积

水箱的有效容积，应根据调节水量、生活和消防贮备水量和生产事故备用水量来确定。水箱的调节水量应按用水量和流入量的变化曲线确定，但以上曲线不易测定，在实际程中，生活用水的调节水量可通过近似公式计算或根据生活用水量估算。

(1) 公式计算 给水系统单设水箱时

$$V_S = Q_1 t_1 \tag{2-25}$$

式中 V_S——水箱的调节容积(m^3)；

Q_1——由水箱供水的最大连续平均小时用水量(m^3/h)；

t_1——由水箱供水的最大连续出水小时数(h)。

给水系统水泵、水箱联合工作，水泵自动起动时：

$$V_{Sb} = \frac{Cq_b}{4K_b} \tag{2-26}$$

式中 V_{Sb}——水箱的调节容积(m^3)；

q_b——水泵的出水量(m^3/h)；

K_b——水泵一小时内起动次数，6~8次/h；

C——安全系数，1.5~2.0。

(2) 估算 在没有上述资料的情况下，水箱调节水容积可根据生活日用水量的百分数来确定。水泵自动起闭时不小于日用水量的5%；水泵人工起闭时不小于日用水量的12%。单设水箱时，可根据水箱进水时间，用水人数和用水定额估算。若水箱同时贮备消防水量时，其容积以生活(生产)调节水量和消防贮备水量之和计。一般水箱消防贮备水量应取10min消防用水量，为避免水箱容积过大，给建筑设计带来困难，允许一类公共建筑不小于$18m^3$，二类公共建筑和一类居住建筑不小于$12m^3$，二类居住建筑不小于$6m^3$。但当水箱同时贮备生活(生产)调节水量、消防贮备水量和生产事故备用水量时，其有效容积应为三者之和。生产事故备用水量可根据工艺要求确定。

(四) 气压给水设备

气压给水设备是利用密闭罐中压缩空气的压力变化，贮存、调节和压送罐中水量的给水装置。

1. 分类

按输水压力稳定性可分为变压式和定压式两类。

(1) 变压式　变压式气压给水设备在向给水系统送水过程中，水压处于变化状态。如图2-45a所示罐内的水在压缩空气的起始压力，即最大工作压力 p_{max} 的作用下，被压送至给水管网，随着罐内水量减少，压缩空气体积膨胀，压力减小，当压力降至最小工作压力 p_{min} 时，压力继电器动作，使水泵起动。水泵的出水除供用户外，多余部分进入气压水罐，罐内水位上升，空气又被压缩。当压力达到 p_{max} 时，压力继电器动作，使水泵停止工作，由气压水罐再次向管网输水。

(2) 定压式　定压式气压给水设备在向给水系统送水过程中，水压维持恒定。如图2-45b所示。在气、水同罐的单罐变压式气压给水设备的供水管上，安装调压阀，或在气、水分罐的双罐变压式气压给水设备的压缩空气连通管上安装调节阀，分别控制阀出口端的水压或气压，使供水压力稳定。

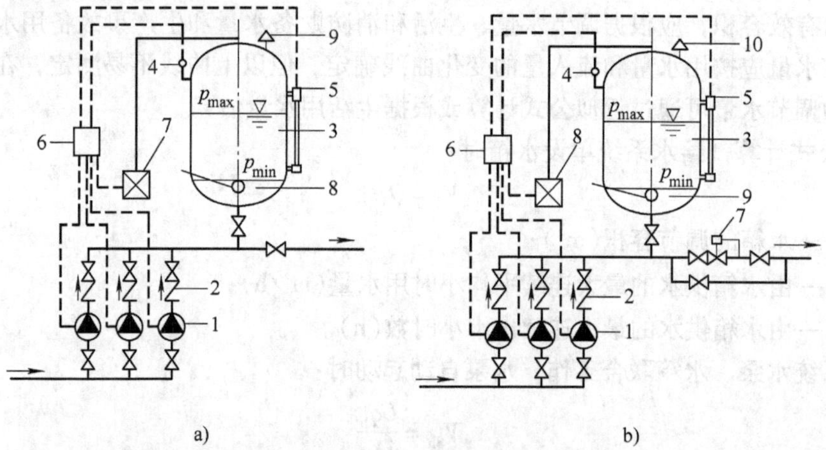

图2-45　气压给水设备

a) 单罐变压式　b) 单罐恒压式

1—水泵　2—止回阀　3—气压水罐　4—压力继电器　5—液位信号器　6—控制器　7—空气压缩机　8—排气阀　9—安全阀

1—水泵　2—止回阀　3—气压水罐　4—压力继电器　5—液位信号器　6—控制器　7—压力调节阀　8—空气压缩机　9—排气阀　10—安全阀

2. 气压给水设备的优缺点及适用范围

气压给水设备的优点是：灵活性大、安装位置不受限制，便于隐蔽、拆迁，建设速度快，土建费用低，占地面积小。实现了自动化操作，维护、管理方便，同时气压水罐为密闭罐，水质不易污染，还能消除给水系统中停泵水锤的影响。其缺点是：调节容积小，贮水能力差，一般调节水量仅占总容积的20%～30%，又压力容器耗钢量大。水泵在 p_{max} 和 p_{min} 之间工作，平均效率低，耗电量大，若采用几台水泵并联运行，可提高水泵的工作效率，利于节能。

气压给水设备适用于有升压要求，但不适宜设置高位水箱的建筑，如人防工程、地下商店、高地震级地区、建筑立面有特殊要求而不能设高位水箱、小型简易和临时性给水系统以及消防给水系统等。

为保证安全供水，气压给水设备应有可靠的电源，并要装设安全阀、压力表、泄水管和密闭人孔，安全阀也可装设在靠近气压给水设备进出水管的管路上。气压水罐罐顶至建筑物结构最低点的距离不应小于1m，罐与罐、罐与墙面的净距不得小于0.7m，以便维护和检修。

3. 气压给水设备的选择

选择气压给水设备，主要是确定气压水罐的总容积和确定配套水泵的流量、扬程。根据总容积和所需水泵流量和扬程查有关气压给水设备样本即可选定其型号。

(1) 气压水罐的总容积可按下式计算

$$V_Z = \frac{\beta V_X}{1-\alpha_b} \tag{2-27}$$

$$V_X = c\frac{q_b}{4n} \tag{2-28}$$

式中 V_Z——气压水罐的总容积(m^3)；

V_X——罐内水的调节容积(m^3)；

α_b——气压水罐最小工作压力与最大工作压力比(以绝对压力比计)，宜采用0.65～0.85，气压水罐最小工作压力应以给水系统所需压力确定；

q_b——水泵出水量，当罐内为平均压力时，水泵出水量不应小于管网最大小时流量的1.2倍(m^3/h)；

n——水泵在1h内最多起动的次数，宜采用6～8次/h；

c——安全系数，宜采用1.0～1.3；

β——容积附加系数，对于补气式卧式、立式气压罐和隔膜式气压罐分别为1.25、1.10、1.05。

(2) 水泵的流量及扬程 气压给水设备的水泵出水量应不小于管网最大小时流量的1.2倍，扬程应满足气压罐最大工作压力p_{max}的要求。

四、高层建筑给水系统

(一) 高层建筑的特性

目前人们将10层与10层以上的居住建筑以及高度超过24m的公共建筑列为高层建筑的范围。

高层建筑楼层层数多、高度大、每栋建筑的面积大，在建筑内生活工作的人数多，使用功能也多。要求提供完善的生活、工作保障设施，舒适卫生、安全的生活环境。因此高层建筑内设备多、管线多、管径大、标准高，在管线和设备布置中，各工种之间，与建筑和结构的矛盾也多，必须互相密切配合，协调工作。

为使复杂繁多的管道整齐有序地敷设，在高层建筑中，常常设有设备层，在设备层中安装设备，并提供管线交叉和水平穿行的空间。竖向管线常布置在专设的管井中，也可沿墙、柱明设，装饰要求高时可暗装或在明装管道外加包装装饰。水平管线可以沿墙和梁布置或埋在找平层内或墙槽内。

(二) 高层建筑给水竖向分区

高层建筑的高度高，要求的供水压力也高，不能由城市给水管网直接供水，需要自设增压设备供水。由于高层建筑上下高差大，为避免下层水压过高，使用水建筑中出现速度过高产生噪声和喷溅，而上层会形成压力不足，甚至产生负压抽吸现象，高层建筑中常常沿竖向实行分区供水，以此来减小每区内的水压差。每区内的高度应根据最底层用水设备允许的静水压力而定。一般而言，住宅、旅馆及医院：最大静水压头宜为30～35m；办公楼等公共建筑：35～40m。每区的最大静水压头不得大于60m。

根据各分区之间的关系，高层建筑给水方式可分为并联给水方式、串联给水方式和减压给水方式等，设计时可根据工程实际情况，按照供水安全可靠、技术先进、经济合理的原则确定给水方式。

1. 并联分区给水方式

如图2-46所示，各分区独立设置水箱和水泵，各区水泵集中设置在底层或地下室水泵房内，各区水泵独立向各区的水箱供水。此种方式的优点是各给水分区为独立系统，互不影响，供水安全可靠；水泵集中布置，便于维护管理，水泵效率高，能源消耗较少，水箱分散设置，各区水箱容积小，有利于结构设计。缺点是管材耗用较多，水泵型号较多，水箱占用建筑楼层的使用面积。这种给水方式优点较显着，建筑高度不超过100m的高层建筑宜采用这种给水方式。

2. 串联分区给水方式

如图2-47所示，各分区均设置水箱和水泵，各区水泵均设置在技术层内，上区水泵自下区水箱抽水供上区用水。此种方式的优点是各分区水泵扬程和流量按本区需要设计，水泵效率高，管道较简单，能源消耗较少。其缺点是水泵设于技术层，对防振、防噪声和防漏水等施工技术要求较高；水泵分散设置，管理维修不便；下区水箱的转输容积大；占用使用面积较大；任何一区发生故障则以上几区供水皆受影响。这种方式适用于允许分区设置水箱和水泵的各类高层建筑内，建筑高度超过100m的高层建筑宜采用这种给水方式。

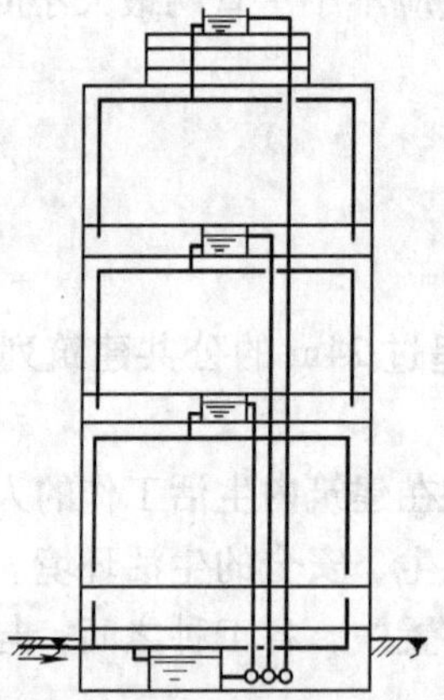

图2-46 分区并联给水方式

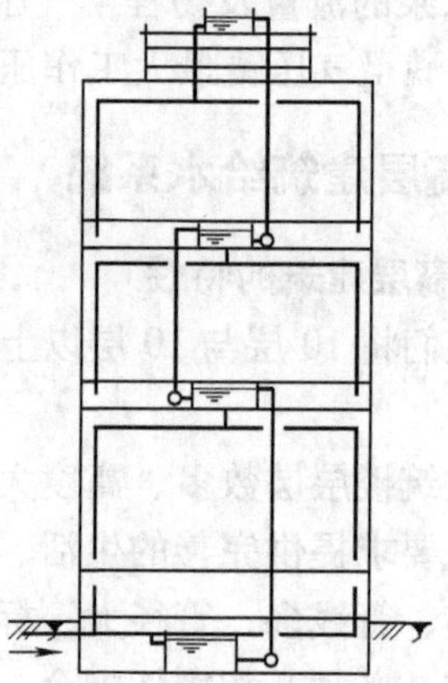

图2-47 分区串联给水方式

3. 减压分区给水方式

图2-48所示为分区设减压水箱供水方式。整个建筑的用水由水泵送至屋顶水箱，然后由屋顶水箱供给上区，并通过各分区减压水箱减压后再供下区用水。减压水箱只起释放静水压力的作用，因此，容积较小。此种方式的优点是水泵型号少，设备布置集中，维护管理方便。缺点是屋顶水箱容积大，不利于结构抗震；一次提升耗能大，且安全可靠性低。宜用于建筑高度不超过100m的高层建筑。

图 2-49 为减压阀减压给水方式，设置减压阀代替各分区减压水箱。此种方式安装方便、投资省，不占建筑使用面积，宜用于建筑高度不超过 100m 的高层建筑。

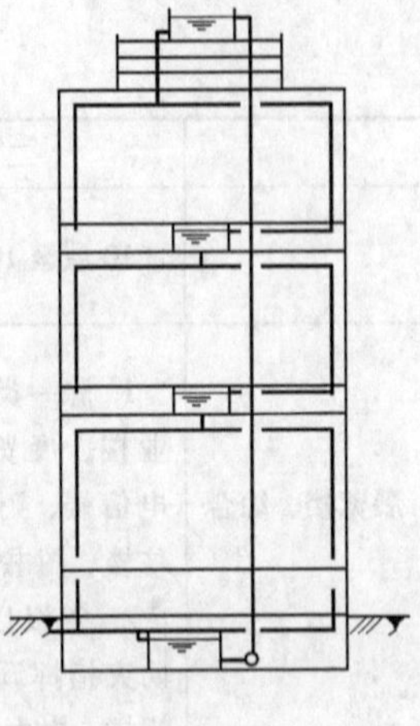
图 2-48 分区减压给水方式

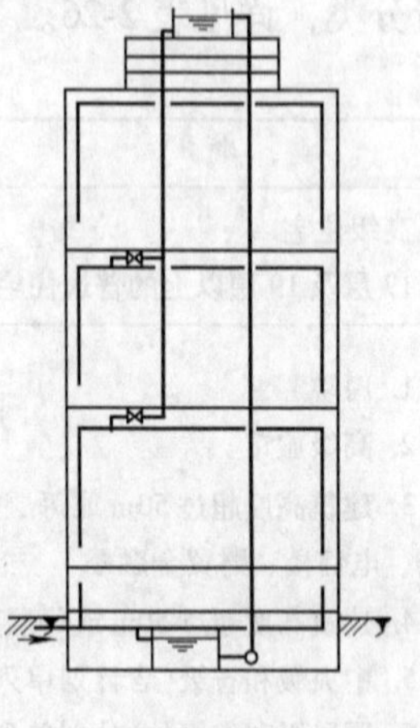
图 2-49 减压阀减压给水方式

(三) 高层建筑贮水池

高层建筑一般需设贮水池存贮一部分水量作为调节水量，以保证在市政给水系统发生故障或用水高峰时仍能满足建筑供水需要。

贮水池可设置在建筑物外部或室内地下室。

贮水池有效容积为生活贮备水量和消防贮备水量二者之和，即

$$V_g = V_b + V_a \tag{2-29}$$

式中 V_g——贮水池有效容积(m^3)；

V_b——生活贮备水量(不小于建筑日用水量的 20% ~30%)(m^3)；

V_a——消防贮备水量(按高层建筑消防标准确定)(m^3)。

(四) 高层建筑给水管路布置

高层建筑各分区的给水管网，可根据供水安全要求布置成树枝状管网、竖向环状网或水平向环状网。对供水范围较大的管网，可设置两个水箱，各个水箱上分别设出水管接至管网。此外，为减少检修或故障时的停水影响范围，应在管网上适当设置闸阀，控制水龙头的数量，缩小停水范围。

(五) 高层建筑消防给水系统

1. 高、低层建筑消防给水系统的划分

消防车利用室外给水管网为水源，能够直接有效地扑救建筑物室内任何地点的火灾，则该建筑的消防给水系统称为低层建筑消防给水系统。

建筑高度超过消防车有效的灭火高度，主要靠室内消防给水设备扑救火灾的消防给水系统，称为高层建筑消防给水系统。高层建筑消防给水系统要立足于“消防自救”。

我国《高层民用建筑设计防火规范》(GB 50045—1995,2005 版)中规定：10 层及 10 层以上居住建筑(包括首层设置商业服务网点的住宅)，以及建筑高度超过 24m 的公共建筑均按高层设计防火规范规定执行，但此规范不适用于单层主体建筑高度超过 24m 的体育馆、会堂、剧院等公共建筑以及高层建筑中的人民防空地下室。

2. 高层建筑室内消火栓给水系统

(1) 消火栓给水系统用水量 高层建筑根据其使用性质、火灾危险程度、疏散和扑救难度等进行分类，详见表2-26。

表2-26 高层建筑分类

名称	一 类	二 类
居住建筑	高级住宅 19层及19层以上的普通住宅	10层至18层的普通住宅
公共建筑	1. 医院 2. 高级旅馆 3. 建筑高度超过50m或每层建筑面积超过1000m^{2}的商业楼、展览楼、综合楼、电信楼、财贸金融楼 4. 建筑高度超过50m或每层建筑面积超过1500m^{2}的商住楼 5. 中央级和省级(含计划单列市)广播电视楼 6. 网局级和省级(含计划单列市)电力调度楼 7. 省级(含计划单列市)邮政楼、防灾指挥调度楼 8. 藏书超过100万册的图书馆、书库 9. 重要的办公楼、科研楼、档案楼 10. 建筑高度超过50m的教学楼的普通的旅馆、办公楼、科研楼、档案楼等	1. 除一类建筑以外的商业楼、展览楼、综合楼、电信楼、财贸金融楼、商住楼、图书馆、书库 2. 省级以下的邮政楼、防灾指挥调度楼、广播电视楼、电力调度楼 3. 建筑高度不超过50m的教学楼和普通的旅馆、办公楼、科研楼、档案楼等

根据消防部门长期积累的火灾统计资料和火场灭火经验，并考虑各种建筑物的用途、火灾危险性及可燃物等因素，制定出了高层建筑消防用水量标准，在进行消防给水设计时，其消防用水量不应小于表2-27的规定。

(2) 室内消火栓 除无可燃物的设备层外，高层建筑和裙房的各层均应设室内消火栓。室内消火栓应设在走道、楼梯附近等明显易于取用的地点，消防电梯前室应设消火栓。消火栓间距应保证同层任何部位有两个消火栓的水枪充实水柱同时到达。建筑高度不超过100m的高层建筑消火栓的水枪充实水柱不应小于10m；建筑高度超过100m的高层建筑消火栓的水枪充实水柱不应小于13m。消火栓的间距应由计算确定，且高层建筑不应大于30m，裙房不应大于50m。消火栓距地面高度宜为1.1m，栓口出水方向宜向下或与设置消火栓的墙面相垂直。消火栓栓口的静水压力不应大于1.00MPa，当大于1.00MPa时应采取分区给水系统。消火栓栓口的静水压力大于0.5MPa时应采取减压措施。高层建筑室内消火栓栓口直径不应小于65mm，配备的水带长度不应超过25m，水枪喷嘴口径不应小于19mm。每支水枪的流量应根据充实水柱的长度由计算确定，若计算出来的流量小于5L/s，仍采用5L/s。临时高压给水系统每个消火栓处还应设直接起动消防水泵的按钮，并应设有保护按钮的设施。建筑物的屋顶还应设供消防部门检验用的消火栓。

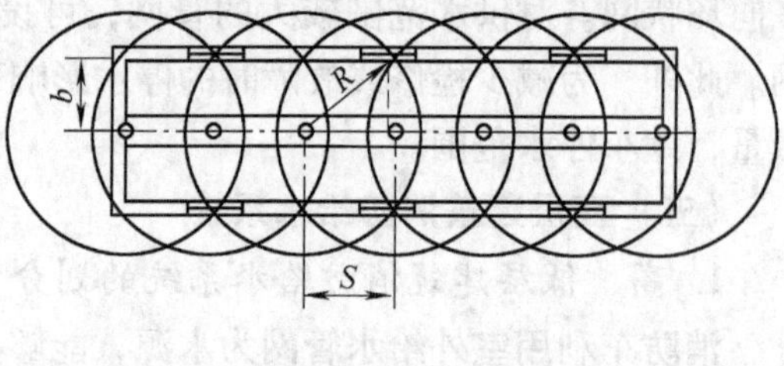

图2-50 高层建筑消火栓的布置间距

高层建筑室内消火栓的布置间距见图2-50，当消火栓单排布置时可按下列公式计算：

表 2-27　高层消火栓给水系统的用水量

高层建筑类别	建筑高度/m	消火栓用水量/(L·s⁻¹)		每根竖管最小流量/(L·s⁻¹)	每支水枪最小流量/(L·s⁻¹)
		室外	室内		
普通住宅	≤50	15	10	10	5
	>50	15	20	10	5
1. 高级住宅 2. 医院 3. 二类建筑的商业楼、展览楼、综合楼、财贸金融楼、电信楼、商住楼、图书馆、书库 4. 省级以下的邮政楼、防灾指挥调度楼、广播电视楼、电力调度楼 5. 建筑高度不超过 50m 的教学楼和普通的旅馆、办公楼、科研楼、档案楼等	≤50	20	20	10	5
	>50	20	30	15	5
1. 高级旅馆 2. 建筑高度超过 50m 或每层建筑面积超过 $1000m^2$ 的商业楼、展览楼、综合楼、财贸金融楼、电信楼 3. 建筑高度超过 50m 或每层建筑面积超过 $1500m^2$ 的商住楼 4. 中央和省级(含计划单列市)广播电视楼 5. 网局级和省级(含计划单列市)电力调度楼 6. 省级(含计划单列市)邮政楼、防火指挥调度楼 7. 藏书超过 100 万册的图书馆、书库 8. 重要的办公楼、科研楼、档案楼 9. 建筑高度超过 50m 的教学楼和普通的旅馆、办公楼、科研楼、档案楼等	≤50	30	30	15	5
	>50	30	40	15	5

注：建筑高度不超过 50m，室内消火栓用水量超过 20L/s，且设有自动喷水灭火系统的建筑物，室内外消防用水量可按本表减少 5L/s。

$$S \leqslant \sqrt{(R^2 - b^2)} \tag{2-30}$$

式中　S——高层建筑室内消火栓布置间距(m)，若计算数值大于 30m 时，仍采用 30m；

R——消火栓作用半径(m)；

b——消火栓最大保护宽度(m)。

(3) 自救式小口径胶管消火栓(又称水喉)　小口径胶管消火栓是供给居住人员扑救初期火灾而设置的，它的优点是轻便，容易操作，使用时不会打折，对于没有受过消防训练的人员也能使用。由于水喉出水量相对较小，不用单独计算消防水量，并且可以与普通消火栓合用栓箱。如图 2-51 所示，小口径胶管消火栓主要由卷盘、摇臂、底座支架以及胶管和水枪组成。胶管内径有 13mm、19mm 两种，胶管长度有 20mm、25mm、30mm 三种规格，胶管可任意配用口径为 6mm、7mm、8mm 的喷嘴(出流量为 0.2～1.26L/s)。为了有效地扑救初期火灾，高层建筑应在消火栓处配备小口径胶管消火栓。

（4）室内消防给水管网 高层建筑的室内消防给水管网必须与生活、生产给水系统分开独立设置。为保证消防给水系统的安全供水，高层建筑物室内消防给水管道应布置成环状，竖向必须布置成环状，在水平向也应成环状。

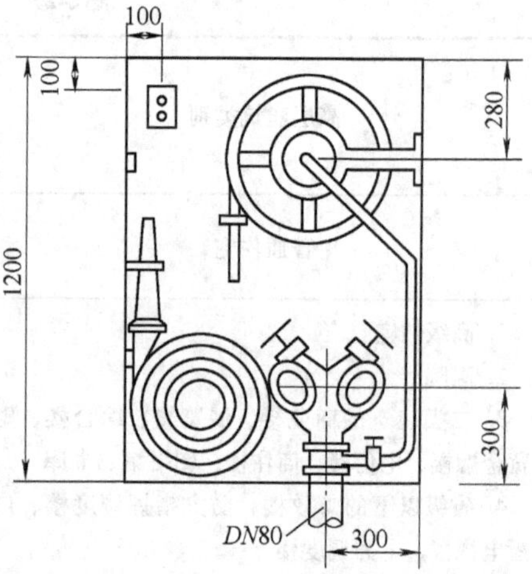

图 2-51 自救式小口径胶管消火栓

消防给水管道的进水管不应少于两条，并宜从建筑物的不同方向引入。当消防水泵发生故障或室内消防用水量不足时，为保证仍能供给消防管网足够的水量，室内消防给水系统应设置水泵接合器，使消防车从室外消火栓或消防水池、天然水源取水；通过水泵接合器将水送入室内消防给水管网。水泵接合器的数量按室内消防用水量确定（每个水泵接合器的流量按10~15L/s计算），一般不少于两个。水泵接合器宜采用地上式，当采用地下式水泵接合器时，应有明显标志。

消防竖管的布置应保证同层相邻两个消火栓水枪的充实水柱同时到达被保护范围内的任何部位，每根竖管的直径应按通过的流量经计算确定，但不应小于100mm。

高层建筑消防给水管网有不分区给水系统和分区给水系统。建筑高度不超过50m的高层建筑，可采用不分区消防给水系统，如图2-52a所示。为了便于操作水枪，在动水压头超过50m的消火栓应采取减压措施。对于高度超过50m的建筑，宜采用分区给水消防系统，如图2-52b所示。

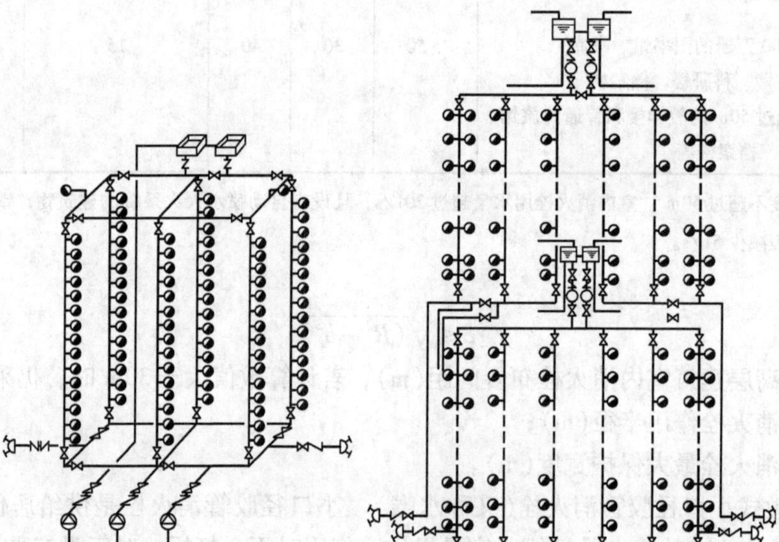

a) b)

图 2-52 消火栓给水系统图

a）不分区 b）分区

3. 消防水池、消防水箱和消防水泵

（1）消防水池 当市政给水管网或天然水源不能满足消防用水量时，或者市政给水管道为枝状或只有一条进水管时应设消防水池。

消防水池的有效容积当室外给水管网能保证室外消防用水量时，应满足火灾延续时间内室内消防用水总量的要求；当室外消防给水管网不能保证室外消防用水量时，应满足火灾延续时间内室内消防用水总量和室外消防用水量不足部分之和的要求。

商业楼、展览楼、综合楼、一类建筑的财贸金融楼、图书馆、书库、重要的档案楼、科研楼和高级旅馆的火灾延续时间按3h计算；其他高层建筑按2h计算；自动喷水灭火设备的水量可按延续时间1h计算。

消防水池的总容量超过$500m^3$时，应分成两个能独立使用的消防水池，其补充水的时间不应超过48h。

（2）消防水箱 高层建筑的屋顶应设消防水箱，消防水箱的储水量，一类公共建筑不应小于$18m^3$；二类建筑和一类居住建筑不应小于$12m^3$；二类居住建筑不应小于$6m^3$。消防水箱宜与其他用水的水箱合用，使水箱内的水经常处于流动状态，以防止消防贮存水的水质变坏发臭。与其他用水合用的消防水箱，应有消防水量不被它用的技术措施。

为保证初期火灾的扑救，消防水箱的设置高度应尽量保证室内最不利点消火栓、自动喷水喷头所需的压力。当建筑高度不超过100m时，高层建筑最不利点消火栓静水压力不应低于0.07MPa；当建筑高度超过100m时，高层建筑最不利点消火栓静水压力不应低于0.15MPa。当高位水箱不能满足上述静压时，应设增压设施。增压水泵的出水量，对消火栓给水系统不应大于5L/s；对自动喷水灭火系统不应大于1L/s。气压水罐的调节水容量宜为450L/s。

（3）消防水泵 消防水泵应根据消防设计流量和所需的扬程选择。消防水泵应设置独立的吸水管，并且宜采用自灌式进水。消防水泵房应设两条以上的出水管直接与室内消防管网连接。消防水泵应设工作能力不小于主要消防泵的备用泵；消防水泵应保证有不间断的动力供应，宜用两个独立的电源，分别以独立的母线供电。发生火灾时，为保证能及时起动消防水泵，必须装置水泵自动控制设备。

第四节 消防给水工程

一、室外消防给水

室外消防多采用消火栓给水系统，其设置及消防用水量的计算按我国《建筑设计防火规范》(GB 50016—2006)确定。

（一）室外消防给水的水源

1. 室外给水管网

消防给水必须有可靠的水源，保证消防用水量。水源可采用城市给水管网，这是一般最常用的消防用水的水源，有的城市给水管网是生活与消防或生活、消防及生产合用系统；在工厂中有时是生产及消防合用系统，都考虑了消防水量，能够满足城市、工厂的消防用水要求。

2. 室外消防的水源

城镇与小区的消防用水一般是从城镇给水管网直接供给。对于就近有自然水体的且在枯水期仍有可靠保证的也可作为消防水源，当城镇管网上的供水水量不满足消防用水量的需要时，常用蓄水池贮存消防用水量。容量应满足在火灾延续时间内消防用水量的要求。

（二）室外消防给水系统型式

室外消防给水系统可分为三种型式：

1. 低压制给水系统

管网内保持一般建筑内生活用水压力，消防时，由消防车水泵加压供水。要求管网的压力水头应保证灭火时不小于10m（地面算起）。

2. 高压制给水系统

高压制给水系统是使给水管网内的压力应保证当消防用水量达到最大且水枪布置在任何建筑的最高处时，水枪充实水柱仍不小于10m。此种系统水压高，需用耐高压材料设备，并增加维修管理费用，且耗电能，较少采用。

3. 临时高压制给水系统

临时高压制给水系统是在泵站内加设消防水泵，平时以低压供水，在火灾发生时，起动消防泵，增大管网水压而达高压给水系统的供水要求。这种系统用于小范围内的消防给水系统中，如小区、工厂或高层建筑等。

（三）室外消防给水管网及设施

1. 管网布置

除有特殊要求的独立消防给水管网外，一般都是与生活、生产给水管网结合设置。

室外消防管网有环状管网与枝状管网之分，为保证供水安全可靠，应采用环状管网，环状管网的输水干管不宜少于两条，当其中一条发生事故时，其余干管仍应满足输送消防总量的要求。但在建设初期或室外消防用水量小于15L/s时，可以采用枝式管网。

为保证消火栓事故或检修时的供水安全，环状管道上应设阀门，将其分成若干独立的管段，每段内的消火栓数目不宜超过5个。室外消防的最小管径不应小于100mm。

2. 消火栓

消火栓是用于消防车取水和连接消防水带和水枪扑灭火灾的。室外消火栓分为地上式和地下式两类。地上式消火栓应有一个直径为100mm和两个直径为65mm的栓口；地下式消火栓应有直径为100mm和65mm栓口的各一个，并应有明显标志以便利用。

室外消火栓应根据需要沿道路设置，并宜靠近十字路口，其间距不应大于120m。距路边不应大于2m，距建筑外墙不应小于5m。消火栓的数量应按消防用水量计算决定。每个消火栓的用水量按10～15L/s计算。

3. 消防水池

消防贮水池的容积前面已经叙述过，消防水池的消防保护半径不应大于150m，取水口与被保护建筑物的距离不小于15m，以便于消防车取水及消防人员操作。消防车的吸水高度不超过6m。消防水池往往生活、生产给水系统合用，此时消防水池的容积除消防贮水量外，还应包含生活和生产的调节水量。同时应有确保消防用水不被他用的技术措施。

4. 水泵接合器

水泵接合器是消防车向建筑内管网送水的接口设备。当建筑遇特大火灾，消防水量供水不足时或消防泵发生故障时，须用消防车取消火栓或贮水池的水，通过水泵接合器来补充建筑中灭火水量。水泵接合器的数量应按建筑消防用水量确定。每个接合器的供水量为 10～15L/s 计算。接合器应设于消防车使用方便之处，并距消火栓或贮水池周围 15～40m 之内。水泵接合器间距不宜小于 20m，以便供水。水泵接合器的型式有地上式、地下式两种，如图 2-53所示。

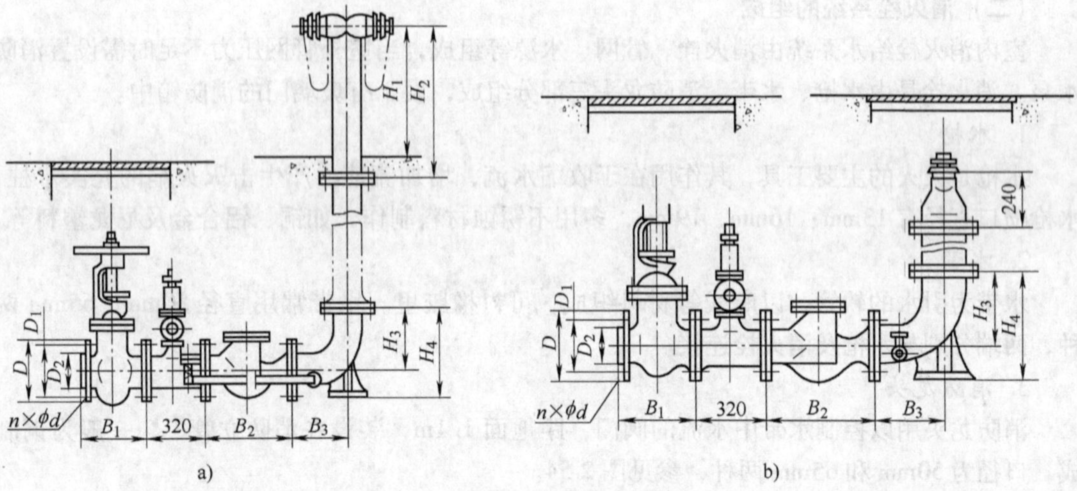

图 2-53　消防水泵接合器

a）地上式　b）地下式

二、低层建筑室内消火栓系统

（一）设置范围

室内消火栓系统是最基本的消防系统，广泛应用于各类建筑中。为了及时扑灭火灾和防止火灾蔓延，减少火灾损失，必须根据建筑物的性质、高度，按照《建筑设计防火规范》(GB 50016—2006)的规定，在下列建筑物中设置室内消防给水系统：

1）建筑面积大于 300m^2的厂房(仓库)。

2）特等、甲等剧场，超过 800 个座位的其他等级的剧场和电影院等，超过 1200 个座位的礼堂、体育馆等。

3）体积超过 5000m^3的车站、码头、机场的候车(船、机)楼、展览建筑、商店、旅馆建筑、病房楼、门诊楼、图书馆建筑等。

4）超过 7 层的住宅，当确有困难时，可只设干式消防竖管和不带消火栓箱的 DN65 的室内消火栓。

5）超过 5 层或体积超过 10000m^3的办公楼、教学楼、非住宅类居住建筑等其他民用建筑。

6）国家级文物保护单位的重点砖木或木结构的古建筑。

7）下列建筑可不设室内消防给水：

① 对于耐火等级为一、二级且可燃物较少的单层、多层丁、戊类厂房(仓库)。

② 耐火等级为三、四级且建筑体积不超过3000m^3的丁类厂房和建筑体积不超过5000m^3

的戊类厂房(仓库)，粮食仓库，金库。

③ 室内没有生产、生活给水管道，室外消防用水取自贮水池，而且建筑体积不超过5000m^{3}的戊类厂房(仓库)，粮食仓库，金库。

④ 存有与水接触能引起燃烧爆炸的物品的建筑和室内没有生产、生活给水管道、室外消防用水取自贮水池且体积小于等于5000m^{3}的其他建筑。

（二）消火栓系统的组成

室内消火栓给水系统由消火栓、管网、水源等组成，当室外管网压力不足时需设置消防水泵。消火栓是由水枪、水带、消防龙头三部分组成，设于有玻璃门的消防箱中。

1. 水枪

水枪是灭火的主要工具，其作用在于收缩水流，增加流速，产生击灭火焰的充实水柱，水枪喷口直径有13mm、16mm、19mm，多用不锈蚀材料制作，如铜、铝合金及尼龙塑料等。

2. 水带

水带为引水的软管，以麻线等材料织成，可衬橡胶里。水带常用直径50mm、65mm两种，两端分别与水枪及消火栓连接。

3. 消防龙头

消防龙头用以控制水带中水流的阀门，距地面1.1m，装设在消防立管上，一般为铜制成，口径为50mm和65mm两种，参见图2-54。

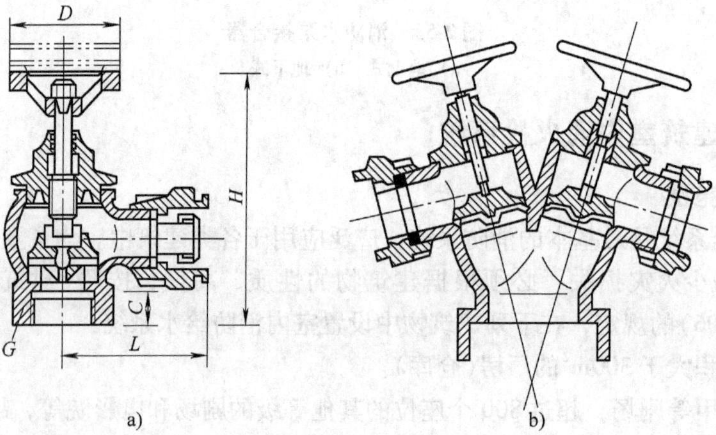

图2-54　消火栓龙头

a) 单出口　b) 双出口

（三）消火栓的布置

1. 消火栓的布置间距

消火栓应布置在建筑物内明显易见、使用便利的地方，如耐火的楼梯间、走廊及出入口处。室内消火栓的配置，应保证表2-28中所规定的水柱股数同时达到室内任何地点。室内设有消火栓给水系统，其各层(不包括无可燃物的设备层)均应设置消火栓。并且一般应保证同层相临两个消火栓射出的充实水柱能同时到达室内任何部位。但对于建筑高度≤24m，且体积≤5000m^{3}库房以及Ⅳ类汽车库及Ⅲ类、Ⅳ类修车库，可采用一支水枪的充实水柱射到室内任何部位。布置间距由图2-55确定。其计算分别为

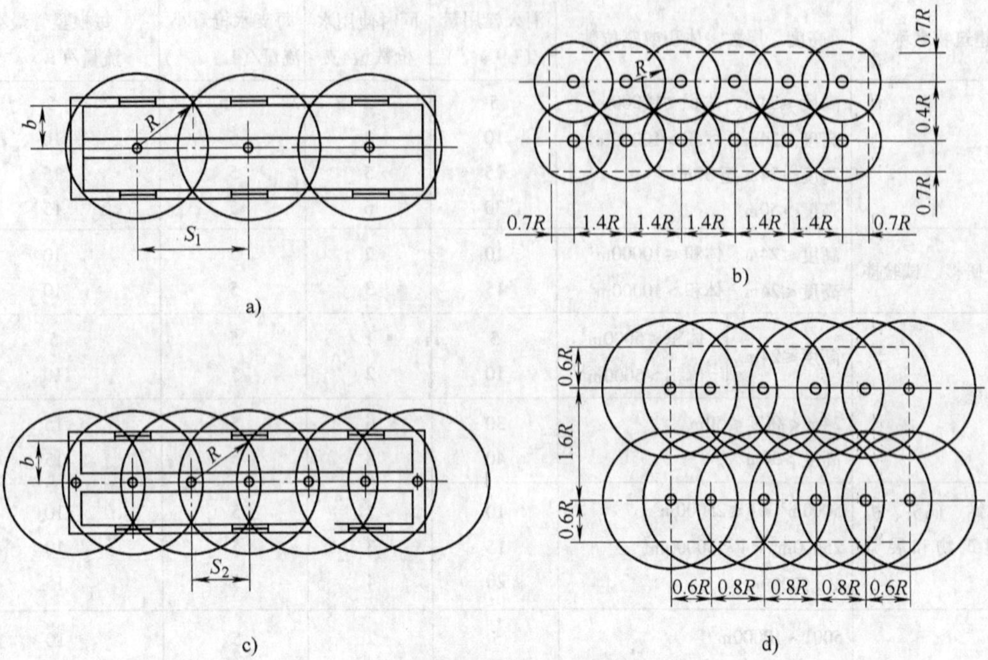

图 2-55　消火栓布置间距

a）单排一股水柱到达室内任何部位　b）单排两股水柱到达室内任何部位

c）多排一股水柱到达室内任何部位　d）多排两股水柱到达室内任何部位

单排消火栓一股水柱到达室内任何部位的间距，参阅图 2-55a：

$$S_1 = 2\sqrt{R^2 - b^2} \tag{2-31}$$

式中　S_1——消火栓间距(m)；

R——消火栓保护半径(m)；

b——消火栓最大保护宽度(m)。

单排消火栓二股水柱到达室内任何部位的间距，参阅图 2-55b：

$$S_2 = \sqrt{R^2 - b^2} \tag{2-32}$$

式中　S_2——单排消火栓两股水柱到达时的间距(m)；

R、b 符号意义同式(2-31)。

多排消火栓一股水柱到达室内任何部位时的消火栓间距，参阅图 2-55c：

$$S_n = \sqrt{2}R = 1.41R \tag{2-33}$$

式中　S_n——多排消火栓一股水柱的消火栓间距(m)；

R 同式(2-31)。

$$R = 0.9L + S_k\cos45° \tag{2-34}$$

式中　R——消火栓作用半径(m)；

L——水带长度，0.9 是考虑到水带转弯曲折的折减系数；

S_k——充实水柱长度(m)。

表 2-28 低层与多层建筑室内消火栓用水量

<table>
<tr><th>建筑物名称</th><th colspan="2">高度、层数、体积或座位数</th><th>消火栓用量/(L·s⁻¹)</th><th>同时使用水枪数量/支</th><th>每支水枪最小流量/(L·s⁻¹)</th><th>每根竖管最小流量/(L·s⁻¹)</th></tr>
<tr><td rowspan="4">厂房</td><td colspan="2">高度≤24m、体积≤10000m³</td><td>5</td><td>2</td><td>2.5</td><td>5</td></tr>
<tr><td colspan="2">高度≤24m、体积>10000m³</td><td>10</td><td>2</td><td>5</td><td>10</td></tr>
<tr><td colspan="2">高度>24m 至 50m</td><td>25</td><td>5</td><td>5</td><td>15</td></tr>
<tr><td colspan="2">高度>50m</td><td>30</td><td>6</td><td>5</td><td>15</td></tr>
<tr><td rowspan="2">科研楼、试验楼</td><td colspan="2">高度≤24m、体积≤10000m³</td><td>10</td><td>2</td><td>5</td><td>10</td></tr>
<tr><td colspan="2">高度≤24m、体积>10000m³</td><td>15</td><td>3</td><td>5</td><td>10</td></tr>
<tr><td rowspan="4">仓库</td><td rowspan="2">高度≤24m</td><td>体积≤5000m³</td><td>5</td><td>1</td><td>5</td><td>5</td></tr>
<tr><td>体积>5000m³</td><td>10</td><td>2</td><td>5</td><td>10</td></tr>
<tr><td colspan="2">24m<高度≤50m</td><td>30</td><td>6</td><td>5</td><td>15</td></tr>
<tr><td colspan="2">高度>50m</td><td>40</td><td>8</td><td>5</td><td>15</td></tr>
<tr><td rowspan="3">车站、码头、机场建筑物和展览馆等</td><td colspan="2">5000m³<V≤25000m³</td><td>10</td><td>2</td><td>5</td><td>10</td></tr>
<tr><td colspan="2">25000m³<V≤50000m³</td><td>15</td><td>3</td><td>5</td><td>10</td></tr>
<tr><td colspan="2">V>50000m³</td><td>20</td><td>4</td><td>5</td><td>15</td></tr>
<tr><td rowspan="3">商店、旅馆等</td><td colspan="2">5001~10000m³</td><td>5</td><td>2</td><td>5</td><td>10</td></tr>
<tr><td colspan="2">10001~25000m³</td><td>15</td><td>3</td><td>5</td><td>10</td></tr>
<tr><td colspan="2">>25000m³</td><td>20</td><td>4</td><td>5</td><td>15</td></tr>
<tr><td rowspan="4">剧院、电影院、礼堂、体育馆等</td><td colspan="2">801~1200 个</td><td>10</td><td>2</td><td>5</td><td>10</td></tr>
<tr><td colspan="2">1201~5000 个</td><td>15</td><td>3</td><td>5</td><td>10</td></tr>
<tr><td colspan="2">5001~10000 个</td><td>20</td><td>4</td><td>5</td><td>15</td></tr>
<tr><td colspan="2">>10000 个</td><td>30</td><td>6</td><td>5</td><td>15</td></tr>
<tr><td>住宅</td><td colspan="2">层数≥8 层</td><td>5</td><td>2</td><td>2.5</td><td>5</td></tr>
<tr><td>办公楼、教学楼等其他民用建筑</td><td colspan="2">≥6 层或体积≥10000m³</td><td>15</td><td>3</td><td>5</td><td>10</td></tr>
<tr><td rowspan="2">国家级文物保护单位的重点砖木、木结构的古建筑</td><td colspan="2">体积≤10000m³</td><td>20</td><td>4</td><td>5</td><td>10</td></tr>
<tr><td colspan="2">体积>10000m³</td><td>25</td><td>5</td><td>5</td><td>15</td></tr>
<tr><td rowspan="2">病房楼、门诊楼等</td><td colspan="2">5000m³<体积≤10000m³</td><td>5</td><td>2</td><td>2.5</td><td>5</td></tr>
<tr><td colspan="2">10000m³<体积≤25000m³</td><td>10</td><td>2</td><td>5</td><td>10</td></tr>
</table>

注：1. 丁、戊类高层厂房(仓库)室内消火栓的用水量可按本表减少 10L/s，同时使用水枪数量可按本表减少两支。

2. 消防软管卷盘或轻便消防水龙头及住宅楼梯间中的干式消防竖管上设置的消火栓、其消防用水量可不计入室内消防用水量。

多排消火栓两股水柱到达室内任何部位时的间距可按图 2-55d 布置。

2. 消火栓的设置高度

室内消火栓栓口距地面安装高度为 1.1m。栓口出口方向宜向下或与墙面垂直以便于操作，而且水头损失较小，屋顶应设检查用消火栓。

3. 建筑物设有消防电梯时，则在其前室应设室内消火栓。

4. 同一建筑内应采用同一规格的消火栓、水带和水枪。消火栓口出水压力超过 50×10^5 Pa 时，应设减压孔板或减压阀减压。为保证灭火用水，每个消火栓处应设置直接起动水泵按钮。

5. 消防水喉应设在专用消防主管上，不得在消火栓立管上接出。旅馆、办公楼应设在走道内，保证有一股射流到达室内任何地点。剧院、会堂闷顶内如设消防水喉，一般应设在过道入口处，以利使用。

（四）室内消防给水管道的布置

低层建筑室内消火栓给水管道布置应满足下列要求：

1）为保证安全供水，当室外消防用水量超过 15L/s，室内消火栓多于 10 个时，室内消防给水管道应布置成环状，其进水管至少应布置两条，当其中一条发生事故时，其余进水管仍能供应生活、生产、消防用水量。在室内消防管不能形成环状网时，可利用室外给水管网与进水管形成环状网，如图 2-56 所示。

2）室内消防竖管直径不应小于 DN100。单元式、塔式住宅的消火栓宜设置在楼梯间的首层和各层楼层休息平台上，当设两根消防竖管确有困难时，可设一根消防竖管，但必须采用双口双阀型消火栓。

3）阀门设置位置应从便于管网检修而又不太影响供水原则考虑。对单层建筑检修其损坏管段，按关闭阀门后停止使用消火栓不应大于 5 个设置。对多层建筑检修其损坏管段，按关闭阀门后立管不超过一根设置。

4）室内设有消火栓给水管网和自动喷水灭火管网，两种管网宜单独分开设置。若有困难时，则可共享室内给水干管，但消火栓立管一定在自动喷水灭火系统的报警阀前分开设置。

有关高层建筑消火栓给水系统的内容，见本章第三节。

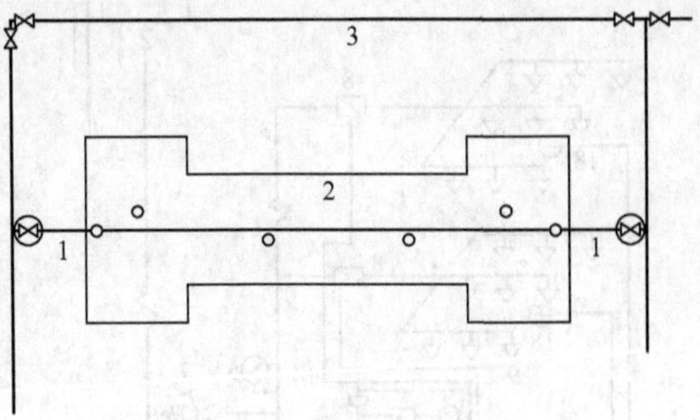

图 2-56　进水管与室外给水管网连成环状
1—进户管　2—室内管道　3—室外给水管网

三、自动喷水灭火系统

装设在建筑物内的自动喷水灭火系统是一种能自动喷水灭火，并能发出火警信号的消防灭火系统。它是由水源、供水设备、喷头、管网、报警阀及火灾探测报警系统等组成。

自动喷水灭火系统的灭火效率是很高的，因此一般说可以用水灭火的建筑物都可以装设自动喷水灭火系统。但是鉴于我国经济发展现状，自动喷水灭火系统仅要求在重要建筑物内的火灾危险性大，发生火灾后损失大和影响大的部位、场所设置，具体设置原则应查相关资料。

（一）自动喷水灭火系统的分类及组成

自动喷水灭火系统按喷头开、闭形式有闭式自动喷水灭火系统和开式自动喷水灭火系统。前者有湿式、干式和预作用喷水灭火系统之分，后者有雨淋喷水、水幕和水喷雾灭火系统之分。每种自动喷水灭火系统都有其适用范围，见表 2-29。

表 2-29 各种类型自动喷水灭火系统的适用范围

系统类型		适用范围
闭式系统	湿式自动喷水灭火系统	因管网及喷头中充水，故适用于环境温度为4～70℃之间的建筑物内
	干式自动喷水灭火系统	系统报警阀后充气无水，故适用环境温度<4℃及>70℃的建筑物内
	预作用喷水灭火系统	系统雨淋报警阀后管网充低压空气或氮气（也可不充气），当有火情时，系统可于短时内（3min）由干式变为湿式系统
开式系统	雨淋喷水灭火系统（洪水系统）	适用于严重危险级的建筑物、构筑物内（见附录B-6）
	水幕系统	水幕可起到冷却、阻火、防火带作用。故适用于建筑物需要保护或防火隔断部位
	喷雾灭火系统	喷雾对火势主要起冷却、窒息、冲击乳化和稀释作用。故适用在飞机制造厂、电气设备、石油化工等场所

1. 湿式自动喷水灭火系统

此系统需采用闭式喷头，系统形式如图2-57所示。系统由闭式喷头、湿式报警阀、报警装置、管网和供水设施等组成。日常系统报警阀上下管道内均充满有压水，在发生火事、室温升高到设定值时，喷头自动被打开而喷水。这种类型的系统具有灭火速度快、安装简单

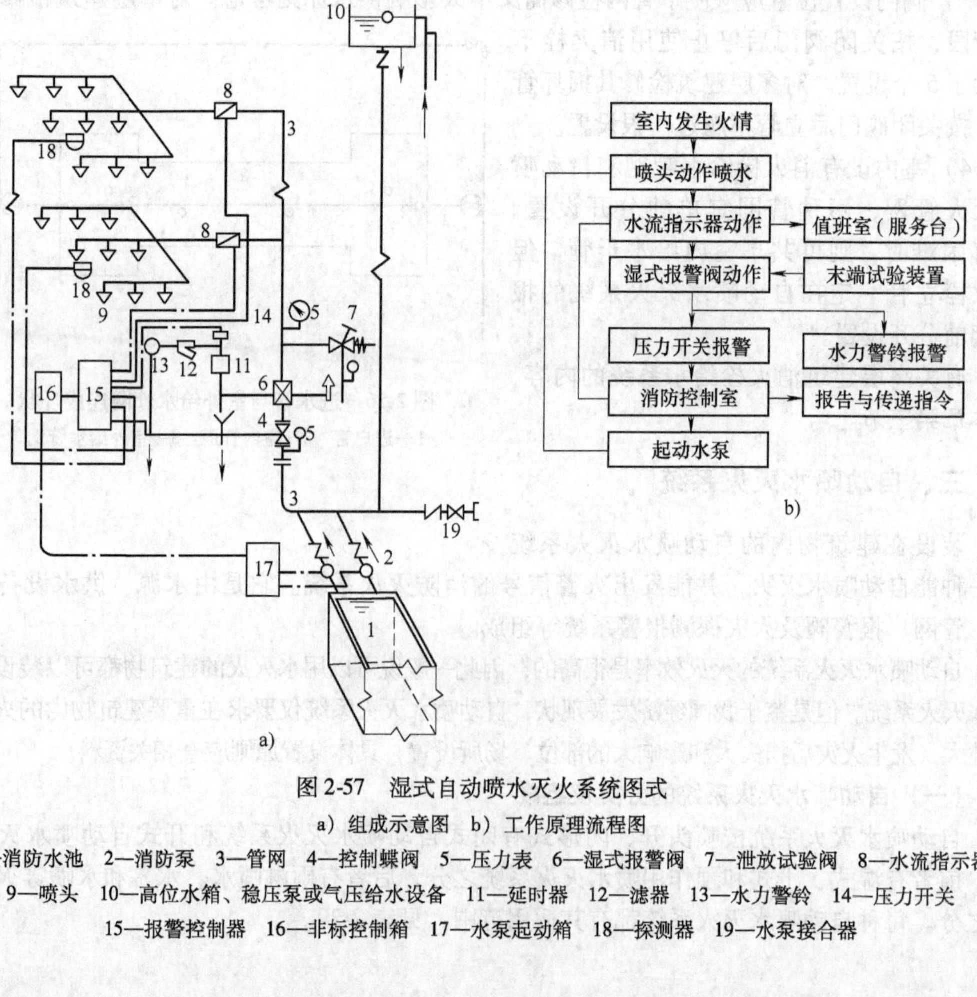

图 2-57 湿式自动喷水灭火系统图式

a）组成示意图 b）工作原理流程图

1—消防水池 2—消防泵 3—管网 4—控制蝶阀 5—压力表 6—湿式报警阀 7—泄放试验阀 8—水流指示器 9—喷头 10—高位水箱、稳压泵或气压给水设备 11—延时器 12—滤器 13—水力警铃 14—压力开关 15—报警控制器 16—非标控制箱 17—水泵起动箱 18—探测器 19—水泵接合器

等特点，该系统适用于室温经常保持在4～70℃的场所。

2. 干式喷水灭水系统

干式喷水灭水系统是由自动喷头、干式报警阀、报警装置、管网、充气设备和供水设施组成。这种类型系统日常报警阀上部管系内充满压力气体。适用于低于4℃或高于70℃的场所。因为发生火灾时系统灭火速度较慢，不宜用于火事燃烧速度快的场所。

3. 预作用喷水灭火系统

预作用喷水灭火系统是由火灾探测器、闭式喷头、预作用阀、报警装置、管网、供水设施等组成。当安装闭式喷头场所发生火灾时，闭式喷头受热到规定值会开启，同时火灾探测器会传感信号到火灾信号控制器而自动开起预作用阀，压力水会很快由喷头喷出。这类系统不受安装场所温度限制，不会因误喷而造成水灾。

4. 雨淋喷水灭火系统

雨淋喷水灭火系统由火灾探测器、开式喷头、雨淋阀、报警装置、管网和供水设施等组成。当装置开式喷头场所发生火灾时，火灾报警装置会自动报警，同时雨淋阀自动开起而在管系内充水灭火。这类系统适用于火灾蔓延速度快、危险性大的场所。

5. 水幕系统

水幕系统是一种开式的自动喷水灭火系统，如图2-58所示，是由开式水幕喷头、控制阀、管系、火灾探测器、报警设备及供水设施等组成，作用是防止火焰窜过门、窗等孔洞蔓延，也可在无法设置防火墙的地方用于防火隔断。例如，在同一厂房内由于生产类别不同或工艺过程要求不允许设置防火墙时，常采用水幕设备作为阻火设施，在剧院舞台口上方设置水幕，阻止舞台火势向观众厅蔓延。

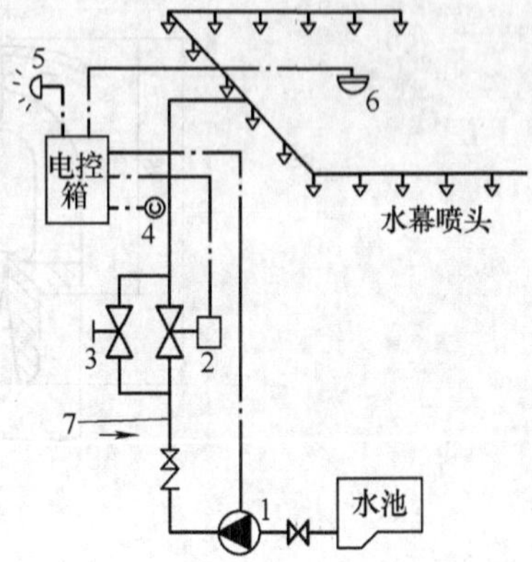

图2-58　水幕消防系统

1—水泵　2—电动阀　3—手动阀　4—按钮　5—电铃　6—火灾探测器　7—来自水箱

6. 水喷雾系统

水喷雾系统与雨淋喷水系统类同，除采用喷雾喷头外其他组成部分与雨淋系统相同。由于喷头喷出水雾，对燃烧物体可起到冷却、窒息、乳化和稀释作用，广泛适用于可燃液体火灾和电气火灾等火灾危险性大、火灾扑救难度大的场所，如用于柴油机发电机房、燃油锅炉房、变压器、石油加工厂等场所。具有用水量少、绝缘性好、水渍造成损失小的优点。

（二）自动喷水灭火系统的主要部件简介

1. 喷头

喷头有很多型式，大体分为闭式、开式及特殊型式三类。

（1）闭式喷头　闭式喷头的喷口是由感温组件组成的释放机构封闭，当温度达到喷头公称动作温度范围时，感温组件动作，释放机构脱落，喷头开起。闭式喷头具有感温自动开起的功能，并按照规定的水量和形状洒水，主要在湿式系统、干式系统和预作用系统中使用，有时也可作为火灾探测器使用。

闭式喷头在自动喷水灭火系统中担负着探测火灾、起动系统和喷水灭火的任务，它是系统中的关键组件。喷头种类很多，按热敏组件不同闭式喷头可分为两种：一种是易熔组件闭式喷头，如图2-59所示，用于无腐蚀性气体的各种建筑中，喷头动作温度为72℃、98℃及142℃等；另一种是玻璃球闭式喷头，如图2-60所示，内装高膨胀性液体，当火灾发生室温升高到一定程度时，液体膨胀，破坏玻璃球，封口打开喷水灭火，动作温度有57℃、68℃、79℃、93℃及141℃等，设置在环境不宜低于10℃的建筑物内。

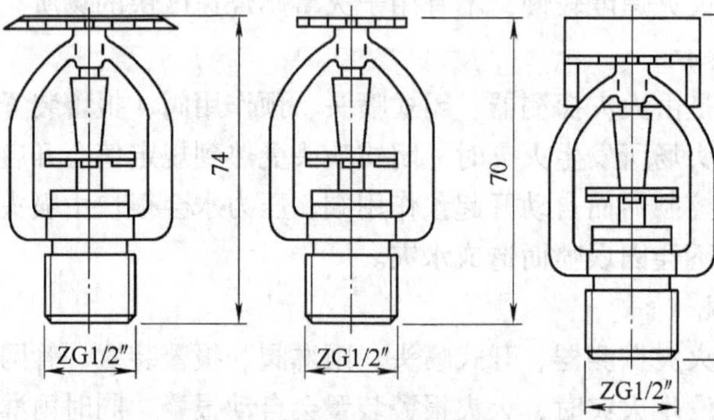

a) b) c)

图2-59 易熔金属组件闭式喷头

a）直立型 b）下垂型 c）边墙型

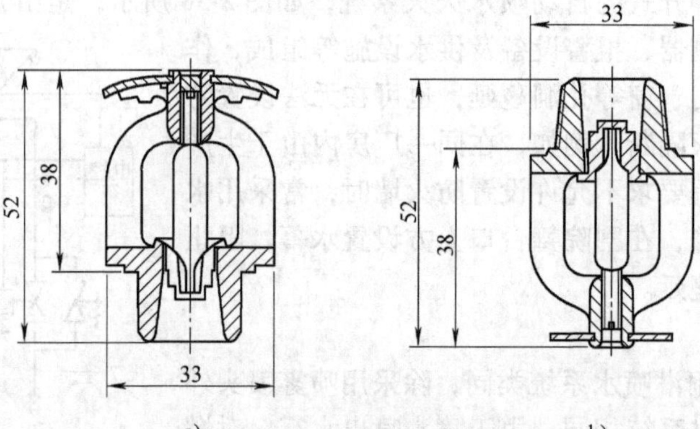

a) b)

图2-60 玻璃球的闭式喷头

a）直立型 b）下垂型

（2）开式喷头 开式喷头用于开式自动喷水灭火系统，主要分为开式洒水喷头、水幕喷头和喷雾喷头。开式洒水喷头规格、外形与玻璃球闭式喷头完全相同，只是将玻璃球闭式喷头卸掉感温组件和密封座而成。水幕喷头将压力水分布成幕帘状，起到阻隔火焰穿透、吸热及隔热的防火分隔作用。喷雾喷头利用离心力或机械撞击力将流经喷头的水分解为细小的水雾，并以一定的喷射角将水雾喷出。

2. 报警阀

作用是开起和关闭管道系统中的水流，同时传递控制信号到控制系统，驱动水力警铃直接报警。根据构造和功能分为：湿式报警阀、干式报警阀、干湿两用式报警阀等。

3. 水流报警设备

包括水力警铃、水流指示器、压力开关及延迟器等，均为水流动的指示器具。

4. 火灾探测器

如温感、烟感及光感等探测器，具有探测发生火灾、及时报警的功能。

(三) 自动喷水灭火系统与消火栓系统的联合使用

设置自动喷水灭火设备的建筑物，同时必须设置消火栓。消火栓和自动喷水灭火系统的消防用水总量应按同时作用计算，在起火后 10min 的消防用水量(由消防水箱供给)不应小于 20L/s，其中 10L/s 供自动喷水灭火设备用，其余供室内消火栓用。在 10min 后的 50min 内的消防用水量(由消防水泵供给)，不应小于 50L/s，其中 30L/s 供自动喷水灭火设备用。若自动喷水喷头少于 30 个，经计算后自动设备用水量少于 30L/s，可按实际水量采用，其余 20L/s 供室内消火栓用。1h 后，不再考虑自动喷水灭火系统用水。

自动喷水灭火系统给水管网宜与消火栓给水管网分开设置，如分开设置有困难时，可合用一个管网，但信号阀后的自动喷水管网与消火栓给水管网必须分开设置。

四、其他灭火系统简介

仅把水作为灭火剂的消防系统是不能满足某些生产设施要求的，有时可能会带来更大的损失。根据不同火灾中可燃物的物理、化学性质，应选取不同的灭火设施。

(一) 泡沫灭火系统

泡沫灭火系统采用泡沫药剂作为灭火剂，该系统由水源、水泵、泡沫液供应源、泡沫比例混合器、泡沫产生装置等组成，主要用于扑灭非水溶性可燃液体和一般固体物质的火灾，如：油库、炼电厂、煤矿、大型飞机库、汽车库、发电厂、轮船、码头等场所。

(二) CO_2灭火系统

当发生火灾空间的空气中 CO_2含量达到30% ~45%时，可使该空间空气中氧的含量达不到可燃浓度，从而使该空间物质燃烧发生窒息或避免爆炸。该系统由 CO_2容器、容器阀、管系、喷嘴、操纵系统及附属装置(如:防火、排风、探测器、气动和手动开关防火门窗装置等)组成，主要用于容易发生火灾场所中的设施，如：油浸变压器、电子计算机房、船舶机舱、货仓等场所。

(三) 蒸汽灭火系统

蒸汽灭火系统是利用惰性气体且含高热量的蒸汽在与燃烧物质接触时，稀释了燃烧范围内空气中的含氧量，缩小燃烧范围，降低燃烧强度。该系统由蒸汽源、输配汽干管、支管、配汽管道、伸缩补偿器等组成，可用于扑灭燃油和燃气锅炉房、油泵房、重油罐区等场所。

(四) 干粉灭火系统

干粉灭火系统是一种利用干粉基料和添加剂组成的干化学灭火剂，具有干燥和易流性，可在一定气体压力作用下喷成粉雾状而灭火。该系统由干粉贮罐、灭火剂气体驱动装置、输气管、输粉管、各种阀门(减压阀、止回阀、调节阀等)、管道附件、喷射器件(如:喷头式喷射)、自动控制器材(如:火灾探测器、启动瓶装置、报警器)和控制盘等组成。此系统适用于扑救易燃液体、可燃气体、一般固体等形成的火灾，不适用于扑救燃烧释放氧气、氧化物的火灾。

第五节 建筑排水工程

一、排水水质指标与排放标准

(一) 排水水质指标

建筑物内的污水与废水的收集、输送排出及进行局部处理是建筑排水工程讨论和研究的内容。建筑物内排出的污水与废水都不同程度受到了污染，污染物的种类繁多，为了简单方便，我们常用水质指标来概括表示。常用的水质指标有悬浮物、有机物、pH值、色度和有毒物质等。

1. 悬浮物

悬浮物常用SS来表示，它是指不溶于水的颗粒物，其粒径在1μm以上，可以用普通滤纸将它与水分离。悬浮物在水中会使水变得浑浊不清。悬浮物在排水工程中用每升水中含多少毫克悬浮物表示，写成mg/L。在给水工程中用浊度来表示，浊度的度量单位是度，它是一种光学性质的度量单位，其最初的规定是，在1L水中均匀地混入1mg硅藻土，它所表现出的浊度为1度。

2. 有机物

水中有机物的来源有两方面：一方面是来源于生活污水和工业废水中的有机物质；另一方面自然界动、植物的残骸进入水体产生的有机物质。在排水工程中所遇到的水中有机物主要是生活污染和工业污染物。水中有机物的危害是：它是细菌和微生物的养料，在水中为各种细菌和微生物的繁殖提供了良好的条件，从卫生上看这是很不安全的；其次，有些有机物本身就是有毒的，因此水中有机物含量是污水和废水的一个重要水质指标。

有机物是一个总称，其种类及组成极其繁多复杂。一般情况下，很难直接测定出各种有机物的数量，常用氧化有机物所消耗的氧的数量——耗氧量来间接表示有机物的数量。有两类耗氧量：生化耗氧量和化学耗氧量。

（1）生化耗氧量（或称生化需氧量） 用生物方法将有机物在好氧的条件下分解成稳定的物质所耗的氧量称生化耗氧量，记作BOD，用mg/L表示。

BOD的测定其全过程需要在恒温下20多天，为了缩短测定时间同时又不致有很大误差，一般用5天的BOD值，写作BOD_5。

（2）化学耗氧量 用化学氧化剂（重铬酸钾或高锰酸钾）在规定的条件下将有机物氧化成稳定的物质，所耗的氧量称化学耗氧量，记作COD，单位用mg/L表示。

用重铬酸钾作氧化剂时对有机物氧化得较为彻底，而用高锰酸钾作氧化剂时对有机物的氧化能力不如重铬酸钾。因此同样一种水用两种方法测定的结果不相同，为了区别常在结果上标明测定方法。

3. 色度

色度是表示水显示的颜色深浅。天然水的色度主要是水中植物性物质及泥沙或矿物造成的，多呈浅黄色、浅褐色。常用氯铂化钾（K_2PtCl_6）、氯化钴（CoCl）配成的标准液用比色法进行测定。含1mg/L铂和0.5mg/L钴所呈现的色度称1度。

对其他颜色用上述方法已不很适用，对水的色度的描述常用稀释倍数来表示，即将带色的水用无色的蒸馏水稀释，直到刚好看不出颜色，记录此时稀释的倍数，用以表示水中颜色的深浅。

水的色度有碍于感观，同时有些色度是由有毒有害物质造成，更应引起重视。

4. 水的pH值

pH值反映水的酸碱程度，纯净的水pH=7.0，受酸污染的水pH低于6.0，受碱性物质污染的水其pH大于8.5。太高的pH和太低的pH对水环境都是有害的，天然水的pH多在7~8.5范围内。

5. 有毒物质

有毒物质是针对具体的物质用其浓度来表示的。属于有毒有害物质的种类已有几十种，并且还在不断增加。

（二）污水排放标准

建筑排水的出路有两条：一条是排入城镇排水管道中；另一条是排入水体即江、河、湖、海中。对排入城镇下水道和水体的污水和废水都有一定的排放标准，应当遵守。

1. 排入城镇下水道的水质标准

1）严禁排入腐蚀下水道设施的污水。

2）严禁倾倒垃圾、积雪、粪便、工业废渣和排放易于堵塞下水道的物质。

3）不得向城镇下水道排放剧毒物质（氰化钠、氰化钾等）、易燃易爆物质（汽油、煤油、重油、润滑油、煤焦油、苯系物、醚类及其他有机溶剂等）和有害气体。

4）含有病原体的污水必须经过严格消毒处理方能排入城镇下水道。

5）放射性污水还必须按《放射防护规定》执行。

6）排入城镇下水道的水质标准见表2-30。水质超过标准的污水不得用稀释的方法降低其质量浓度。

表2-30　污水排入城市下水道水质标准（mg/L）（水温、pH值及易沉固体除外）

序号	项目名称	最高允许质量浓度/mg/L	序号	项目名称	最高允许质量浓度/mg/L
1	pH值	6～9	16	氟化物	15
2	悬浮物	400	17	汞及其无机化合物	0.05
3	易沉固体	10mL/L 15min	18	镉及其无机化合物	0.1
4	油脂	100	19	铅及其无机化合物	1
5	矿物油类	20	20	铜及其无机化合物	1
6	苯系物	2.5	21	锌及其无机化合物	5
7	氰化物	0.5	22	镍及其无机化合物	2
8	硫化物	1	23	锰及其无机化合物	2
9	挥发性酚	1	24	铁及其无机化合物	10
10	温度	35℃	25	锑及其无机化合物	1
11	生化需氧量（5d20℃）	100（300）	26	六价铬无机化合物	0.5
12	化学耗氧量（重铬酸钾法）	150（500）	27	三价铬无机化合物	3
13	溶解性固体	2000	28	硼及其无机化合物	1
14	有机磷	0.5	29	硒及其无机化合物	2
15	苯胺	3	30	砷及其无机化合物	0.5

注：1. 括号内数字适用于城市污水处理厂的下水道系统。

2. 汞、镉、六价铬、钾、铅及其无机化合物，以车间或处理设备排水口抽检质量浓度为准。其他控制项目，以单位排水口的抽检质量浓度为准。

2. 直接排入地面水体的排放标准

（1）地面水体分类　依据地面水域和保护目标将地面水体分为5类：

Ⅰ类：源头水、国家自然保护区。

Ⅱ类：集中式生活饮用水水源地一级保护区、珍贵鱼类保护区、鱼虾产卵场等水域。

Ⅲ类：集中式生活饮用水源地二级保护区，一般鱼类保护区及游泳区。

Ⅳ类：一般工业用水区及人体非直接接触的娱乐用水区。

Ⅴ类：农业用水区及一般景观水域。

（2）排放标准及分级　按地面水域的使用功能要求对排入的污水分别执行一、二、三级排放标准，排放标准如表2-31、表2-32所示。表2-31为第一类污染物，它们会在环境或动植物体内蓄积，对人体健康产生长远不良影响的物质。污水中含第一类污染物时，不分地面水体类别，不分行业和排放方式，一律按表2-31执行。而且是在车间出口或处理设施排出口取样的浓度。

第二类污染物其长远影响小于第一类污染物，其排放浓度的测定可以在排污单位的排出口取样。

表2-31　第一类污染物最高允许排放质量浓度　（单位：mg/L）

序号	污染物	最高允许排放质量浓度	序号	污染物	最高允许排放质量浓度
1	总汞	0.05①	6	总砷	0.5
2	烷基汞	不得检出	7	总铅	1.0
3	总镉	0.1	8	总镍	1.0
4	总铬	1.5	9	苯并(a)芘②	0.00003
5	六价铬	0.5			

① 烧碱行业（新建、扩建、改建企业）采用0.005mg/L。

② 为试行标准，二级、三级标准区暂不考核。

表2-32　第二类污染物最高允许排放浓度　（单位：mg/L）

标准值／规模／污染物	一级标准		二级标准		三级标准
	新扩改	现有	新扩改	现有	
1　pH值	6~9	6~9	6~9	6~9①	6~9
2　色度（稀释倍数）	50	80	80	100	—
3　悬浮物	70	100	200	250②	100
4　生化需氧量（BOD_5）	30	60	60	80	300③
5　化学需氧量（COD_{Cr5}）	100	150	150	200	500③
6　石油类	10	15	10	20	30
7　动植物油	20	30	20	40	100
8　挥发酚	0.5	1.0	0.5	1.0	2.0
9　氰化物	0.5	0.5	0.5	0.5	1.0
10　硫化物	1.0	1.0	1.0	2.0	2.0
11　氨氮	15	25	25	40	—
12　氟化物	10	15	10	15	20
	—	—	20④	30④	—

（续）

标准值 规模 污染物	标准分级				
	一级标准		二级标准		三级标准
	新扩改	现有	新扩改	现有	
13　磷酸盐(以P计)	0.5	1.0	1.0	2.0	—
14　甲醛	1.0	2.0	2.0	3.0	—
15　苯胺类	1.0	2.0	2.0	3.0	5.0
16　硝基苯类	2.0	3.0	3.0	5.0	5.0
17　阴离子合成洗涤剂(LAS)	5.0⑤	10⑤	10	15	20
18　铜	0.5	0.5	1.0	1.0	2.0
19　锌	2.0	2.0	4.0	5.0	5.0
20　锰	2.0	5.0	2.0⑥	5.0⑥	5.0

① 现有火电厂和粘胶纤维工业，二级标准 pH 值放宽到 9.5。

② 磷肥工业悬浮物放宽至 300mg/L。

③ 对排入带有二级污水处理厂的城镇下水道的造纸、皮革、食品、洗毛、酿造、发酵、生物制药、肉类加工、纤维板等工业废水，BOD_5 可放宽至 600mg/L；COD_{Cr} 可放宽至 1000mg/L。具体限度还可以与市政部门协商。

④ 为低氟地区(系指水体含氟量 <0.5mg/L)允许排放质量浓度。

⑤ 为排入蓄水性河流和封闭性水域的控制指标。

⑥ 合成脂肪酸工业新扩改为 5mg/L，现有企业为 7.5mg/L。

二、排水系统和排水方式

(一) 建筑排水系统的分类

建筑排水系统的任务是排除居住建筑、公共建筑和生产建筑内的污水。按所排除的污水的性质不同，可分为以下三类：

1. 生活排水系统

排除人们日常生活中所产生的污(废)水。按照排水污染程度不同又可分为

(1) 生活污水排水系统　如粪便污水，此类污水多含有有机物及细菌，污染较重。

(2) 生活废水排水系统　如洗涤污水，污染较轻。

2. 生产排水系统

排除生产过程中所产生的污(废)水。按照排水污染程度不同又可分为

(1) 生产污水排水系统　因生产工艺种类繁多，所以生产污水的成分很复杂。有些生产污水被有机物污染，并带有大量细菌；有些含有大量固体杂质或油脂；有些含有强的酸、碱性；有些含有氰、铬等有毒元素。

(2) 生产废水排水系统　对于生产废水中仅含少量无机杂质而不含有毒物质。或是仅升高了水温的(如一般冷却用水、空调制冷用水等)，经简单处理就可循环或重复使用。

3. 雨水排水系统

降落在建筑物屋面的雨水和融化的雪水，如不及时妥善地排除，就会造成屋面积水、漏水，影响生活及生产。此类排水一般污染较轻，可以直接排入水体。

上述三种污水是采用合流还是分流排除，要视污水的性质、室外排水系统的设置情况及

污水的综合利用和处理情况而定。一般来说，生活粪便污水不与室内雨水管道合流，冷却系统的废水则可排入室内雨水管道；被有机杂质污染的生产污水，可与生活粪便污水合流；至于含有大量固体杂质的污水、浓度较大的酸性污水和碱性污水及含有有毒物或油脂的污水，则不仅要考虑设置独立的排水系统，而且要经局部处理达到国家规定的污水排放标准后，才允许排入城市排水管网。

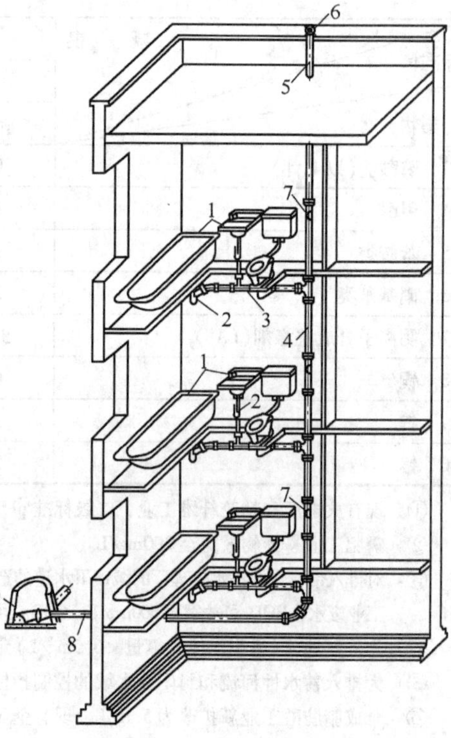

图2-61　建筑排水系统图
1—排水设备　2—存水弯　3—排水横支管
4—排水立管　5—通气管　6—铅丝球
7—检查口　8—排除口　9—检查口

（二）建筑排水系统的组成

建筑排水系统一般由卫生器具、排水横支管、立管、排出管、通气管、清通设备及某些特殊设备等部分组成，如图2-61所示。

1. 卫生器具(或生产设备)

卫生器具是室内排水系统的起点，既是用水设备，也是污(废)水收集设备，它接纳各种污(废)水排入管网系统。污水从器具排出口经过存水弯和器具排水管流入横支管。

2. 横支管

横支管的作用是接纳各卫生器具的排水，并将污水排至立管，横支管应具有一定的坡度。

3. 立管

立管接纳各横支管流来的污水，然后再排至排出管。为了保证污水畅通，立管管径不得小于50mm，也不应小于任何一根接入的横支管的管径。

4. 排出管

排出管是室内排水立管与室外排水检查井之间的连接管段，它接纳一根或几根立管流来的污水并沿着一定的坡度将水排至室外排水管网。排出管的管径不得小于与其连接的最大立管的管径，连接几根立管的排出管，其管径应由水力计算确定。

5. 通气管

（1）通气管的作用

1）使污水在室内外排水管道中产生的臭气及有毒害的气体能排到大气中去；

2）使管系内在污水排放时的压力变化尽量稳定并接近大气压力，因而可保护卫生器具存水弯内的存水不致因压力波动而被抽吸(负压时)或喷溅(正压时)。

（2）通气管的种类

1）伸顶通气管。如图2-62所示，对于层数不多的建筑，在排水横支管不长、卫生器具数不多的情况下，采取将排水立管上部延伸出屋顶的通气措施(即伸顶通气管)即可。排水立管上延部分称为通气管。一般建筑物内的排水管道均设通气管。仅设一个卫生器具或虽接有几个卫生器具但共享一个存水弯的排水管道，以及建筑物内底层污水单独排除的排水管道，可不设通气管。

2）专用通气管。

专用通气管主要包括环形通气管或主通气立管。对于层数较多及高层建筑，由于立管较长而且卫生器具设备数量较多，可能同时排水的机会多，更易使管道内压力产生波动而将器具水封破坏，故在多层及高层建筑中，除了设伸顶通气管外，还应设专用通气立管等。

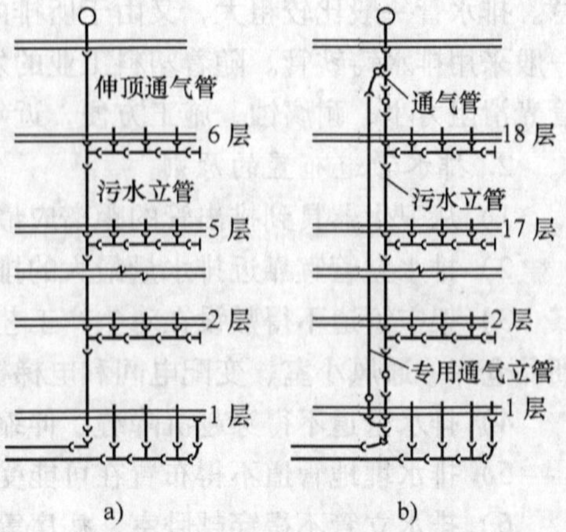

图 2-62　通气管设置示意图

a）伸顶通气管　b）专用通气管

6. 清通设备

清通设备的作用是用以疏通排水管道，如图 2-63 所示，主要有以下三种：

（1）检查口　设在排水立管上及较长的水平管段上，为一带有螺栓盖板的短管，清通时将盖板打开。其装设规定为立管上除建筑顶层及最低层必须设置外，可每隔一层设置一个，若为二层建筑，可在底层设置。检查口的设置高度一般距地面 1m，并应高于该层卫生器具上边缘 0.15m。

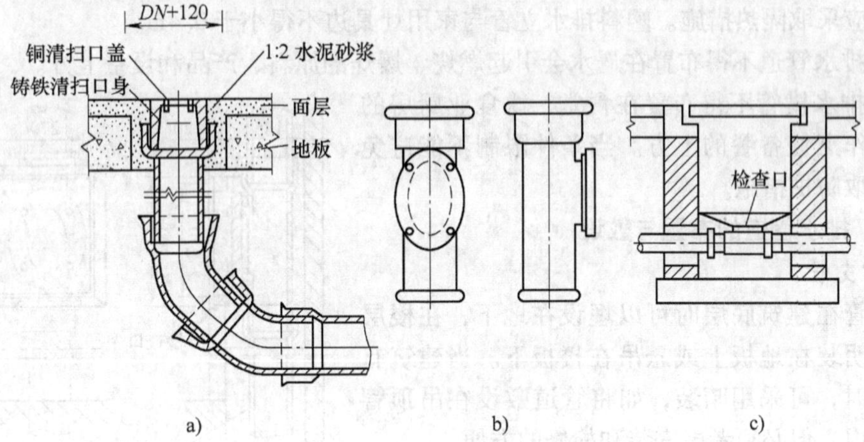

图 2-63　清通设备

a）清扫口　b）检查口　c）检查井

（2）清扫口　当悬吊在楼板下面的污水横管上有两个及两个以上的大便器或三个及三个以上的卫生器具时，应在横管的起端设置清扫口。也可采用带螺栓盖板的弯头、带堵头的三通配件作清扫口。

（3）检查井　对于不散发有害气体或大量蒸汽的工业废水的排水管道，在管道转弯、变径处和坡度改变及连接支管处，可在建筑物内设检查井。

三、排水管道的布置与敷设

（一）排水管道的布置

1. 排水管道的特点

排水管道所排泄的水，一般是使用后受污染的水，含有大量悬浮物，尤其是生活污水排水管道中会有纤维类和其他大块杂物进入，容易引起管道堵塞。在布置管道时要充分予以注意。排水管一般比较粗大，又由于所排的水温度较低，在夏天管壁外侧会产生凝水。排水管一般采用排水铸铁管。随着塑料工业的发展，塑料管的强度、耐高温性能不断提高，且塑料管光滑阻力小、耐腐蚀、施工方便，近年来被普遍采用。

2. 排水管道布置的原则

1）从卫生器具到排出管的距离应最短，管道拐弯应最少。

2）排水立管宜靠近排水量最大的排水点。

3）架空管道不得敷设在对生产工艺或卫生有特殊要求的生产厂房内，以及食品和贵重商品仓库、通风小室、变配电间和电梯机房内。

4）排水管道不得穿越沉降缝、伸缩缝、变形缝、烟道和风道。

5）排水埋地管道不得布置在可能受重物压坏处或穿越生产设备基础。

6）排水立管不得穿越卧室、病房等对卫生、安静有较高要求的房间，并不宜靠近与卧室相邻的内墙。

7）排水管道不宜穿越橱窗、壁柜。

8）塑料排水管应避免布置在易受机械撞击处，如不能避免时，应采取保护措施。

9）塑料排水管应避免布置在热源附近，如不能避免，并导致管道表面受热温度大于60℃时，应采取隔热措施。塑料排水立管与家用灶具边不得小于0.4m。

10）排水管道不得布置在遇水会引起燃烧、爆炸的原料、产品和设备上方。

11）排水横管不得布置在食堂、饮食业厨房的主副食操作烹饪备餐的上方。当条件限制不能避免时，应采取防护措施。

（二）排水管道的布置与敷设

1. 横支管

横支管在建筑底层时可以埋设在地下，在楼层可以沿墙明装在地板上或悬吊在楼板下。当建筑有较高要求时，可采用暗装，如将管道敷设在吊顶管沟、管槽内，但必须考虑安装和检修的方便。

2. 排水立管

宜靠近最脏、杂质最多、排水量最大的排水点处设置，例如尽量靠近大便器。立管一般布置在墙角明装，无冰冻危害地区亦可布置在外墙上。当建筑有较高要求时，可在管槽内或管井内暗装。暗装时需考虑检修的方便，在检查口处设检修门，如图2-64所示。排水立管与排出管端部的连接，以采用两个45°弯头或弯曲半径不小于4倍管径的90°弯头。

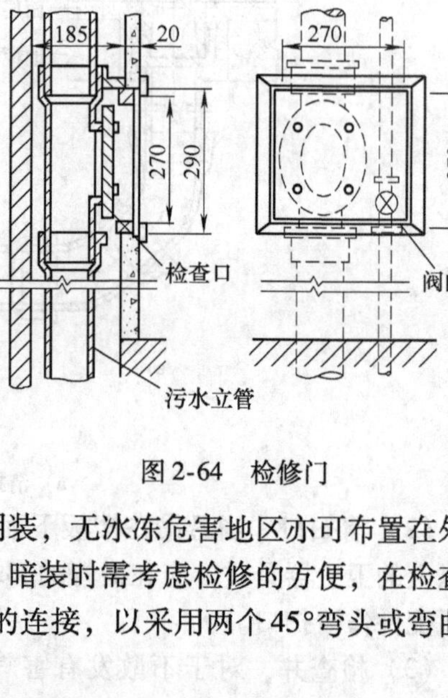

图2-64 检修门

3. 排出管

排出管穿越外墙时应预留孔洞或柔性防水套管。孔洞的尺寸为：排出管管径 $d=50\text{mm}$、75mm、100mm 时，孔洞尺寸为 300mm×300mm；管径 $d>100\text{mm}$ 时，孔洞尺寸为高×宽 $=(d+300\text{mm})\times(d+200\text{mm})$。管顶上部净空不得小于建筑物的沉降量，一般不小于150mm。孔洞与管道之间要填充防水材料。

4. 检查井

检查井是连接室内排水管道与室外排水管道的连接点与分界点，在直线管段上，排除生产废水时，检查井的距离不宜大于30m；排除生产污水时，检查井的距离不宜大于20m。对于生活污水排水管道，在建筑物内不宜设检查井。检查井中心距外墙不宜小于3m。

四、室内排水系统的水力计算方法

室内排水配管的计算也是在绘出排水管道平面布置图和轴测图后进行的，配管计算主要是在已知管中排水流量的条件下，经济合理的确定各排水管段的管径、横管管径、坡度和通气系统的形式。

（一）设计秒流量的计算

室内生活用水经使用后，通过排水管道排放，和生活用水量相似的排水量在每日和每小时内也是不均匀的，因此排水管道的设计流量应取建筑物的最大瞬时排水量即排水设计秒流量。排水管段的设计秒流量和其所接纳的卫生器具的类型、排水量、数量和同时使用情况有关。

为简化计算和室内给水相同，也引入“当量数”的概念：即以污水盆的排水量0.33L/s作为一个排水当量，其他卫生器具的排水量与0.33L/s的比值即为该卫生器具的当量数。

污水盆的排水当量取其给水当量0.2L/s的1.65倍，这是考虑到污水中含有一定的悬浮固体和瞬时排水迅猛的缘故。

各类卫生器具的排水流量、当量和排水管管径见表2-33。

表2-33　卫生器具排水的流量、当量和排水管的管径

序号	卫生器具名称	喷水流量/($L \cdot s^{-1}$)	当量	排水管管径/mm
1	洗涤盆、污水盆(池)	0.33	1.00	50
2	餐厅、厨房洗菜盆(池)			
	单格洗涤盆(池)	0.67	2.00	50
	双格洗涤盆(池)	1.00	3.00	50
3	盥洗槽每个水嘴	0.33	1.00	50~75
4	洗手盆	0.10	0.30	32~50
5	洗脸盆	0.25	0.75	32~50
6	浴盆	1.00	3.00	50
7	淋浴器	0.15	0.45	50
8	大便器			
	高水箱	1.50	4.50	100
	低水箱			
	冲落式	1.50	4.50	100
	虹吸式、喷射虹吸式	2.00	6.00	100
	自闭式冲洗阀	1.50	4.50	100
9	医用倒便器	1.50	4.50	100
10	小便器			
	自闭式冲洗阀	0.10	0.30	40~50
	感应式冲洗阀	0.10	0.30	40~50

（续）

序号	卫生器具名称	喷水流量/(L·s^{-1})	当量	排水管管径/mm
11	大便器			
	≤4 个蹲位	2.50	7.5	100
	>4 个蹲位	3.00	9.00	150
12	小便槽(每米长)			
	自动冲洗水箱	0.17	0.50	—
13	化验盆(无害)	0.20	0.60	40~50
14	净身器	0.10	0.30	40~50
15	饮水器	0.05	0.15	25~50
16	家用洗衣机	0.50	1.50	50

注：家用洗衣机排水软管，直径为30mm有上排水的家用洗衣机排水管内径为19mm。

不同性质建筑的生活污水设计秒流量可按以下公式计算：

1）适用于住宅、集体宿舍、旅馆、医院、幼儿园、办公楼和学校等建筑的计算公式

$$q_u = 0.12\alpha\sqrt{N_p} + q_{max} \tag{2-35}$$

式中 q_u——计算管段污水设计秒流量(L/s)；

N_P——计算管段的卫生器具排水当量总数；

α——根据建筑物的用途而定的系数，宜按表2-34确定；

q_{max}——计算管段上排水量最大的一个卫生器具的排水流量(L/s)。

表2-34 根据建筑物用途而定的系数α值

建筑物名称	α值
住宅、宾馆、医院、疗养院、幼儿园、养老院的卫生间	1.5
集体宿舍、旅馆和其他公共建筑的公共盥洗室和厕所间	2.0~2.5

注：如计算所得流量值大于该管段上按卫生器具排水流量累加值时，应按卫生器具排水流量累加值计。

2）适用于工业企业生活间、公共浴室、洗衣房、公共食堂、实验室、影视院、体育场等建筑的计算公式

$$q_u = \sum q_p n_0 b \tag{2-36}$$

式中 q_u——计算管段污水设计秒流量(L/s)；

q_p——同类型的一个卫生器具排水流量(L/s)；

n_0——同类型卫生器具数；

b——卫生器具的同时排水百分数，应按给水同时给水百分数采用，冲洗水箱大便器的同时排水百分数应按12%计算。

当计算设计秒流量小于一个大便器的排水流量时，应按一个大便器的排水流量计算。工业废水的设计秒流量，应按工艺要求计算确定。

（二）确定排水管管径和横管坡度

1. 按经验确定排水管径和横管坡度

为避免排水管道经常淤积、堵塞和便于清通，根据工程实践经验，对排水管道管径的最小限值作了规定，称为排水管的最小管径。各类排水管的最小管径见表2-35。当排水管段连

接的卫生器具较少时，可不经计算以排水管的最小管径作为设计管径。建筑物内生活排水铸铁管道的最小坡度宜按表 2-36a 确定。建筑内塑料排水管横支管的标准坡度应为 0.026。排水横干管的坡度可按表 2-36b 调整。居住小区生活排水排水管道的最小管径、最小设计坡度宜按表 2-37 确定。

表 2-35　建筑排水管道的最小管径

序号	管道名称		最小管径/mm
1	单个饮水器排水管		25
2	单个洗脸盆、浴盆、净身器等排泄较洁净废水的卫生器具排水管		40
3	连接大便器的排水管		100
4	大便槽排水管		150
5	公共食堂厨房污水	干管	100
		支管	75
6	医院污物的洗涤盆、污水盆排水管		75
7	小便槽或连接三个以上小便器的排水管		75
8	排水立管径		不小于所连横管管径
9	多层住宅厨房间立管		75

表 2-36a　建筑物内生活排水铸铁管道的最小坡度和最大设计充满度

管径/mm	通用坡度	最小坡度	最大设计充满度
50	0.035	0.025	0.5
75	0.025	0.015	
100	0.020	0.012	
125	0.015	0.010	
150	0.010	0.007	0.6
200	0.008	0.005	

表 2-36b　建筑排水塑料排水横干管的最小坡度和最大设计充满度

外径/mm	最小坡度	最大设计充满度	外径/mm	最小坡度	最大设计充满度
110	0.004	0.5	160	0.003	0.6
125	0.0035	0.5	200	0.003	0.6

表 2-37　居住小区室外生活排水管道最小管径、最小设计坡度和最大设计充满度

管别	管材	最小管径/mm	最小设计坡度	最大设计充满度
接户管	埋地塑料管	160	0.005	0.5
	混凝土管	150	0.007	
支管	埋地塑料管	160	0.005	
	混凝土管	200	0.004	0.55
干管	埋地塑料管	200	0.004	
	混凝土管	300	0.003	

2. 按排水立管的最大排水能力确定立管管径

排水管道通过设计秒流量时，其压力波动不应超过规定控制值的 ±25mmH_2O 柱，以防水封破坏。使排水管道压力波动保持在允许范围内的最大排水量，即排水管的最大排水能力。采用不同通气方式的排水立管最大排水能力分别见表2-38和表2-39。

表2-38 设有通气管系统的排水立管最大排水能力 （单位:L/s）

排水立管管径/mm	仅设伸顶通气管					有专用通气立管或主通气立管	
	铸铁管	塑料管	设混合器单立管	设螺旋器单位管	塑料螺旋管	铸铁管	塑料管
50	1.0	1.2	—	—	—	—	—
75	2.5	3.0	—	—	—	5.0	—
90	—	3.8	—	—	—	—	—
100	4.5	5.4	6.0	7.0	7.0	9.0	10.0
125	7.0	7.5	9.0	10.0	10.0	14.0	16.0
150	10.0	12.0	13.0	15.0	15.0	25.0	28.0

注：1. 表中100mm、150mm塑料管其外径为110mm、160mm。

2. 表中塑料立管的排水能力是在立管底部放大一号管径的条件下的通水能力，如不放大时，则其排水能力应按铸铁管的数据取用。

表2-39 不通气的生活排水立管最大排水能力 （单位:L/s）

立管工作高度/m	立管管径/mm				
	50	75	100	125	150
≤2	1.00	1.70	3.80	5.00	7.00
3	0.64	1.35	2.40	3.40	5.00
4	0.50	0.92	1.76	2.70	3.50
5	0.40	0.70	1.36	1.90	2.80
6	0.40	0.50	1.00	1.50	2.20
7	0.40	0.50	0.76	1.20	2.00
≥8	0.40	0.50	0.64	1.00	1.40

注：1. 排水立管工作高度按最高排水横支管和立管连接处距排出管中心线的距离计算。

2. 如立管工作高度在表中是列出的两个高度值之间时，可用内插法求得排水管的最大排水能力数值。

3. 排水管管径为100mm、150mm，塑料管管径为110mm、160mm。

3. 通过水力计算确定横管的管径、坡度

当排水横管接入的卫生器具较多、排水负荷较大时，应通过水力计算确定管径、坡度。排水横管水力计算公式如下：

$$V=\frac{1}{n}R^{\frac{2}{3}}I^{\frac{1}{2}} \tag{2-37}$$

$$d=\sqrt{\frac{4q}{\pi V}} \tag{2-38}$$

式中　V——流速(m/s)；

R——水力半径(m)；

I——水力坡度，采用排水管的坡度；

n——粗糙系数：铸铁管为0.013，混凝土管、钢筋混凝土管为0.013~0.014，钢管为0.012，塑料管为0.09；

q——计算管段的设计秒流量(L/s)；

d——计算管段的管径(m)。

为确保排水系统能在最佳的水力条件下工作，在确定管径时必须对直接影响管道中水流工况的主要因素充满度、流速、坡度进行控制。

(1) 管道充满度　即排水横管内水深 h 与管径 D 的比值。重力流排水管上部需保持一定的空间，其目的是使污废水中的有害气体能通过通气管自由排出；调节排水系统的压力波动，防止水封被破坏；以及用来容纳未预见的高峰流量。所以排水管道的设计充满度不能超过表2-36a、b和表2-37 最大设计充满度的规定。

(2) 管道流速为使污水中的杂质不致沉淀管底，并使水流有冲刷管壁污物的能力，管道中的流速不得小于最小流速，也称自净流速。各种排水管道的自净流速见表2-40。

表2-40　各种排水管道的自净流速

污水类别		自净流速/($m \cdot s^{-1}$)
生活污水	$D<150$mm	0.6
	$D=150$mm	0.65
	$D=220$mm	0.70
雨水管及合流管道		0.75
明渠		0.4

为防止管壁因污水流动的摩擦及水流冲击而损坏，不同材质排水管道的最大流速不得超过表2-41的规定。

表2-41　排水管道的最大允许流速值

管道材料 \ 污水类别	生活污水	含有杂质的工业废水及雨水
金属管	7.0	10.0
陶土管	5.0	7.0
混凝土及石棉水泥管	4.0	7.0

(3) 管道坡度　为满足管道充满度和流速的要求，排水管应有一定的坡度。建筑物内排水管道的通用坡度和最小坡度应按表2-36a、b确定。居住小区生活排水管道最小坡度应按表2-37确定。

(三) 确定通气管系统的形式及管径

当污水立管中通过的设计流量小于其最大排水能力时，设伸顶通气管即可。伸顶通气管的管径可等同于与其相连的立管管径，但在最冷月平均气温低于-13℃的地区，应将自室内平顶或吊顶以下0.3m处至伸顶通气管出口管道的管径放大一级，以防止结露后缩小通气断面积。为加强通气，每隔二层由结合通气管与排水立管相连。

连接4个及4个以上卫生器具并与立管的距离大于12m的污水横支管，以及连接6个及6个以上大便器的污水横支管，应设环形通气管及与其相连的主通气立管或副通气立管。为进一步使排水管道系统中的气流畅通，主通气立管应每隔8~10层设结合通气管与污水立管连接。对卫生和控制噪声要求较高建筑的排水系统，应在每个卫生器具排水管上设器具通气管。各类通气管的管径不应小于表2-42的规定。

表2-42　通气管最小管径　（单位：mm）

通气管名称	排水管管径/mm						
	32	40	50	75	100	125	150
器具通气管	32	32	32		50	50	
环形通气管			32	40	50	50	
通气立管			40	50	75	100	100

注：1. 通气立管长度在50m以上者，其管径应与污水立管管径相同。

2. 两个及两个以上排水立管同时与一根通气立管相连时，应以最大一根排水立管按上表确定通气立管管径，且其管径不宜小于其余任何一根排水立管管径。

3. 结合通气管不宜小于通气立管管径。

当两根或两根以上污水立管的通气管汇合连接时，汇合通气管的断面积应为最大一根通气通管的断面积与其余通气管断面积之和的0.25。

五、建筑雨水排水系统

屋面雨水的排除方式，一般可分为外排水和内排水两种。

（一）外排水系统

1. 檐沟外排水（水落管外排水）

对一般的居住建筑、屋面面积较小的公共建筑及单跨的工业建筑，雨水多采用屋面檐沟汇集，然后流入外墙的水落管排至屋墙边地面或明沟内。若排入明沟，再经雨水口、连接管引到雨水检查井，如图2-65所示。水落管多用排水塑料管或镀锌铁皮制成，截面为矩形或半圆形，其断面尺寸约为100mm×80mm或120mm×80mm；也有用石棉水泥管的，但其下段极易因碰撞而破裂，故使用时，其下部距地1m高应考虑保护措施（多有水泥砂浆抹面）；工业厂房的水落管也可用塑料管及排水铸铁管，管径为100mm或150mm。水落管的间距对民用建筑约为12~16m，对工业建筑约为18~24m。

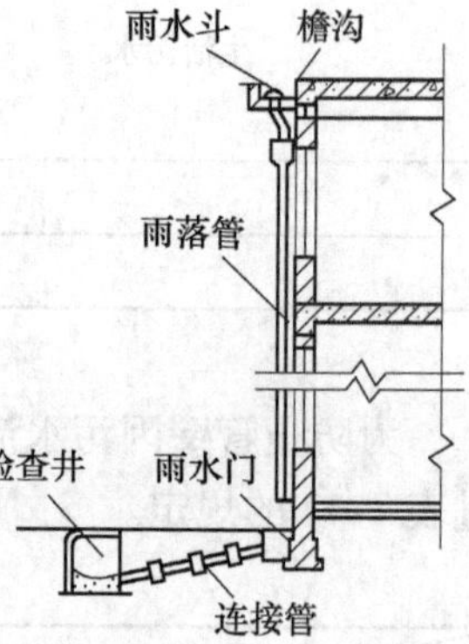

图2-65　檐沟外排水

2. 天沟外排水

在多跨的工业厂房，中间跨屋面雨水的排除，过去常设计为内排水系统，这样在经济上增加了投资，在使用过程中常有检查井冒水的现象。因此，近年来国内对多跨厂房常采用天沟外排水的方式。这种排水方式的优点是可消除厂房内部检查井冒水的问题，而且具有节约投资、节省金属材料、施工简便（不需搭架空装悬吊管道等）以及为厂区雨水系统提供明沟排水或减少管道埋深等优点。但若设计不善或施工质量不佳，将会发生天沟渗漏的问题。

图2-66是天沟布置示意，天沟以伸缩缝为分水线坡向两端，其坡度不小于0.005，天沟伸出山墙0.4m。关于雨水斗及雨水立管的构造与安装，见图2-67所示。

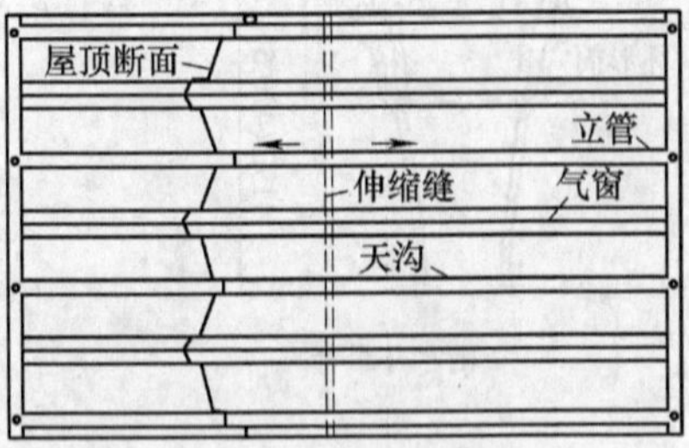

图2-66　天沟布置示意图

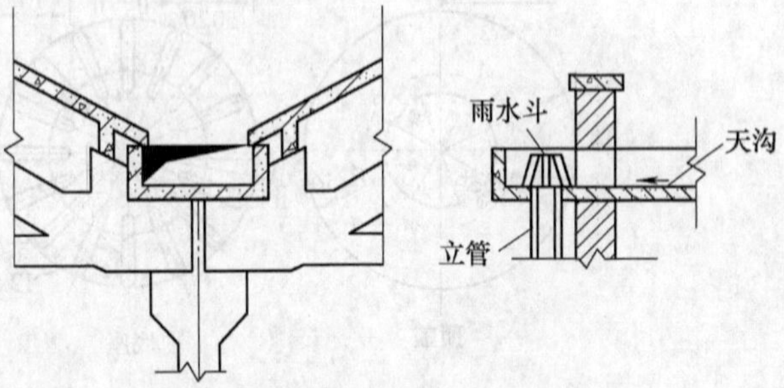

图2-67　天沟与雨水管连接

（二）雨水内排水系统

1. 内排水系统的组成

内排水系统由雨水斗、悬吊管、立管、地下雨水沟管及清通设备等组成。图2-68为内排水系统构造示意图。当车间内允许敷设地下管道时，屋面雨水可由雨水斗经立管直接流入室内检查井，再由地下雨水管道流至室外检查井。但因这种系统可能造成检查井冒水的现象，所以此种方法采用较少。应尽量设计成雨水由雨水斗经悬吊管、立管、排出管流至室外检查井。在冬季不甚寒冷的地区，或将悬吊管引出山墙，立管设在室外，固定在山墙上，类似天沟外排水的处理方法。

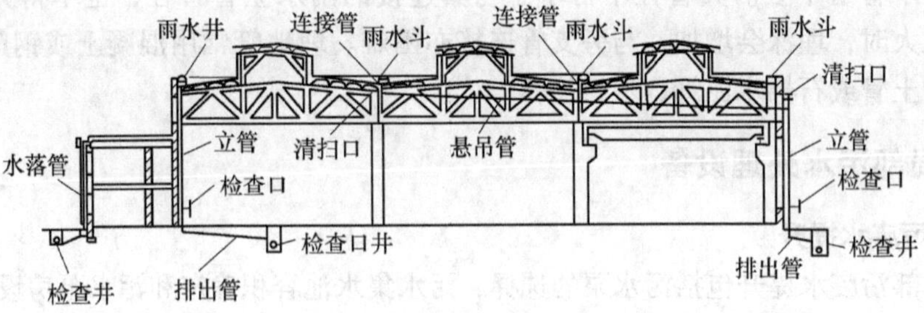

图2-68　雨水内排水系统构造示意图

2. 系统的布置和安装

（1）雨水斗　雨水斗的作用是迅速地排除屋面雨雪水，并能将粗大杂物拦阻下来。为此，要求选用导水通畅、水流平稳、通过流量大、天沟水位低、水流中掺气量小的雨水斗。目前我国常用的雨水斗有65型、79型等。图2-69为雨水斗组合图。雨水斗布置的位置要考虑集水面积比较均匀和便于与悬吊管及雨水立管的连接，以确保雨水能通畅流入。布置雨水斗时，应以伸缩缝或沉降缝作为屋面排水分水线，否则应在该缝的两侧各设一个雨水斗。雨水斗的位置不要太靠近变形缝，以免遇到暴雨时，天沟水位涨高，从变形缝上部流入车间内。雨水斗的间距除按计算决定外，还应考虑建筑物构造（如柱子布置等）特点而决定。在工业厂房中，间距一般采用12m、18m、24m。通常采用100mm口径的雨水斗。

（2）悬吊管　在工业厂房中，悬吊管常固定在厂房的桁架上，方便于经常性的维修清

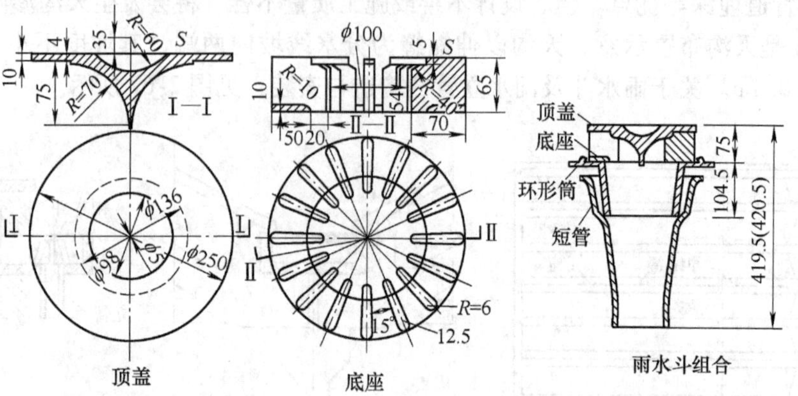

图 2-69 雨水斗

通，悬吊管需有不小于 0.003 的管坡，坡向立管。悬吊管管径不得小于雨水斗连接管的管径。当管径小于或等于 150mm，长度超过 15m 时，或管径为 200mm，长度超过 20m 时，均应设置检查口。悬吊管应避免从不允许有滴水的生产设备的上方通过。悬吊管在实际工作中为压力流，因此管材宜采用内壁较光滑的带内衬的承压铸铁管、承压塑料管、钢塑复合管等。

（3）立管　雨水立管一般宜沿墙或柱子明装。立管上应装设检查口，检查口中心至地面的高度一般为 1m。立管管径应由计算确定，但不得小于与其连接的悬吊管的管径。

（4）地下雨水管道　地下雨水管道接纳各立管流来的雨水及较洁净的生产废水并将其排至室外雨水管道中去。其管径不得小于与其连接的雨水立管管径，也不得大于 600mm，因为管径太大时，埋深会增加，与旁支管连接亦困难。埋地管常用混凝土或钢筋混凝土管，也可采用陶土管或石棉水泥管、塑料管等。

六、局部污水处理设备

（一）污废水提升

建筑内部污废水提升包括污水泵的选择，污水集水池容积确定和污水泵房设计。污水泵应优先采用潜水污水泵和液下污水泵。当采用卧式污水泵时，应设计成自灌式，水泵轴线应在集水池水位下面，每台污水泵应有单独的吸水管，吸水管上应装设阀门。

当污水泵自动起动时，其流量应按设计秒流量确定，集水池容积不得小于最大一台水泵 5min 的出水量，但水泵起动次数，每小时不得超过 6 次。当污水泵为人工起动时，其流量应按最大小时流量确定，生活污水集水池容积不得大于 6 h 的平均小时污水量。工业废水集水池的容积，按工艺要求确定。

集水池的有效水深一般取 1～1.5m，保护高度取 0.3～0.5m。生活污水集水池不得渗漏，池内壁应采取防腐措施。池底应设坡向吸水坑的坡度，其坡度不小于 0.01，并在池底设冲洗管，利用水泵出水进行冲洗，防止污泥沉淀。为便于操作管理，防止检修人员中毒，集水池应设水位指示装置和直通室外的通气管。

污水泵房应有良好的通风，通风口应靠近集水池。生活污水水泵应设在单独的房间内，对卫生环境有特殊要求的生产厂房内不得设置污水水泵。污水泵不得设置在有安静要求的房间下面和毗邻的房间内。在设置水泵的房间内应有隔振防噪装置。

（二）化粪池和生活污水局部处理

化粪池的主要作用是使粪便沉淀并发酵腐化，污水在上部停留一定时间后排走，沉淀在池底的粪便污泥经消化后定期清掏。污水在化粪池内的停留时间，根据污水量多少，宜定为12~24h。污泥清掏周期是指污泥在化粪池内平均停留时间，取决于新鲜污泥发酵时间，一般不少于90天。新鲜污泥发酵时间受污水水温影响较大，其关系见表2-43。为安全起见，污泥清掏周期应比污泥发酵时间多延长一定时间。

表2-43　污泥发酵所需时间

污水温度/℃	6	7	8.5	10	12	15
污泥发酵时间/天	210	180	150	120	90	60

化粪池可采用砖、石或混凝土等材料砌筑，其中最常用的是砖砌化粪池。化粪池有矩形和圆形两种。矩形化粪池的深度（从溢流水面到化粪池底的距离）不得小于1.3m，宽度不得小于0.75m，长度不得小于1.0m。化粪池的直径不得小于1.0m。当每日通过化粪池的污水量小于$10m^3$时，应采用双格化粪池，其第一格容积应占总容积的75%。当每日通过化粪池的污水量大于$10m^3$时，应采用三格化粪池，其第一格容积应占总容积的60%；第二、三格应各占总容积的20%。

化粪池多设于建筑物背向大街一侧靠近卫生间的地方，应尽量隐蔽，不宜设在人们经常活动之处。化粪池距离地下取水构筑物的距离不得小于30m，距建筑物的外墙不宜小于5m。

化粪池具有结构简单、便于管理、不消耗动力和造价低等优点，在我国已推广使用多年。当生活污水经化粪池处理达不到污水排放标准时，应采用生活污水处理设施。生活污水处理设施的工艺流程应根据污水性质、排放条件确定。图2-70为一种小型的无动力污水局部处理构筑物示意图。这种处理工艺主要是经过沉淀池去除大的悬浮物后，污水进入厌氧消化池，经水解和酸化作用，将复杂的大分子有机物水解成小分子溶解性有机物，提高污水的可生化性。然后污水进入兼性厌氧生物滤池，溶解氧保持在0.3~0.5m/L，阻止了污水中甲烷细菌的产生。生成气体主要是CO_2和H_2。出水经氧化沟进一步做耗氧生物处理。所需氧由与建筑物内雨水管连接的拔风管或单独设立的拔风管提供，溶解氧浓度在1.5~2.8mg/L之间。

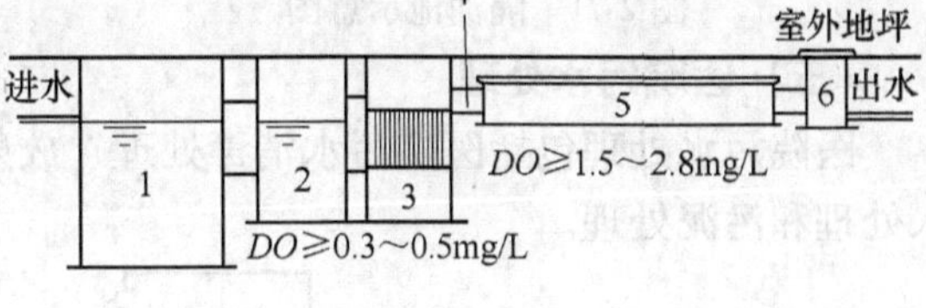

图2-70　小型无动力生活污水局部处理构筑物示意图
1—沉淀池　2—厌氧消化池　3—厌氧生物滤池
4—拔风管　5—氧化沟　6—进气出水井

这种局部生活污水处理构筑物，具有不耗能，水头损失小，处理效果好，造价低，管理简单，无噪声，不占地表面积，基本没有常规操作的特点。

（三）隔油池

为截留公共食堂和饮食业污水中的食用油脂，避免管道堵塞，应设隔油池。污水在池内的流速不得大于0.005m/s，停留时间一般为2~10min。为截留洗车台、汽车修理间和其他少量生产污水中的油类，避免汽油等清油进入管道后挥发并聚集于检查池，达到一定浓度后爆炸引起火灾，也应设隔油池。含食用油污水在池内的流速不得大于0.005m/s，停留时间宜为2～10min。隔油池的出水管管底至池底的深度不得小于0.6m。

图2-71为隔油池示意图。含油污水进入隔油池后，过水断面增大，水平流速减小，污水中密度小的可浮油自然上浮至水面，收集后去除。为提高油脂去除率，可在隔油池内曝气，气-水体积分数取0.2，气泡直径在10～20μm之间。

（四）降温池

温度高于40℃的污、废水，排入城市排水管道前应采取降温处理，否则会影响维护管理人员身体健康和管材的使用寿命，一般宜设降温池，见图2-72。降温池宜利用废水冷却，所需冷却水量应用热平衡方法计算确定。

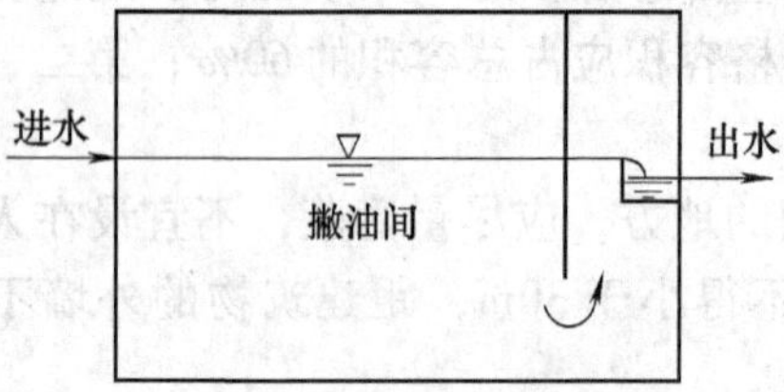

图2-71　隔油池示意图

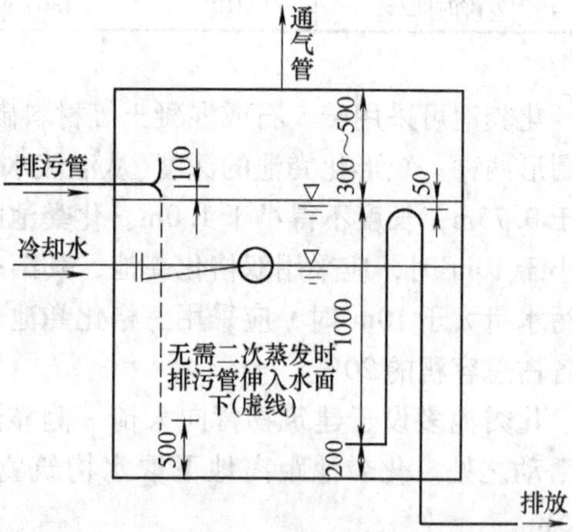

图2-72　降温池

（五）医院污水处理

医院污水处理包括医院污水消毒处理、放射性污水处理、重金属污水处理、废弃药物污水处理和污泥处理。

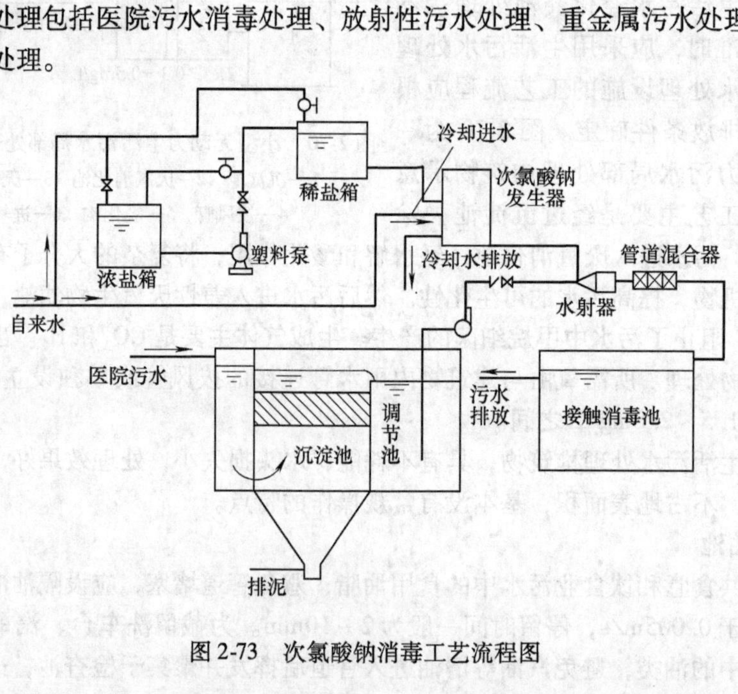

图2-73　次氯酸钠消毒工艺流程图

医院污水必须进行消毒处理。需要消毒的医院污水是指医院和医疗卫生的教学及科研机构排放的被病毒、病菌、螺旋体和原虫等病原体污染了的水。这些水如不进行消毒处理，排入水体后会污染水源，导致传染病流行，危害很大。

医院污水消毒宜采用加氯法(液氯、漂粉精或漂白粉)。当运输或供应困难时，可采用现场配置次氯酸钠消毒法。图2-73为次氯酸钠消毒工艺流程图。加氯设备和有关建筑物的设计，可参照现行《室外给水设计规范》(GB 50013—2006)的有关规定。当处理后污水排入有特殊要求的水域，不能用氯化法消毒时，可考虑用臭氧法消毒。图2-74为臭氧消毒工艺流程图。

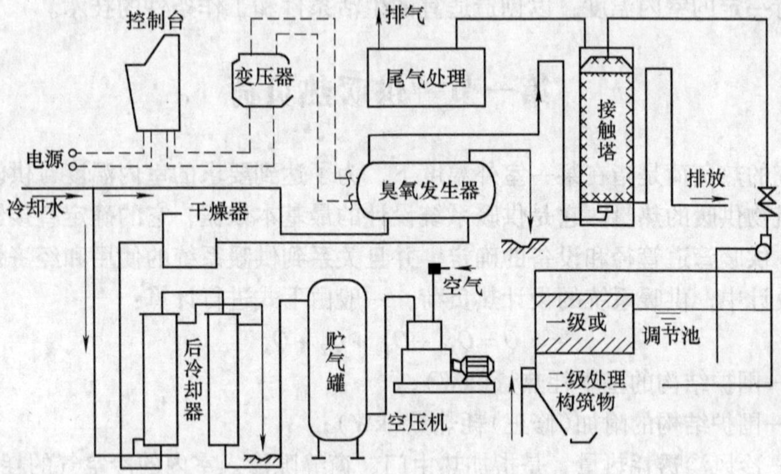

图2-74　臭氧消毒工艺流程图

第三章　供热工程及热水供应设备

人们在日常生活和社会生产中都需要使用大量的热能。将自然界的能源直接或间接地转化为中、低位热能，以满足人们需要的科学技术称为供热工程。本课程供热工程的研究对象和主要内容，是以热水或蒸汽作为热媒的建筑物供暖系统。供暖就是用人工的方法向室内供给热量，保持一定的室内温度，以创造适宜的生活条件和工作条件的技术。

第一节　供暖热负荷

供暖系统的热负荷是指在某一室外温度下，为了达到要求的室内温度，供暖系统在单位时间内向建筑物供暖的热量。它是供暖系统设计的最基本依据，它的确定直接影响供暖系统方案的选择，供暖管道管径和设备的确定，并且关系到供暖系统的使用和经济效果。

在工程设计中，供暖系统的设计热负荷，一般由下式进行计算：

$$Q = Q_{1b} + Q_{1e} + Q_2 + Q_3 \tag{3-1}$$

式中　Q_{1b}——围护结构的基本耗热量(kW)；

Q_{1e}——围护结构的附加(修正)耗热量(kW)；

Q_2——冷风渗透耗热量，是指加热由门、窗缝隙渗入室内的冷空气的耗热量(kW)；

Q_3——冷风侵入耗热量，是指加热由门、孔洞及相邻房间侵入的冷空气的耗热量(kW)。

一、围护结构基本耗热量 Q_{1b}

围护结构的基本耗热量是通过墙壁、屋顶、地面、门窗等散失的热量，可按下式计算：

$$Q_{1b} = KF(t_n - t_{wn})\alpha \tag{3-2}$$

式中　Q_{1b}——围护结构的基本耗热量(W)；

K——围护结构的传热系数(W/(m^2·℃))；

F——围护结构的传热面积(m^2)；

t_n——供暖室内计算温度(℃)；

t_{wn}——冬季室外计算温度(℃)；

α——围护结构的温差修正系数。

整个房间的耗热量等于各个围护结构耗热量之和，即：$Q = \sum Q_{1b} = \sum KF(t_n - t_{wn})\alpha$，式中各参数的确定方法如下：

1. 围护结构的传热系数 K

K 可按表 3-1 选用。

2. 围护结构的传热面积 F

(1) 门窗面积　按外墙面上门、窗洞净空尺寸计算。

(2) 外墙的面积　高度按本层地面至上一层地面距离，宽度按轴线至轴线距离来计算。

（3）屋顶和地面的面积　按轴线至轴线距离来计算。

表 3-1　常用围护结构的传热系数 K　单位：W/(m^2·℃)

类型		K	类型		K
A. 门			B. 外墙及天窗		
实体木制外门	单层	4.65	金属框	双层	3.00
	双层	2.33	单框双层玻璃窗	空气层厚 12mm	3.90
带玻璃阳台外门	单层（木框）	5.82		空气层厚 16mm	3.70
	双层（木框）	2.68		空气层厚 20～30mm	3.60
	单层（金属框）	6.40	C. 外墙		
	双层（金属框）	3.26	内表面抹灰砖墙	240mm 厚砖墙	2.08
单层内门		2.91		370mm 厚砖墙	1.56
B. 外墙及天窗				490mm 厚砖墙	1.27
木框	单层	4.70	D. 内墙		
	双层	2.70	双面抹灰	120mm 厚砖墙	2.31
金属框	单层	6.40		240mm 厚砖墙	1.72

3. 供暖室内计算温度 t_n

t_n 可按表 3-2 选用。

表 3-2　室内供暖计算温度

建筑类别	房间名称	温度范围/℃	建筑类别	房间名称	温度范围/℃
民用建筑	主要房间	16～24	辅助建筑物及辅助用室	浴室	≥25
工业建筑	轻作业房间	18～21		更衣室	≥25
	中作业房间	16～18		办公室、休息室	≥18
	重作业房间	14～16		食堂	≥18
	过重作业房间	12～14		盥洗室、厕所	≥12

4. 室外供暖计算温度 t_{wn}

t_{wn} 可按表 3-3 选用。

表 3-3　我国一些城市冬季供暖室外计算温度

序号	地名	温度/℃	序号	地名	温度/℃	序号	地名	温度/℃
1	北　京	-9	9	沈　阳	-19	17	呼和浩特	-19
2	上　海	-2	10	锦　州	-15	18	锡林浩特	-27
3	天　津	-9	11	大　连	-11	19	榆　林	-16
4	哈尔滨	-26	12	承　德	-14	20	西　安	-5
5	齐齐哈尔	-25	13	保　定	-9	21	银　川	-15
6	海拉尔	-34	14	石家庄	-8	22	西　宁	-13
7	长　春	-23	15	唐　山	-10	23	玛　多	-23
8	延　吉	-20	16	太　原	-12	24	山　丹	-17

（续）

序号	地名	温度/℃	序号	地名	温度/℃	序号	地名	温度/℃
25	兰　州	-11	29	徐　州	-5	33	郑　州	-5
26	乌鲁木齐	-22	30	合　肥	-3	34	武　汉	-2
27	吐鲁番	-15	31	杭　州	-1	35	拉　萨	-6
28	济　南	-7	32	南　昌	0	36	甘　孜	-10

5. 温差修正系数 α

α 值可按表 3-4 选用。

表 3-4　围护结构温差修正系数 α 值

围护结构特征	α	围护结构特征	α
外墙、屋顶、地面以及与室外相通的楼板等	1.00	非供暖地下室上面的楼板，外墙上无窗且位于室外地坪以下时	0.40
闷顶和室外空气相通的非供暖地下室上面的楼板等	0.90	与有外门窗的供暖房间相邻的隔墙	0.70
非供暖地下室上面的楼板、外墙有窗时	0.75	与无外门窗的非供暖房间相邻的隔墙	0.40
非供暖地下室上面的楼板，外墙上无窗且位于室外地坪以上时	0.60	伸缩缝墙、沉降缝墙	0.30
		防层缝墙	0.70

二、附加耗热量 Q_{1e}

围护结构附加耗热量包括风力附加、朝向修正及高度附加等。

1. 风力附加

当冬季室外平均风速 $v_{Pj}>3m/s$ 时，应对垂直围护结构如外墙、外门、外窗的基本耗热量进行风力附加，其值为：$v_{Pj}<5m/s$，附加 2%；$v_{Pj}\geqslant 5m/s$，附加 5%。

2. 朝向修正率

朝向修正率可按图 3-1 的规定修正，朝向修正耗热量是负值。

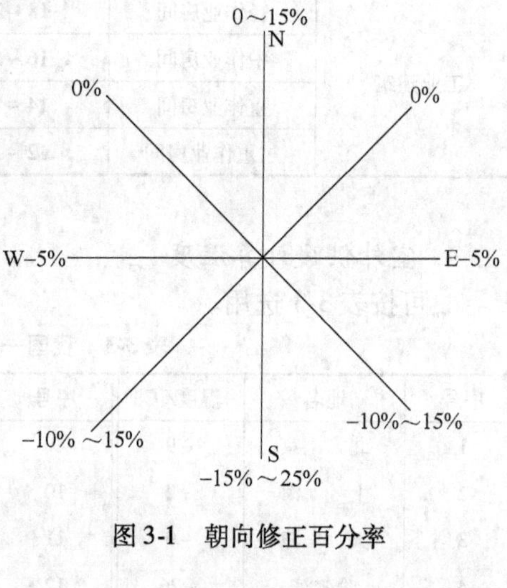

图 3-1　朝向修正百分率

3. 高度附加率

当房间高度大于 4m 时，每高出 1m，应对经过朝向及风力附加后的耗热量附加 2%，但总的附加值不超过 15%，对高层建筑的楼梯间不考虑高度附加。

三、冷风渗透耗热量 Q_2

在风力和热压造成的室内外压差作用下，室外的冷空气通过门、窗等缝隙渗入室内，把这部分冷空气从室外温度加热到室内温度所消耗的热量，称为冷风渗透耗热量。

冷风渗透耗热量可按下式计算：

$$Q_2 = 0.278 V \rho_w c_p (t_n - t_{wn}) \tag{3-3}$$

式中　Q_2——冷风渗透耗热量(W)；

V——流入的冷空气量(m^3/h)；

ρ_w——冷空气的密度(kg/m^3)；

c_p——空气的定压比热容，$c_p = 1kJ/(kg \cdot ℃)$；

其他符号同前。

由于流入的冷空气量不易确定，冷风渗透耗热量可按围护结构基本耗热量的百分数进行估算，具体数据按表3-5、表3-6选用。

表3-5　工业建筑冷风渗透耗热量占围护结构基本耗热量的百分数(%)

玻璃窗性质	建筑物的高度/m		
	<4.5	4.5~10	>10
单层	25	35	40
单、双层均有	20	30	35
双层	15	25	30

表3-6　民用建筑及工业辅助建筑冷风渗透耗热量占围护结构基本耗热量的百分数(%)

玻璃窗性质	一面有窗的房间	二面有窗的房间	三面有窗的房间
单层	10	15	20
双层	5	8	10

四、冷风侵入耗热量 Q_3

在冬季外门开启时，由于风压和热压的作用会有大量的冷空气侵入室内，把这部分空气加热到室内温度所消耗的热量，称为冷风侵入耗热量。

冷风侵入耗热量可按下述经验确定。

1. 民用建筑和工厂的辅助建筑物

对于短时间开启的外门(不包括阳台门、太平门和设置热空气幕的门)，采用外门基本耗热量乘以下列百分数来计算。当楼的总层数为 n 时

一道门	$65n\%$
二道门(有门斗)	$80n\%$
三道门(有两个门斗)	$60n\%$
公共建筑的主要出入口	500%

2. 工业建筑

对于开启时间不长(每班开启时间等于或小于15min)的单层工业车间的外门，可按外门基本耗热量的500%计算。

开启时间较长的外门，冷风侵入量很大，消耗的热量也很大。冷风侵入的数量可根据通风工程中的原理进行计算，或根据有关的经验公式或图表确定。由于耗热量大，不仅大大增

加了供暖系统的投资和运转费用，而且实践证明，即便散热器面积增加很多，直到布置不下，在大门开启时，室内仍很冷。为此可在外门处设置门斗或前室，装上厚实的门帘等。当由于车辆的出入不允许设置固定遮挡物时，可在外门设置热风空气幕。利用喷出高速热空气，在大门的平面上形成一层空气幕，既阻挡冷空气侵入室内，又不妨碍车辆和人员出入。

五、建筑物热负荷的概算

根据公式(3-1)的计算，可以得到房间的供暖热负荷，将每个房间的供暖热负荷加在一起，即得到建筑物的供暖热负荷；将每栋建筑物的供暖热负荷加在一起，即得到集中供热供暖热负荷。

在供暖工程的规划或初步设计阶段，往往还没有建筑物的设计图样，无法详细计算采暖热负荷。此外，由于采用公式计算供暖热负荷比较麻烦，可以采用以下两种民用建筑供暖热负荷估算法。

1. 单位面积热指标法

单位面积热指标，就是每小时每平方米建筑面积的平均耗热量，也就是供暖系统每小时应供给每平方米建筑面积的热量。可按下式计算：

$$Q = q_f F \tag{3-4}$$

式中 Q——建筑物供暖热负荷(W)；

q_f——单位面积耗热量指标(W/m^2)；

F——总建筑面积(m^2)。

这种估算方法常在选择锅炉及计算室外供暖管道时使用。单位面积耗热量指标可按表3-7选用。

表3-7 民用建筑供暖单位面积耗热量指标

建筑性质	热指标 $q_f/(W/m^2)$	建筑性质	热指标 $q_f/(W/m^2)$
住宅	47~70	商店	64~87
办公楼、学校	58~81	单层住宅	81~105
医院	64~81	食堂、餐厅	116~140
幼儿园	58~70	影剧院	93~116
图书馆	47~76	大礼堂	116~163

注 1. 总建筑面积大，围护结构热工性能好，窗户面积较小时，采用较小指标，反之采用较大指标。

2. 此表适用于气温接近北京地区的地方。

2. 单位体积热指标法

单位体积热指标，就是每小时每立方米建筑体积的平均耗热量，也就是供暖系统每小时应供给每立方米建筑体积的热量。可按下式计算：

$$Q = q_v V(t_n - t_{wn}) \tag{3-5}$$

式中 Q——房间的供暖热负荷(W)；

V——房间的建筑体积(m^3)；

q_v——单位体积热指标[$W/(m^3 \cdot ℃)$]，北京地区建筑单位体积供暖热指标见表3-8。

其他符号同前。

表 3-8　北京地区建筑单位体积供暖热指标

建筑物名称	建筑体积/m^3	单位体积供暖热指标/[W/(m^3·℃)]	
		一层玻璃	北面及西面两层玻璃
住宅 1~2 层	700~1200	1.396	1.163
住宅 3~4 层	9000~12000	0.64	0.58
行政办公楼 4~5 层	18000~22000	0.58	0.52
高等学校及中学 3~4 层	~22000	0.58	0.52
小学、幼儿园、托儿所等 2 层	~3500	0.814	0.76
医院 4~5 层	~10000	0.64	0.58

注：砖墙厚为 360mm。

六、分户计量采暖热负荷

1. 分户计量采暖系统与常规采暖系统热负荷比较

分户计量采暖系统的建筑物，其热负荷的计算方法与常规采暖系统是基本相同的。考虑到提高热舒适是分户计量供热系统设计的一个主要目的，分户计量采暖系统的用户可以根据需要对室温进行自主调节，这就需要对不同需求的热用户提供一定范围内热舒适度的选择余地，因此分户计量采暖系统的设计室内温度宜比常规采暖系统有所提高。如《大连市住宅采暖(分户计量)工程技术暂行规定》对住宅室内设计计算温度按下列数值选取：居室、客厅、餐厅为 20~22℃，厨房为 16℃，洗浴间为 25℃。目前，比较普遍认可的看法是：分户计量采暖系统的室内设计计算温度宜比国家现行标准提高 2℃，如根据《住宅设计规范》规定，普通住宅的卧室、起居室和卫生间不应低于 18℃，按此规定计算的结果是：分户计量采暖系统的热负荷比常规采暖系统热负荷增大 7%~11%。

2. 分户计量房间热负荷

分户计量采暖系统允许各用户根据自己的生活习惯、经济能力等在一定范围内自主选择室内采暖温度，这就会出现在运行过程中由于人为节能所造成的邻户、邻室传热。对于某一用户而言，当其相邻用户室温较低时，由于热传递有可能使该用户室温达不到设计室内温度值。为了避免随机的邻户传热影响房间的温度，房间热负荷必须考虑由于分室调温而出现的温度差引起的向邻户的传热量，即称户间热负荷。因此在确定户内采暖设备容量时，选用的房间热负荷应为常规采暖房间热负荷与户间热负荷之和。

目前国家规范并未给出户间传热的统一确定方法，各地方根据各自的实测数据，对此做了较具体的规定。主要有两种确定方法：一种方法是按实际可能出现的温差计算传热量，然后考虑可能同时出现的概率来确定；另一种是采用房间常规围护结构耗热量乘以一个附加系数方法来计算。第二种方法较简单，但是系数的确定有一定的困难，因户间隔断的建筑热工性能不同，不同房间的户间传热量不会与围护结构传热量形成同一比例。因此目前使用第一种计算方法较多。

北京市《新建集中采暖住宅分户热计量设计技术规程》提供了户间传热量的计算原则：

1）对于集中采暖用户，不采用地板采暖时，暂按 6℃温差计算户间楼板和隔墙的传热量，采用地板采暖时，暂按 8℃温差计算户间楼板和隔墙的传热量。

2）采用分户独立热源的用户，因间歇采暖的可能性更大，户间传热负荷温差宜按10%计算。

3）以各户间传热量总和的适当比例作为户间总传热负荷，即考虑各户间出现传热温差的概率，一般可取50%，而对于顶层或底层，考虑较大的概率，可取70%~80%。

4）户间传热量不宜大于房间基本采暖负荷的80%。

天津市《集中供热住宅计量供热设计规程》也对户间传热给出了明确的计算方法。规程规定户间热负荷只计算通过不同户之间的楼板和隔墙的传热量，而同一户内不计算该项热传递，典型房间与周围房间的计算温差宜取5~8℃。另外，考虑到户间各方向的热传递并不是同时发生，因此计算房间各方向热负荷之和后，应乘以一个概率系数。户间热负荷的产生本身存在许多不确定因素，而针对各类型房间，即使采暖计算热负荷相同，由于相同外墙对应的户内面积不完全相同，计算出的户间热负荷相差很大。为了控制户内采暖设备选型过大造成不必要的浪费，同时应尽量减小因户间热负荷的变化对采暖系统的影响，因此户间热负荷规定不应超过采暖计算热负荷的50%。

第二节 供暖系统的分类及系统形式

一、供暖系统的分类

在冬季室外温度低于室内温度，因此房间里的热量不断地传向室外。为使室内保持所需要的温度，就必须向室内供给相应的热量。这种向室内供给热量的工程设施，称为供暖系统。供暖系统主要由三部分组成：热源、输热管道、散热设备。

1. 按供暖作用范围分类

（1）局部供暖 如果热源、输热管道和散热设备均在供暖房间内，这种供暖称为局部供暖。例如火炉、火炕、火墙、火洞和火地，简易散热器供暖，煤气供暖和电热供暖等。

（2）集中供暖 如果热源远离供暖房间，热源产生的热量经输热管道输送至散热设备，由一个热源向各个房间或各个建筑物供给热量的系统称为集中供暖系统。

2. 按供暖热媒种类分类

在集中供暖系统中，把热量从热源输送到散热器的物质称为“热媒”，按所用的热媒不同，集中供暖系统分为三类：烟气供暖系统、热水供暖系统、蒸汽供暖系统。

（1）烟气供暖 以燃料燃烧时产生的烟气为热媒，把热量带给散热设备（火炕、火墙等）的供暖，称为烟气供暖。

（2）热水供暖 以热水为热媒把热量带给散热设备的供暖称为热水供暖。

（3）蒸汽供暖 以蒸汽为热媒把热量带给散热设备的供暖称为蒸汽供暖。蒸汽表压力小于等于70kPa，称为低压蒸汽供暖；蒸汽压力大于70kPa，称为高压蒸汽供暖。表压就是压力表指示的压力，也称为相对压力。

3. 按供暖系统循环动力分类

（1）自然循环供暖系统 依靠热媒本身温差产生的密度差进行循环的供暖系统。

（2）机械循环供暖系统 依靠机械（循环水泵）所产生的压力进行循环的供暖系统。

二、供暖系统的主要形式

1. 普通热水供暖系统的形式

普通热水供暖系统的热媒为供水 95℃、回水 70℃的热水。由热水锅炉、供水管道、散热器、集气罐、回水管道、膨胀水箱及循环水泵等组成。

（1）自然循环双管上分式　自然循环双管上分式热水供暖系统中，连接散热器的立管有两根；所谓上分，是指供水干管敷设在整个系统所有散热器的上方，如图 3-2 所示。

这种系统的工作过程是，工作前先打开给水管的阀门向系统内充水，系统中的空气从膨胀水箱排出。工作时水在锅炉中被加热，在冷热水自然产生的压力差作用下，沿供水管总立管，供水干管、供水立管、供水支管进入散热器，通过散热器将沿着回水支管、回水立管、回水干管流回锅炉，再进行加热。立管上的阀门既可以调节热水流量，也可以关断，以便检修散热器。根据需要，系统中的水可通过下面的放水管放掉。为保证系统的正常运行，要求：散热器的中心必须比锅炉中心高出一定的高度；管道具有一定的坡度，以保证整个系统中的空气都能由膨胀水箱排出。该系统适用范围为小型建筑和一家一户的供暖。

（2）机械循环双管下分式　下分式热水供暖系统的供水干管与回水干管均敷设在系统所有散热器的下方，如图 3-3 所示。系统中的空气靠上层散热器的手动跑风门排出。系统的工作靠水泵产生的压力进行，工作过程与自然循环相同。适用于顶层天棚难以布置管路或有地下室的建筑物。

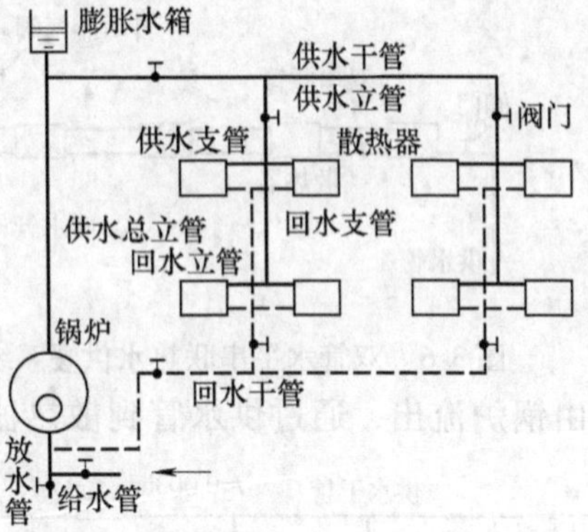

图 3-2　自然循环双管上分式热水供暖系统

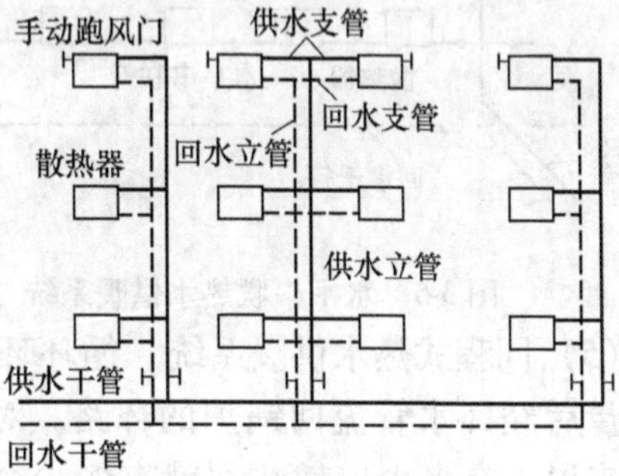

图 3-3　双管下分式热水供暖系统

（3）机械循环单管上分式　如图 3-4 所示，从供水干管来的热水进入立管后顺序地流过各层散热器，然后汇流于回水干管中，通过供暖外线流回锅炉再进行加热。单管上分式可分为单侧连接和双侧连接两种，每一种又可分为有跨越管或无跨越管的。每根立管上、下各设一个阀门，用来调节水量，并在检修时使用。供水干管上装有集气罐，用来排除各立管中的空气，每组散热器中的空气也经立管由集气罐统一排除，因此散热器上不装跑风门。单管系统构造简单，接头零件少，节约管材，造价低，比较美观，而且不容易产生上热下冷现象。因此，单管系统使用范围较广泛。

（4）机械循环水平串联式　图 3-5、图 3-6 所示为机械循环水平串联热水供暖系统。这种系统具有构造简单，少穿楼板，便于施工和检修等优点。缺点是当串联的散热器组数过多时后面的散热器内水温过低，需要的散热器片数增多；且易出现漏水和失水现象。因此每根

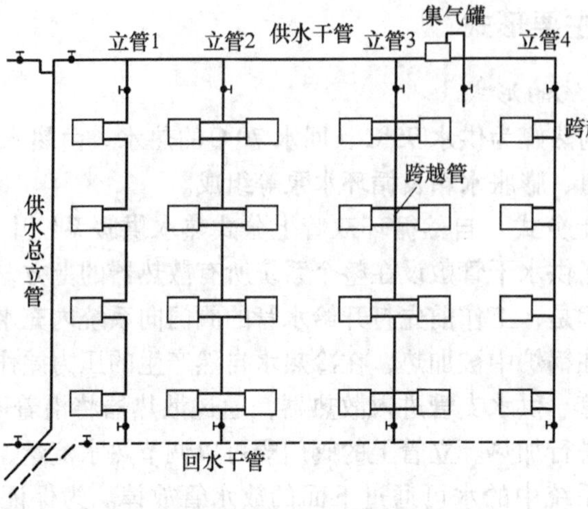

图 3-4 单管上分式热水供暖系统

串联管宜串联 8 ~ 12 组散热器，串联管管径一般为 20 ~ 25mm，每组散热器都设一个跑风门，以排除系统中的空气。这种系统适用于工厂车间等建筑物。

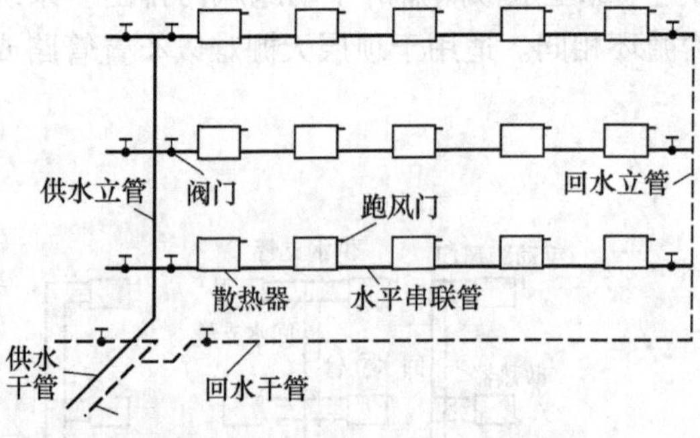

图 3-5 水平串联热水供暖系统

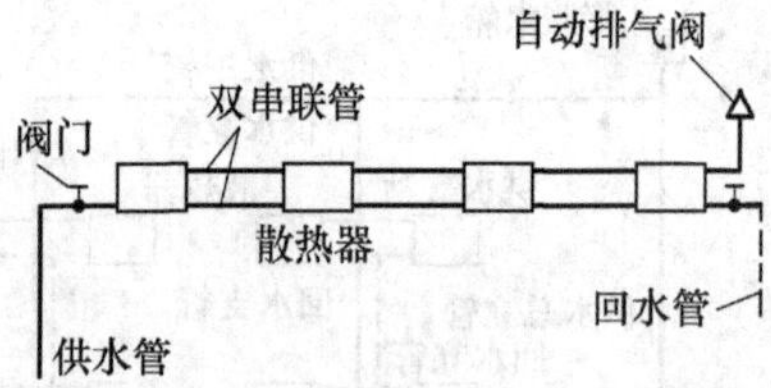

图 3-6 双管水平串联热水供暖系统

（5）同程式热水供暖系统 循环环路就是热水由锅炉流出，通过供水管到散热器，散出热量后经回水管流回锅炉的环路。对于单管系统来说，有多少串散热器就有多少个循环环路；而双管系统有多少组散热器，也就有多少个循环环路。

各个循环环路热水流程基本相同的供暖系统，称为同程式供暖系统，否则称为异程式供暖系统。图 3-5 所示的单管上分式即为异程式，而图 3-7 所示为（双管上分）同程式热水供暖系统。图 3-7 中由供水干管经各组散热器到回水总干管之间热水的流程长短基本是相等的。同程式与异程式比较，同程式系统的管径和长度较异程式系统大，花费管材多，但突出的优点是系统容易平衡，可避免冷热不均的现象发生。当系统较大时，宜采用同程式供暖系统。

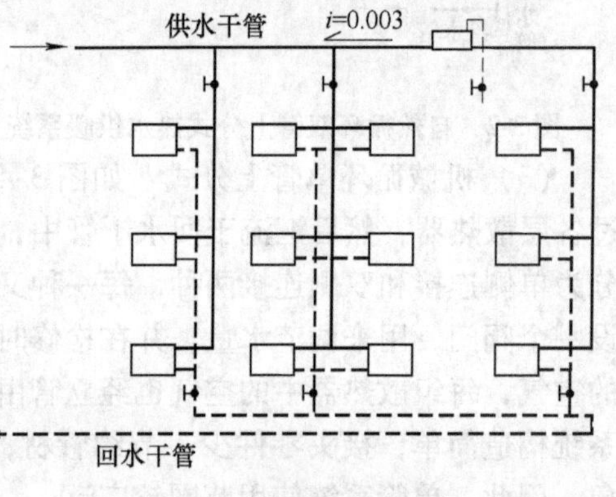

图 3-7 同程式热水供暖系统

2. 分户热计量采暖系统

分户热计量采暖系统，为便于各户按实际耗热量计费、节约能源和满足用户对采暖系统多方面的功能要求，对建筑结构和采暖设计提出了新的要求。分户热计量系统应便于分户管理及分户分室控制、调节供热量。现有建筑中多采用垂直式系统，一个用户由多个立管供热。在每一个散热器支管上安装热表来计量耗热量，不仅使系统复杂、造价昂贵，而且管理麻烦，因此不可能广泛采用。只能在改造时采取一些措施(如单管顺流式系统加跨越管、散热器支管加恒温阀等)达到节能和改善采暖的效果。也有在每个散热器表面贴蒸发式热量计进行热量分配的，但读数、计算工作量大，影响计数的因素多，目前得不到广泛采用。在此主要介绍分户水平式系统及放射式系统。分户热计量采暖系统的共同点是在每一户管路的起止点安装关断阀和在起止点其中之一处安装调节阀，新建住宅热水集中采暖系统应设置分户热计量和室温控制装置。流量计或热表装在用户出口管道上时，水温低，有利于延长其使用寿命，但不能计量每一户因失水造成的热量消耗。因此，热表一般装在用户入口管道上。

(1) 分户供热系统形式

1) 分户水平单管系统：分户水平单管系统如图 3-8 所示，它的主要特点是：水平支路长度限于一个住户之内；能够分户计量和调节供热量；可分室改变供热量，满足不同的室温要求。

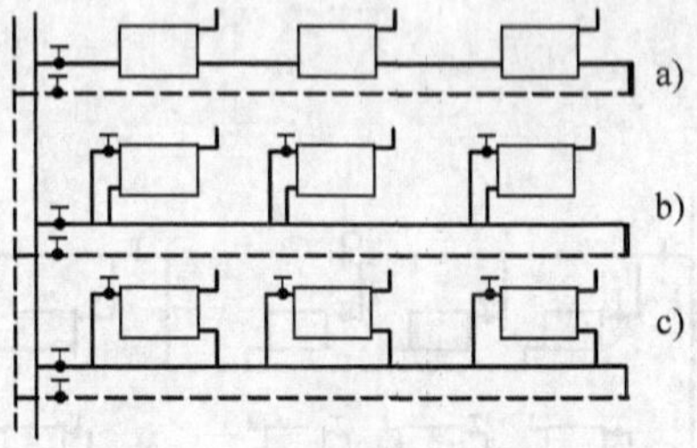

图 3-8 分户热量水平单管系统

a) 顺流式 b) 同侧接管跨越式 c) 异侧接管跨越式

分户水平单管系统可采用水平顺流式(见图 3-8a)、散热器同侧接管的跨越式(见图 3-8b)和异侧接管的跨越式(见图 3-8c)。其中图 3-8a 在水平支路上设关闭阀、调节阀和热表，可实现分户调节和分户计量，不能分室改变供热量，只能在对分户水平式系统的供热性能和质量要求不高的情况下应用。图 3-8b 和图 3-8c 除了可在水平支路上安装关闭阀、调节阀和热表之外，还可在各散热器支管上装调节阀或温控阀实现分房间控制和调节室内空气温度。因此上述三种系统中，图 3-8b、图 3-8c 的性能优于图 3-8a。

水平单管系统比水平双管系统布置管道方便，节省管材，水力稳定性好。但应解决好排气问题，如果户型较小，又不宜采用 DN15 的管子时，水平管中的流速有可能小于气泡的浮升速度，可调整管道坡度，采用气水逆向流动，利用散热器聚气、排气，防止形成气塞。并在散热器上方安装放气阀或利用串联空气管排气。

2) 分户水平双管系统：分户水平双管系统如图 3-9 所示。该系统一个住户内的各散热器并联，在每组散热器上装调节阀或恒温阀，以便分室控制和调节室内空气温度。水平供水管和回水管可采用图 3-9 所示的多种方案布置。

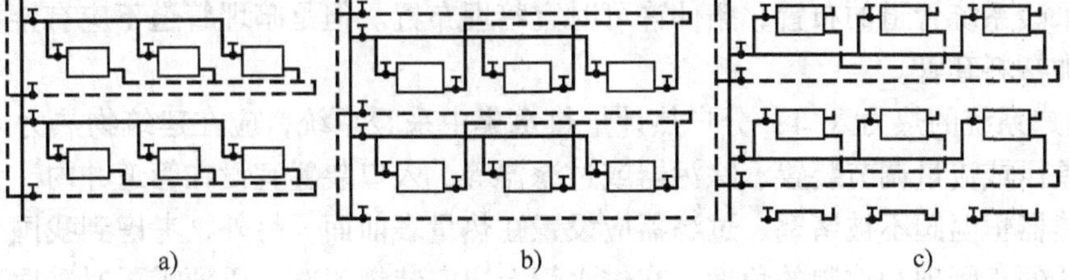

图 3-9 分户水平双管系统

两管分别位于每层散热器的上、下方(见图 3-9a)；两管全部位于每层散热器的上方(见图 3-9b)；两管全部位于每层散热器的下方(见图 3-9c)。该系统的水力稳定性不如单管系统，耗费管材。图 3-10 所示的分户水平单、双管系统，兼有上述分户水平单管和双管系统的优缺点，可用于面积较大的户型以及跃层式建筑。

3）分户水平放射式系统：水平放射式系统在每户的供热管道入口设小型分水器和集水器，各散热器并联(见图 3-11)。从分水器 2 引出的散热器支管呈辐射状埋地敷设(因此又称为“章鱼式”)至各个散热器。散热器可单体调节。为了计量各用户供热量，入户管有热表 1。为了调节各室用热量，通往各散热器 4 的支管上应有调节阀 3，每组散热器入口处也可装温控阀。为了排气，散热器上方安装排气阀 5。

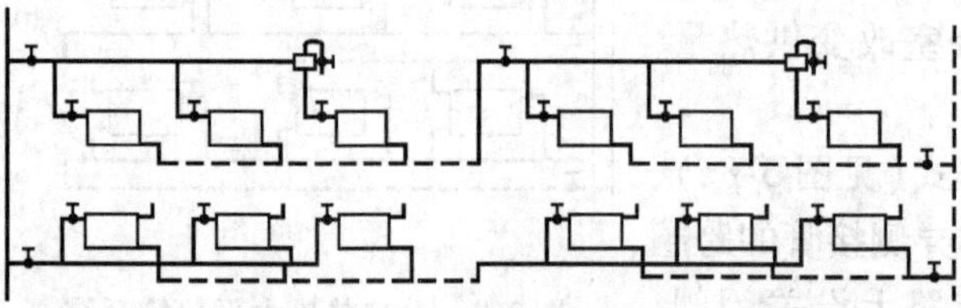

图 3-10　分户水平单、双管系统

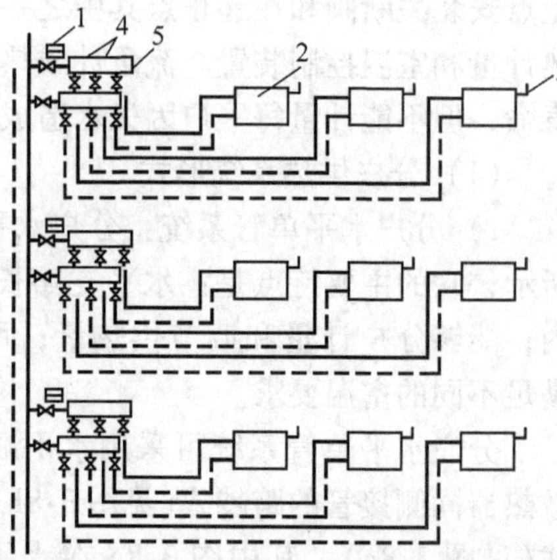

图 3-11　分户水平放射式采暖系统示意图

1—热表　2—分、集水器　3—调节阀

4—散热器　5—放气阀

(2) 管道布置及用户系统的热力入口

1）管道布置：每户的关断阀及向各楼层、各住户供给热媒的供回水立管(总立管)及入口装置，宜设于管道井内。管道井宜设在公共的楼梯间或户外公共空间，管道井有检查门，便于供热管理部门在住户外启闭各户水平支路上的阀门、调节住户的流量、抄表和计量供热量。户内采暖系统宜采用单管水平跨越式、双管水平并联式、上供下回式等。通常建筑物的一个单元设一组供回水立管，多个单元的供回水干管可设在室内或室外管沟中。干管可采用同程式或异程式，单元数较多时宜用同程式。为了防止铸铁散热器型砂以及其他污物积聚、堵塞热表、温控阀等部件，分户式采暖系统宜用不残留型砂的铸铁散热器或其他材质的散热器，系统投入运行前应先进行冲洗。

户内采暖系统管道的布置，条件许可时宜暗埋布置。但是暗埋管道不应有接头，且暗埋管道宜外加塑料套管。

2）用户系统的热力入口：分户热计量热水集中采暖系统，应在建筑物热力入口处设置热量表、差压或流量调节装置、除污器或过滤器等，入口装置宜设在管道井内。为了保护热量表及散热器恒温阀不被堵塞，过滤器应设置在热量表前面。另外，考虑到我国采暖收费难的现状，从便于管理和控制的角度，在供水管上应安装锁闭阀，以便需要时采取强制性措施关闭用户的采暖系统。热力入口的具体设置方式如图 3-12 所示。

计量供热系统户外管道一般采用金属管材，而户内管道常采取塑料管材，因此必然涉及一个连接问题。目前，常用做法是将二者用钢塑连接件相连，常见连接方式与分界设置见图3-13。

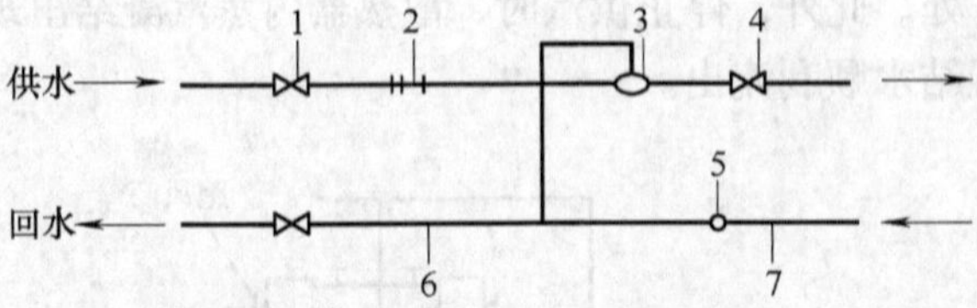

图3-12　热力入口的具体设置方式

1—锁闭调节阀　2—过滤器　3—热量表　4—截止阀　5—钢塑直通连接件　6—热度锌钢管　7—塑料管

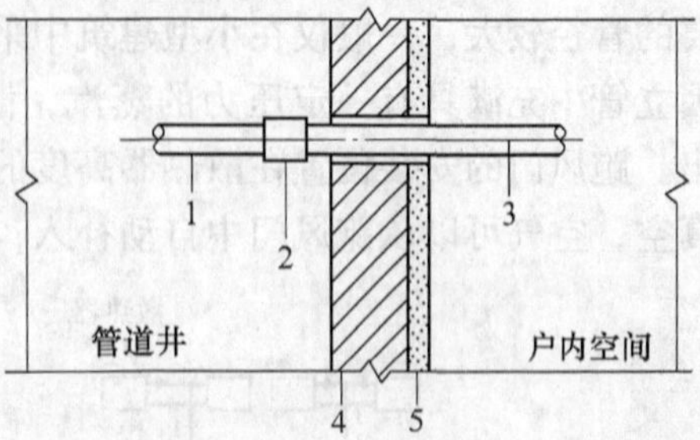

图3-13　管道安装材质变化的分界示意图

1—分户支管(热镀锌钢管)　2—钢塑直通连接件　3—塑料管　4—分户墙　5—分户墙饰面

3）管材的选用：由于户内系统形成的变化，与传统的采暖系统不同，计量供热系统户内普通采用塑料管材，以便于水平管暗装敷设。布置在地面下垫层内的管道，不论采用何种配管方式，都要求管道有较长的使用寿命、较小的垫层厚度和较为简便的安装方法，并避免在垫层内有连接管件，因此不宜采取钢管，只能采用塑料类管材。采暖系统用塑料管材的种类有以下几类：交联铝塑复合管(通常以XPAP标记)、聚丁烯管(通常以PB标记)、交联聚乙烯管(通常以PE-X标记)、无规共聚聚丙烯管(通常以PP-R标记)、嵌段共聚聚丙烯管(在德国称其为PP-B,在韩国称其为PP-C)。

3. 蒸汽供暖系统

(1) 蒸汽供暖系统的分类　按照供汽压力的大小，将蒸汽供暖分为三类：供汽的表压力 > 70kPa 时，称为高压蒸汽供暖；供汽的表压力≤70kPa 时，称为低压蒸汽供暖；当系统中的压力 < 10kPa(大气压力)时，称为真空蒸汽供暖。

按照蒸汽干管布置的不同，蒸汽供暖系统可分上供式、中供式、下供式三种；按照立管的布置特点，蒸汽供暖系统可分为单管式和双管式，国内绝大多数蒸汽供暖系统采用双管式；按照回水动力不同，蒸汽供暖系统可分为重力回水和机械回水两类，高压蒸汽供暖系统都采用机械回水方式。

(2) 低压蒸汽供暖系统　低压蒸汽供暖系统由蒸汽锅炉、蒸汽管道、散热器、凝结水管道、疏水器、凝结水箱、凝结水泵等组成。

1）低压蒸汽双管上分式：如图3-14所示，该系统蒸汽干管与凝结水管完全分开，干管敷设在顶层房间天棚下，凝结水管敷设在地面上或地沟内。一般每根凝结水立管下装一个疏水器，代替每组散热器支管上疏水器，可减少疏水器的数量，节省投资。

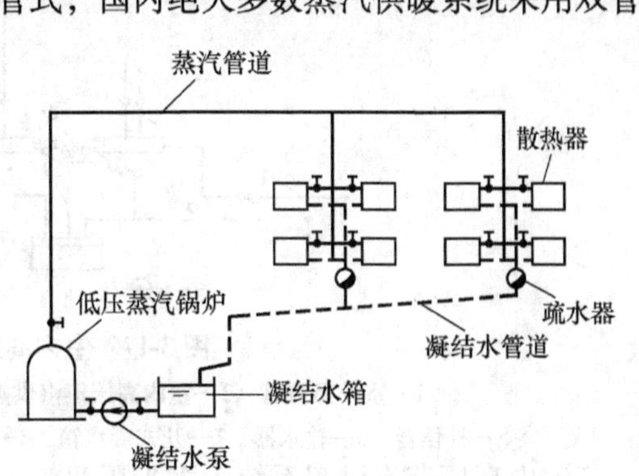

图3-14　低压蒸汽供暖系统

2）低压蒸汽双管下分式：如图3-15所示，该系统蒸汽干管与凝结水干管敷设在底层地面下的暖气沟中，蒸汽通过立管向上供汽。由于立管中蒸汽与凝结水逆向流动，易产生水击现象，噪声较大，但这种系统的上下层散热器受热较均匀。

3）低压蒸汽单管上分式：如图3-16所示，该系统蒸汽干管与凝结水干管中热媒流动情况与双管系统相同。只是立管中既输送蒸汽又收集凝结水，蒸汽与凝结水流动方向一致，需要的管径较大，一般仅在小型建筑中采用。单管系统的每组散热器上必须安装自动跑风门，因立管中充满具有一定压力的蒸汽，散热器中的空气不能进入立管，只能经散热器跑风放出。跑风门的安装位置在散热器高度的1/3处。此外，停止供汽时，散热器内蒸汽凝结出现真空，空气可以从跑风门中自动补入，使凝结水顺利流出。

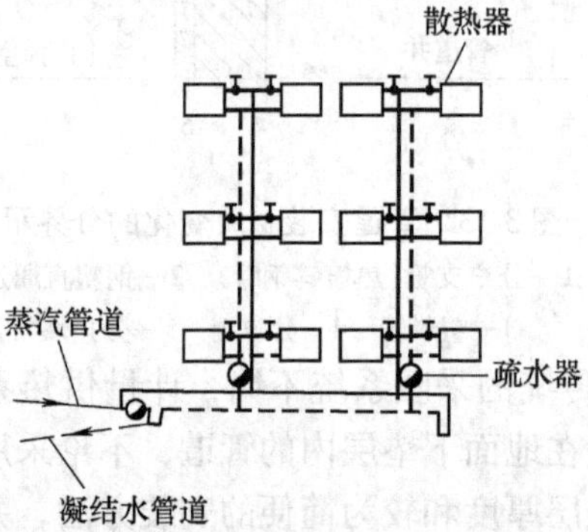

图3-15 双管下分式蒸汽供暖系统

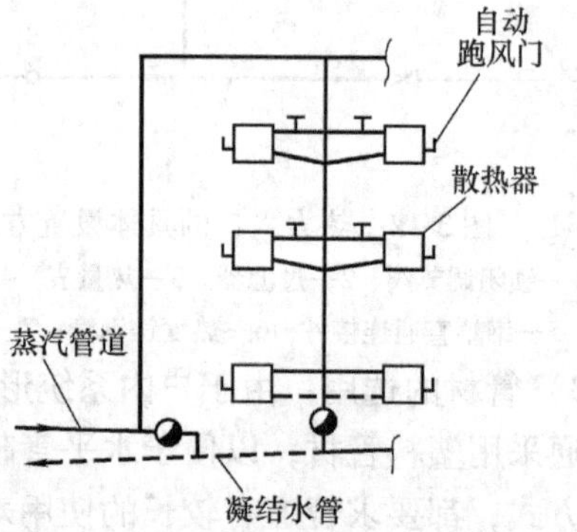

图3-16 单管上分式蒸汽供暖系统

（3）高压蒸汽供暖系统　图3-17所示是一个用户室内高压蒸汽供暖系统示意图。高压蒸汽通过室外蒸汽管路进入用户入口的高压分汽缸，再根据各种热用户的使用情况和压力要求的不同，从不同的分汽缸中引出蒸汽分送不同的用户，必要时还需在分汽缸之间设置减压装置。高压蒸汽供暖系统的循环环路与低压蒸汽相似。凝水箱可布置在用户室内，也可布置在用户区的凝水回收分站或直接布置在供暖系统的锅炉房内。凝水箱与大气相通的称为开式凝水箱；密闭且具有一定压力的，称为闭式凝水箱。

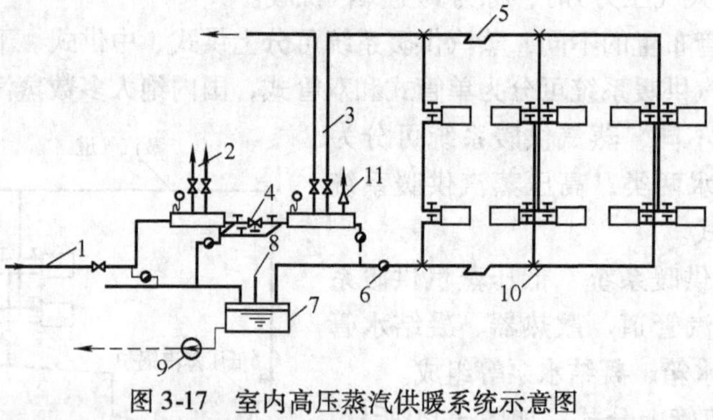

图3-17 室内高压蒸汽供暖系统示意图

1—室外蒸汽管 2—室内高压蒸汽供热管 3—室内高压蒸汽供暖管 4—减压装置
5—补偿器 6—输水器 7—开式凝水箱 8—空气气管 9—凝水泵 10—固定支点 11—安全阀

室内高压蒸汽供暖系统大多采用双管上供下回式布置来减轻水击现象。各散热器的凝水通过室内凝水管路进入集中的疏水器。疏水器起着阻汽排水的功能，并靠疏水器后的余压，将凝水送回凝水箱。

三、热水采暖系统施工图

1. 采暖系统施工图的组成及内容

采暖系统施工图由平面图、系统(轴侧)图、详图、设计及施工说明、目录、图例和设备、材料明细表等组成。

(1) 平面图　平面图是利用正投影原理，采用水平全剖的方法，表示出建筑物各层采暖管道与设备的平面布置。内容包括：

1) 房间名称、立管位置及编号、散热器安装位置、类型、片数(长度)及安装方式。

2) 引入口的位置，供、回水总管的走向、位置及采用的标准图号(或详图号)。

3) 干、立、支管的位置、走向、管径。

4) 膨胀水箱、集气罐等设备的位置、型号及其与管道的连接情况。

5) 补偿器型号、位置，固定支架的安装位置与型号。

6) 室内管沟(包括过门地沟)的位置和主要尺寸，活动盖板的设置位置等。

平面图一般包括标准层平面图、顶层平面图、底层平面图。

平面图常用的比例有1: 50、1: 100、1: 200等。

(2) 轴侧图　又称系统图，是表示采暖系统的空间布置情况、散热器与管道空间连接形式，设备、管道附件等空间关系的立体图。标有立管编号、管道标高、各管段管径、水平干管的坡度、散热器的片数(长度)及集气罐、膨胀水箱、阀件的位置、型号规格等。可了解采暖系统的全貌。比例与平面图相同。

(3) 详图　详图表示采暖系统节点与设备的详细构造及安装尺寸要求。平面图和系统图中表示不清，又无法用文字说明的地方，如引入口装置、膨胀水箱的构造与管、管沟断面、保温结构等可用详图表示。如果选用的是国家标准图集，可给出标准图号，不出详图。常用的比例是1: 10、1: 50。

(4) 设计及施工说明　说明设计图样无法表示的问题，如热源情况、采暖设计热负荷、设计意图及系统形式、进出口压力差、散热器的种类、形式及安装要求、管道的敷设方式、防腐保温、水压试验要求，以及施工中需要参照的有关专业施工图号或采用的标准图号等。

2. *采暖施工图示例*

为更好地了解采暖施工图的组成及主要内容，掌握绘制施工图的方法与技巧，并读懂采暖施工图，现举例加以说明。

(1) 三层办公楼采暖施工图　该采暖施工图包括一层采暖平面图(见图3-18)，二、三层采暖平面图(见图3-19)和采暖系统图(见图3-20)。比例均为1: 100。该系统采用机械循环上供下回双管热水采暖系统，供回水温度95/70℃。看图时，平面图与系统图要对照来看，从供水管入口开始，沿水流方向，按供水干、立、支管顺序到散热器，再由散热器开始，按回水支管、立管、干管顺序到出口。

采暖引入口设于该办公楼西侧管沟内，供水干管沿管沟进入西面外墙内侧(管沟尺寸为1.0m×1.2m)，向上升至9.6m高度处，布置在顶层楼板下面，末端设一个集气罐。整个系统布置成同程式，热媒沿各立管通过散热器散热，流入位于管沟内的回水干管，最后汇集在一起，通过引出管流出。

系统每个立管上、下端各安装一个闸阀，每组散热器入口装一个截至阀。散热器采用M-132，片数已标注在各层平面图中，明装。

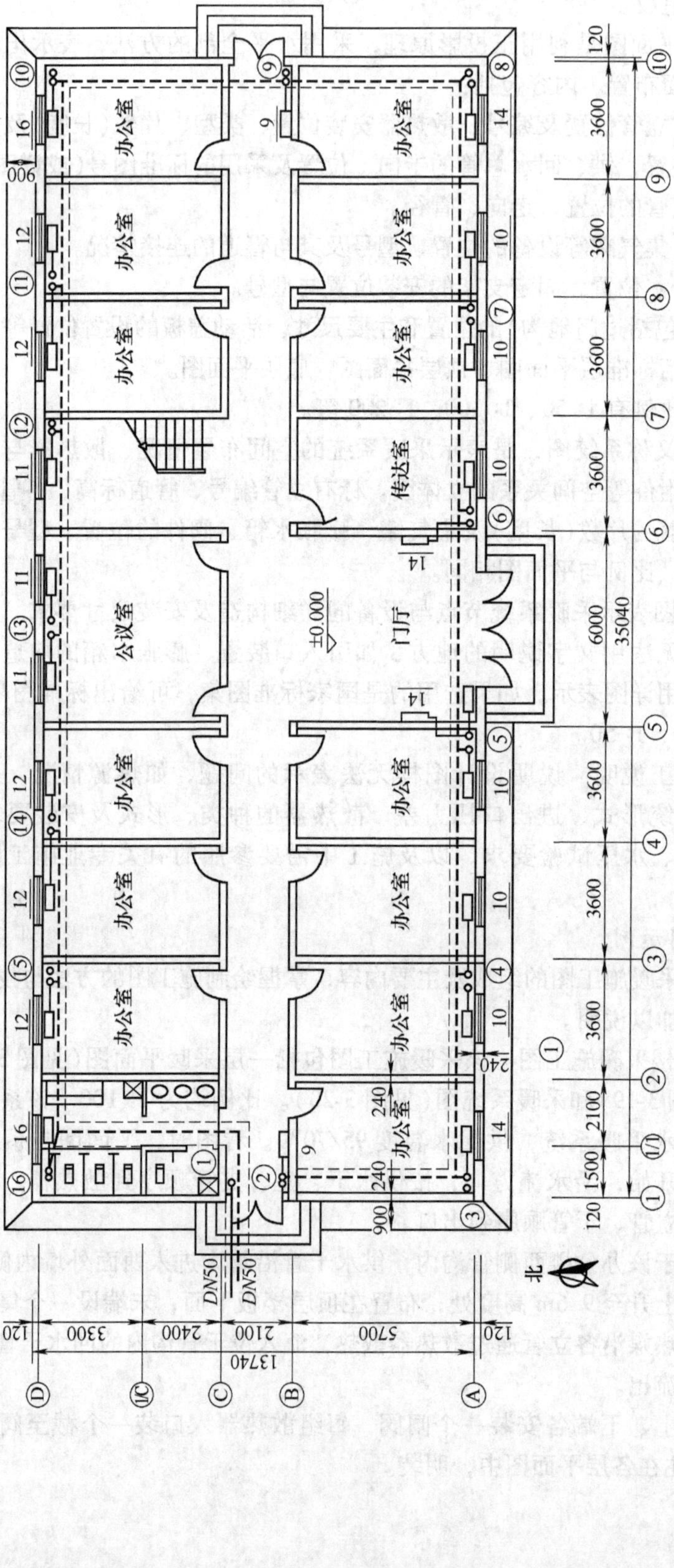

图3-18 一层采暖平面图

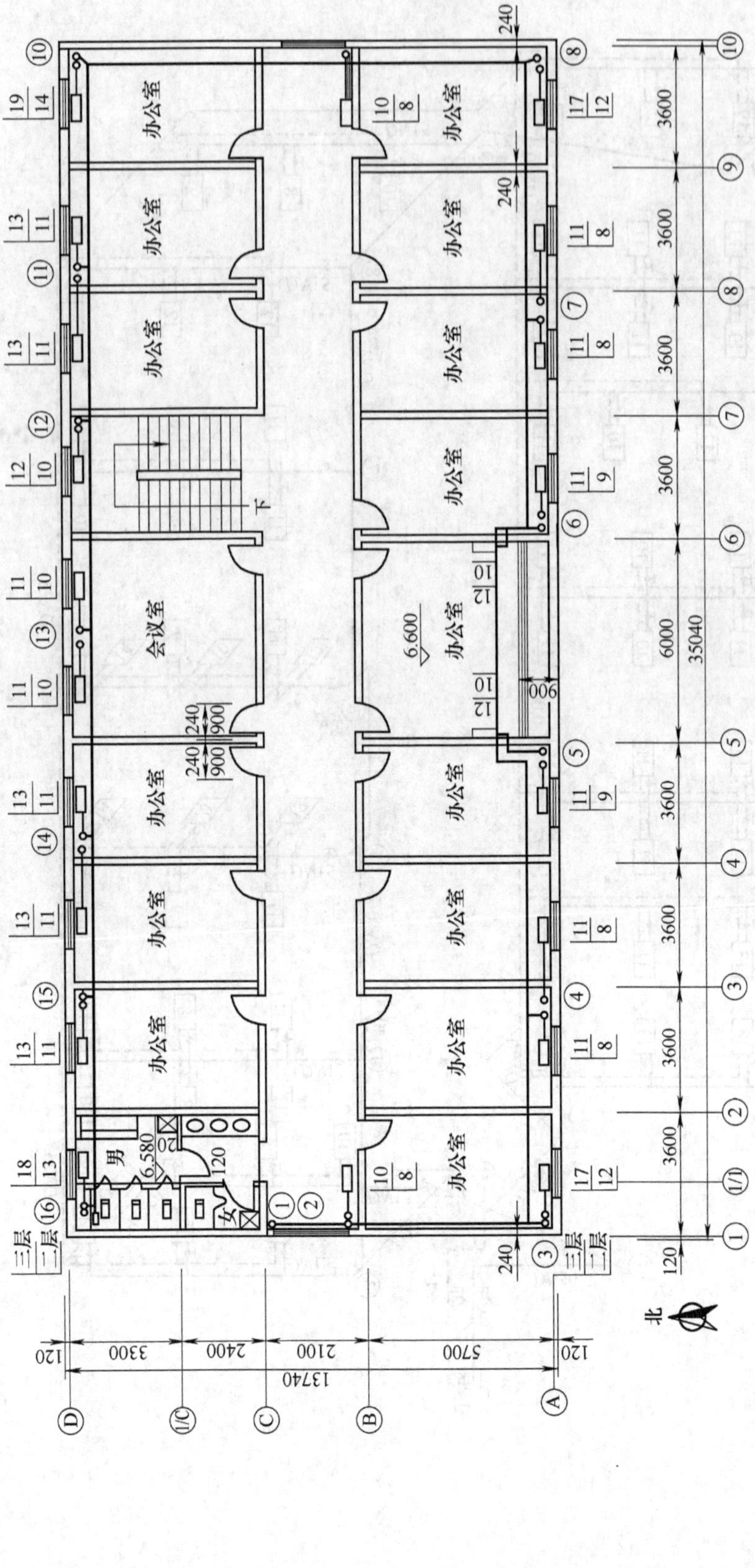

图 3-19　二、三层采暖平面图

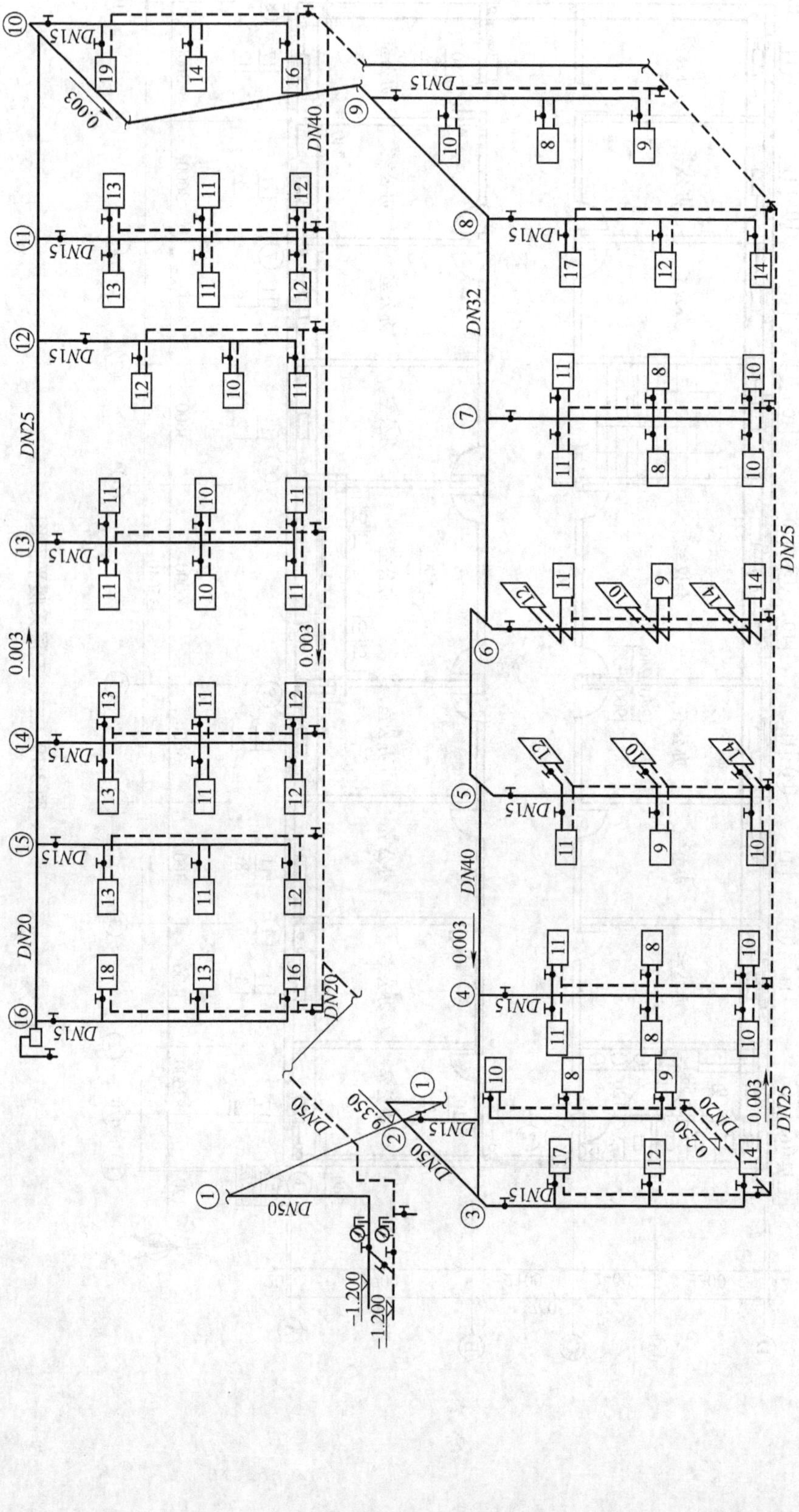

图 3-20 采暖系统图

第三节　常用供热设备

一、散热器

1. 对散热器的要求

散热器是采暖系统重要的、基本的组成部件。热媒通过散热器向室内供热达到采暖的目的。散热器的金属耗量和造价在采暖系统中点有相当大的比例，因此，散热器的正确选用涉及系统的经济指标和运行效果。对散热器的基本要求，主要有以下几种：

（1）热工性能方面的要求　散热器的传热系数 K 值越高，散热性能越好。提高散热器的散热量，增大散热器传热系数的方法，可以采用增加外壁散热面积（在外壁上加肋片），提高散热器周围空气流动速度和增加散热器向外辐射强度等途径。

（2）经济方面的要求　散热器传给房间的单位热量所需金属耗量越少，成本越低，其经济性越好。散热器的金属热强度是衡量散热器经济性的一个标志。金属热强度是指散热器内热媒平均温度与室内空气温度差为1℃时，每千克质量散热器单位时间所散出的热量。

即

$$q = K/G \tag{3-6}$$

式中　q——散热器的金属热强度[W/(kg·℃)]；

K——散热器的传热系数[W/(m^2·℃)]；

G——散热器每1m^{2}散热面积的质量(kg/m^2)。

q 值越大，说明放出同样的热量所耗的金属量越小。这个指示可作为衡量同一材质散热器经济性的一个指标。对各种不同材质的散热器，其经济评价标准宜以散热器单位散热量的成本(元/W)来衡量。

（3）安装使用和工艺方面的要求　散热器应具有一定机械强度和承压能力；散热器的结构形式应便于组合成所需要的散热面积，结构尺寸要小，少占房间面积和空间；散热器的生产工艺应满足批量生产的要求。

（4）卫生和美观方面的要求　散热器外表光滑，不易积灰和易于清扫，外表美观，易与室内装饰相协调。

（5）使用寿命的要求　散热器应不易于被腐蚀和破损，使用年限长。目前，国内生产的散热器种类繁多，按其使用材质不同，主要有铸铁、钢制、铝合金等三大类。按其构造不同，主要分为柱形、翼形、管形、平板形等。

2. 散热器的种类

（1）铸铁散热器　由于结构简单、耐腐蚀、使用寿命长、水容量大而沿用至今。它的金属耗量大、笨重、金属热强度比钢制散热器低。目前国内应用较多的铸铁散热器有柱形和翼形两大类。

铸铁柱形散热器是呈柱状的单片散热器，用对丝将单片组对成所需散热面积。常用铸铁柱形散热器有4柱（见图3-21a）和2柱（M132型）（见图3-21b）等。4柱散热器有带足片与无足片两种片形，分别用于落地和挂墙安装。柱形散热器外形美观，传热系数较大，单片散热量小，容易组对成所需散热面积，积灰较易清除。

翼形散热器分为长翼形（见图3-21c）和圆翼形（见图3-21d）。翼形散热器铸造工艺简单，价格较低，但易积灰，单片散热面积较大，不易组对成所需散热面积，承压能力低。圆翼形多用于不产尘车间，有时也用于要求散热器高度小的地方。

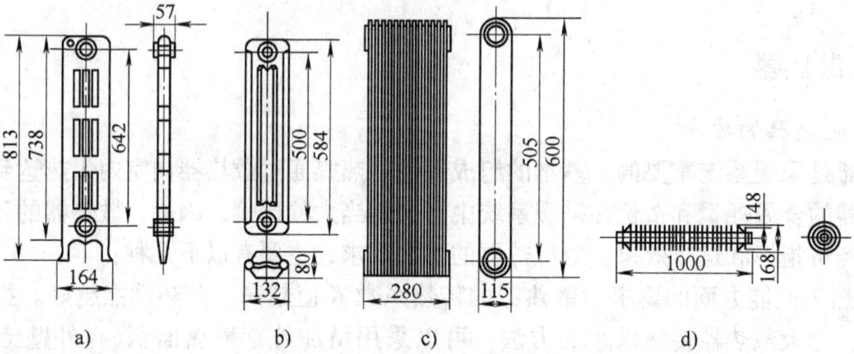

图 3-21 常用铸铁散热器

a）4 柱散热器 b）M132 型散热器 c）长翼形散热器 d）圆翼形散热器

（2）钢制散热器

1）闭式钢串片对流散热器。它由钢管、钢片、联箱及管接头组成(见图 3-22)。钢管上的串片采用薄钢片，串片两端折边 90°形成封闭形。形成许多封闭垂直空气通道，增强了对流放热量，同时也使串片不易损坏。闭式钢串片散热器规格以高×宽表示，其长度可按设计要求制作。

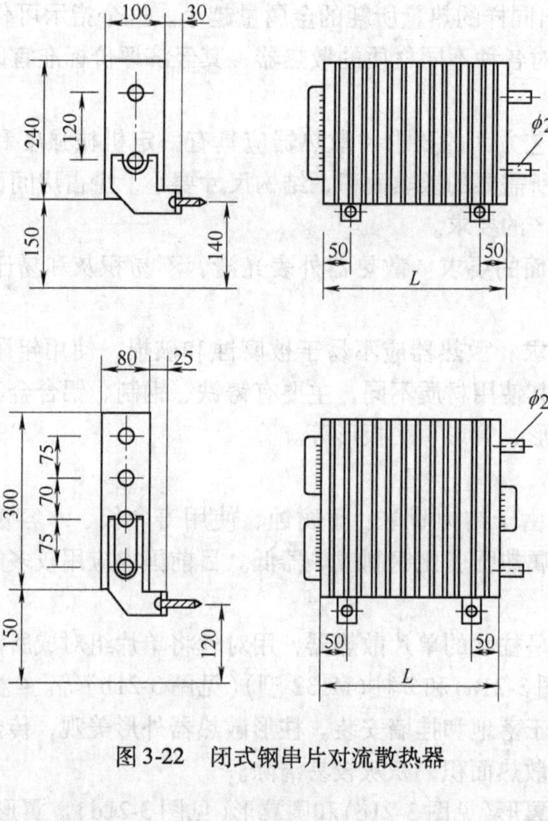

图 3-22 闭式钢串片对流散热器

2）钢制板形散热器。它由面板、背板、进出水口接头、放水门固定套及上下支架组成(见图3-23)。背板有带对流片和不带对流片两种板形。面板、背板多用1.2～1.5mm厚的冷轧钢板冲压成形，在面板直接压出呈圆弧形或梯形的散热器水道。水平联箱压制在背板上，经复合滚焊形成整体。为增大散热面积，在背板后面可焊上0.5mm厚的冷轧钢板对流片。

3）钢制柱形散热器。其构造与铸铁柱形散热器相似，每片也有几个中空立柱(见图3-24)。这种散热器是采用1.25～1.5mm厚冷轧钢板冲压延伸形成片状半柱形。将两片片状半柱形经压力滚焊复合成单片，单片之间经气体弧焊连接成散热器。

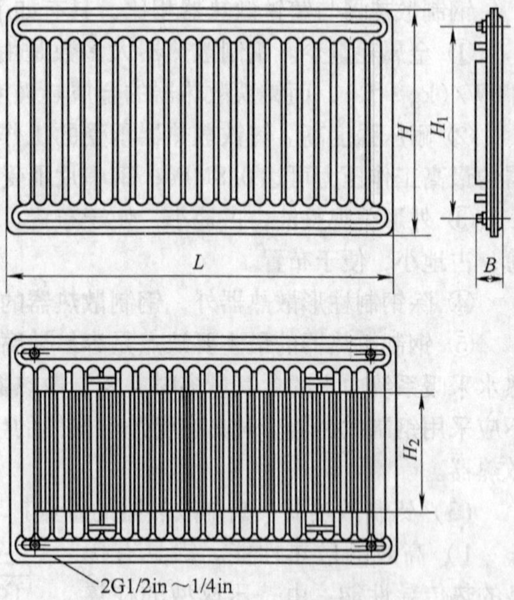

图3-23　钢制板形散热器

4）钢制扁管形散热器。它是采用52mm×11mm×1.5mm(宽×高×厚)的不通路扁管叠加焊接在一起，两端加上断面35mm×40mm的联箱制成(见图3-25)。扁管散热器的板形有单板、双板、单板带对流片和双板带对流片4种结构形式。单双板扁管散热器两面均为光板，板面温度较高，有较多的辐射热。带对流片的单、双板扁管散热器，每片散热量比同规格的不带对流片的大，热量主要是以对流方式传递。

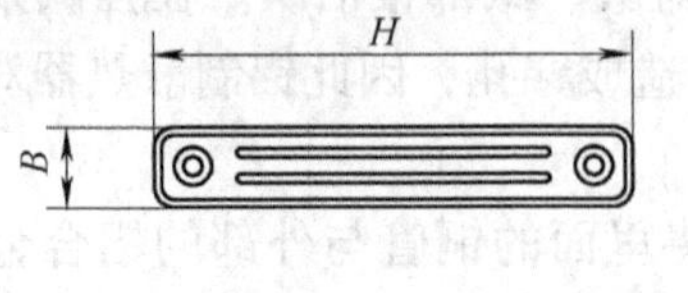

图3-24　钢制柱形散热器

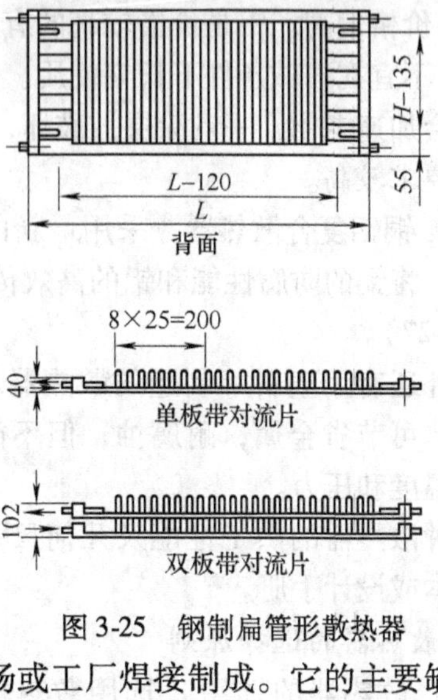

图3-25　钢制扁管形散热器

5）钢制光面管(排管)散热器。它是用钢管在现场或工厂焊接制成。它的主要缺点是耗钢量大、占地面积大、造价高，也不美观，一般只用于工业厂房。

钢制散热器与铸铁散热器相比，具有如下一些特点：

① 金属耗量少。钢制散热器大多数是由薄钢板压制焊接而成。金属热强度可达0.8～1.0W/(kg·℃)，而铸铁散热器的金属热强度一般仅为0.3W/(kg·℃)左右。

② 耐压强度高。铸铁散热器承受的工作压力一般0.4～0.5MPa。钢制板形及柱形散热器的最高工作压力可达0.8MPa；钢串片承受的工作压力更高，可达1.0MPa。

③ 外形美观整洁，占地小，便于布置。钢制散热器高度较低，扁管和板形散热器厚度薄，占地小，便于布置。

④ 除钢制柱形散热器外，钢制散热器的水容量较少，热稳定性较差。

⑤ 钢制散热器的最主要缺点是容易被腐蚀，使用寿命比铸铁散热器短。实践经验表明：热水采暖系统中水的含氧量多时，钢制散热器很易产生内部腐蚀。此外，在蒸汽采暖系统中不应采用钢制散热器。对具有腐蚀性气体的生产厂房或相对湿度较大的房间，不宜设置钢制散热器。

(3) 铝制散热器　铝制散热器的特点：

1) 高效的散热性能。铝具有优良的热传导性能，由挤压成型的柱翼式(见图3-26)造型使得同体积散热面积大大增加，散热量大大提高，因此铝制散热器在满足同等散热量的情况下体积比传统散热器要小得多。

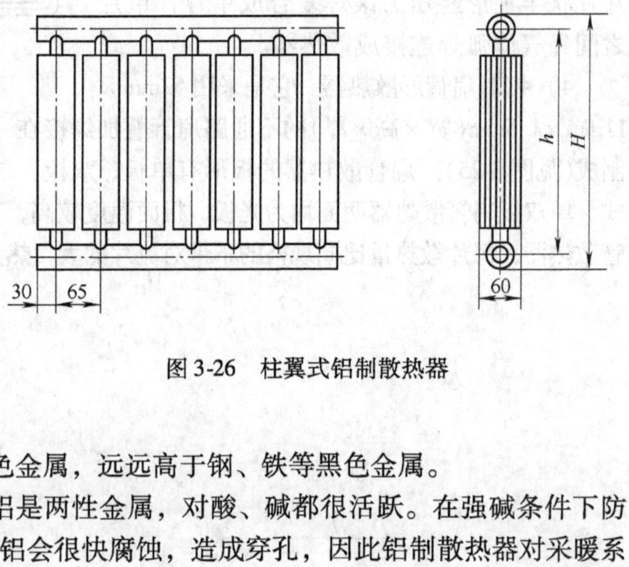

图3-26　柱翼式铝制散热器

2) 重量轻。铝制散热器由于具有很高的散热效率，并且它的密度也仅为钢的1/3，所以在同等散热量情况下，铝制散热器的重量比钢制散热器的重量要轻很多。

3) 价格偏高。铝是价格较高的有色金属，远远高于钢、铁等黑色金属。

4) 不宜在强碱条件下长期使用。铝是两性金属，对酸、碱都很活跃。在强碱条件下防腐涂料会加速老化，一旦涂层被破坏，铝会很快腐蚀，造成穿孔，因此铝制散热器对采暖系统用水要求较高。

(4) 铜铝复合散热器　采用最新的液压胀管技术将里面的铜管与外部的铝合金紧密连接起来，将铜的防腐性能和铝的高效传热结合起来，这种组合使得这种散热器性能更加优越(见图3-27)。

此外还有用塑料等制造的散热器。塑料散热器，可节省金属，耐腐蚀，但不能承受太高的温度和压力。

各种散热器的热工性能及几何尺寸可查厂家样本或设计手册。

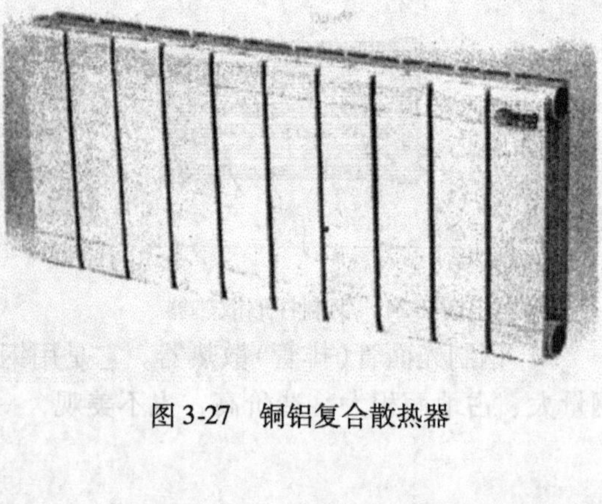
图3-27　铜铝复合散热器

3. 散热器的选择原则

(1) 散热器的选用　选用散热器类型时，应考虑其在热工、经济、卫生工艺和美观等方面的基本要求，应符合下列原则性的规定：

所选散热器的传热系数应较大，其热工性能应满足采暖系统的要求。采暖系统下部各层散热器承受压力较大，所能承受的最大工作压力应大于采暖系统底层散热器的实际最大工作压力。

散热器的外形尺寸应适合建筑尺寸和环境要求，易于清扫。民用建筑宜采用外形美观、易于清扫的散热器，并考虑与室内装修协调。在放散粉尘或对防尘要求较高的工业建筑中，应采用易于清除灰尘的散热器。在具有腐蚀性气体的工业建筑或相对湿度较大的房间，应采用耐腐蚀的散热器。采用钢制和铝制散热器时，应满足其产品对水质的要求。安装热量表和恒温阀的热水采暖系统不宜采用水流通道内含有粘砂的铸铁等散热器。

（2）散热器的布置

1）散热器宜安装在外墙的窗台下，这样，沿散热器上升的对流热气流能阻止和改善从玻璃窗下降的冷气流和玻璃冷辐射的影响，有利于人体舒适。当安装或布置管道有困难时，也可靠内墙安装。

2）为防止冻裂散热器，两道外门之间的门斗内，不应设置散热器。楼梯间的散热器，宜分配在底层或按一定比例分配在下部各层。

3）散热器宜明装。内部装修要求较高的民用建筑可采用暗装，暗装时装饰罩应有合理的气流通道，足够的通道面积，并方便维修。幼儿园的散热器必须暗装或加防护罩，以防烫伤儿童。

4）在垂直单管或双管热水采暖系统中，同一房间的两组散热器可以串联连接；贮藏室、盥洗室、厕所和厨房等辅助用室及走廊的散热器，可同邻室串联连接。两串联散热器之间的串联管直径应与散热器接口直径相同，以便水流畅通。

5）铸铁散热器的组装片数，不宜超过下列数值。

粗柱形(包括柱翼形)—20 片；细柱形—25 片；长翼形—7 片。

二、辐射散热设备

前述散热器主要以对流散热为主，对流散热占总散热量的 75% 左右，这种供暖称为散热器供暖系统。如果散热设备主要以辐射散热为主，则称为辐射供暖系统。辐射供暖按其散热设备表面的温度分为低温辐射、中温辐射、高温辐射三种。低温辐射供暖是将通热媒的细管(做成盘管或排管)打入建筑物的结构(如顶棚、地板及墙面)内。这种辐射板有的直接和人体接触，有的距离很近，表面温度不能太高。这种供暖形式定内美观，舒适条件好，宜用于一般民用、公共建筑中。中温辐射供暖的散热设备为钢制辐射板，以高温水或蒸汽为热媒，其板面平均温度为 80 ~ 200℃。这种供暖系统主要应用于工业厂房，用在高大的工业厂房中其效果更好。在某些美观与装饰要求不太高的大空间公共建筑，如商场、体育馆、展览厅、车站等也可选用。钢制辐射板也可应用于生产厂房和公共建筑的局部区域或局部工作地点供暖。高温辐射主要是煤气红外线供暖。条件许可时，宜用于生产厂房的局部区域或局部工作地点供暖，亦可用于全面供暖，以及用于露天作业地点的局部供暖。

1. 低温辐射供暖

低温辐射供暖是将加热管埋设在建筑构件内，可用作全面供暖或局部供暖。用于局部供暖时都与空调结合。

加热管过去都用无缝钢管。由于钢管的热膨胀系数比混凝土等大很多，在设计与施工时有严格的技术措施，造价也较高。近几年多采用抗老化、耐温、耐压的塑料管，如聚丁烯管，通称交联管(XLPE PIPE)或PB管。为了减少流动阻力和保证供、回水温差不过大，加热管多用并联布置。供、回水都设有分水器。供水进入分水器后分出若干并联的盘管，再经回水集中到集水器。供水与回水交错布置。图3-28为加热管平面图示例；图3-29为加热管系统图(入口至分水器)；图3-30为地板辐射供暖时，加热管布置剖面图。在基础层上先做保温层，保温层要用高效保温材料，如聚苯复合材料，或其他板状、卷材状保温材料，一般可做30mm厚。将交联管固定在保温材料上，上边再做地面。

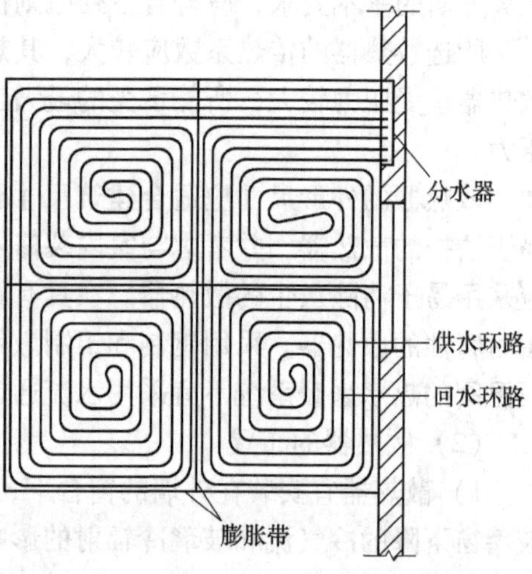

图3-28 加热管平面图

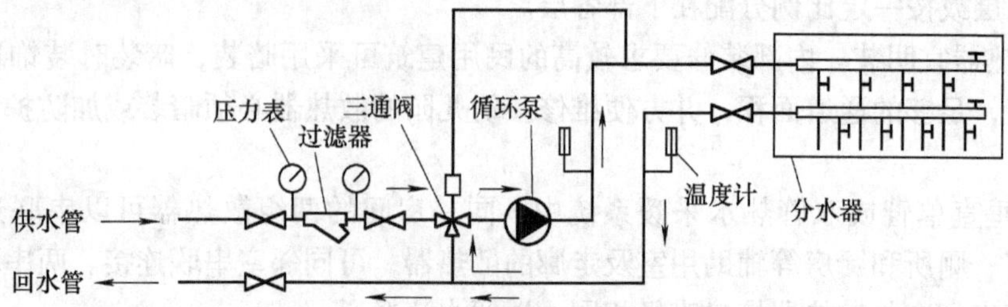

图3-29 加热管系统图

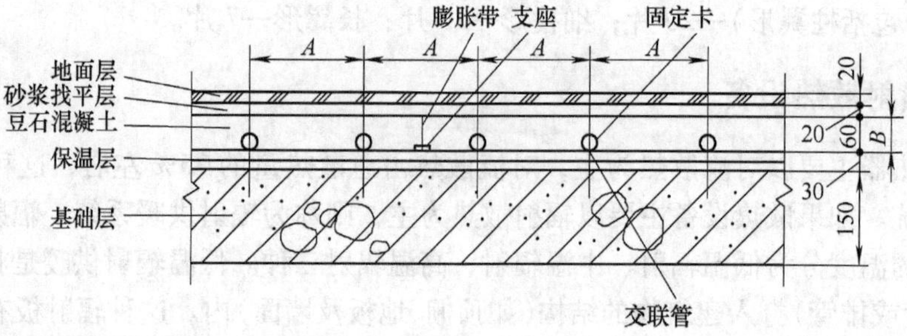

图3-30 加热管布置剖面图

2. 钢制辐射板

钢制辐射板有块状辐射板和带状辐射板两种型式。

(1) 块状辐射板　图3-31为块状辐射板的构造示意图集。块状钢制辐射板的板面为薄钢板，厚度一般为0.5~1.0mm；加热管通常为焊接钢管，管径为DN15、DN20、DN25；为使板面温度均匀且导热好，小管与板面要接触严密；管间距宜小(100mm左右)。保温材料为蛭石、珍珠岩、岩棉等。

根据钢管与钢板的连接方式不同，单块钢制辐射板分为A型与B型两类：

A型：加热管外壁周长的1/4嵌入钢板槽内，并以U形螺栓固定。

B型：加热管外壁周长的1/2嵌入钢板槽内，并以管卡固定。

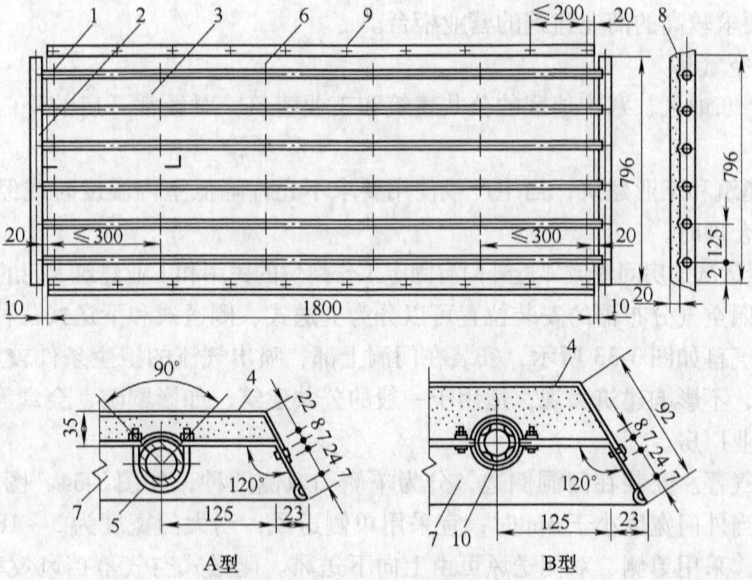

图 3-31　块状辐射板

1—加热管　2—连接管　3—辐射板表面　4—辐射板背面　5—U 形螺栓　6—等长双头螺栓　7—侧板　8—隔热材料　9—铆钉　10—内外管卡

如只需要辐射板在板前辐射热量（称单面辐射板），则背面加保温层。可另在背板内填散状保温材料，也可直接粘贴上块状或毡状保温材料。背面方向的散热量，约占板总散热量的 10% 背面不保温的辐射板，称为双面辐射板。双面辐射板可以垂直安装在多跨车间的两路之间，使其双向散热，其散热量比同样的单面辐射板增加 30% 左右。钢制块状辐射板构造简单，加工方便。在同样的放热情况下，它的耗金属量比铸铁散热器供暖系统节省 50% 左右。

（2）带状辐射板　带状辐射板是将单块辐射板按长度方向串联而成，如图 3-32 所示。带状辐射板通常采用沿厂房的长度方向布置，长达数十米，水平吊挂在屋顶下或屋架下弦下部。带状辐射板适用于大空间建筑，与块状辐射比较，由于它的排管较长，加工安装不方便。

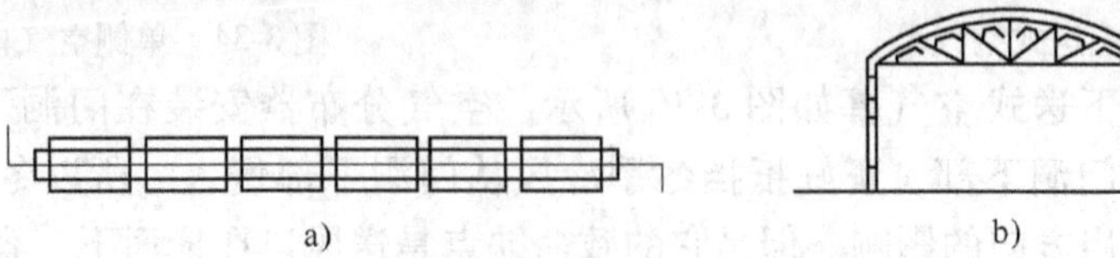

图 3-32　带状辐射板示意图

a）组成　b）布置

三、空气幕与暖风机

1. 空气幕

空气幕是利用特制的空气分布器喷出一定速度和温度的幕状气流，借此封闭大门、门厅、门洞、柜台等，减少和隔绝外界气流的侵入，以维持室内或某一工作区域一定的环境条件，同时还可阻挡灰尘、有害气体和昆虫的进入。

下列建筑的大门或适当部位宜设置空气幕或热空气幕：

（1）设空气幕

1）设有空气调节系统的民用建筑及工业建筑大门的门厅和门斗里。

2）某些要求较高的商业建筑的营业柜台。

（2）设热空气幕

1）位于严寒地区、寒冷地区的公共建筑和工业建筑，对经常开启的外门，且不设门斗和前室时。

2）公共建筑和工业建筑，当生产或使用要求不允许降低室内温度时或经技术经济比较设置热空气幕合理时。

3）在大量散湿的房间里或邻近外门有固定工作岗位的民用和工业建筑大门的门厅和门斗里。

空气幕按照空气分布器的安装位置可以分为上送式、侧送式和下送式三种。

上送式空气幕如图3-33所示，安装在门洞上部，喷出气流的卫生条件较好，安装简便，占空气面积小，不影响建筑美观，适用于一般的公共建筑，如影剧院、会堂等，现在也越来越多地用于工业厂房。

侧送式空气幕。安装在门洞侧边，分为单侧和双侧两种，如图3-34、图3-35所示。对于工业建筑，当外门宽度小于3m时，宜采用单侧送风；当大门宽度为3～18m时，应经过技术经济比较，采用单侧、双侧送风可由上向下送风。侧送式空气幕挡风效率不如下送式，但卫生条件较下送式好。过去工业建筑常采用该型空气幕，但由于它占据空间较大，近来渐被上送式空气幕代替。为了不阻挡气流，装有该型空气幕的大门严禁向内开启。

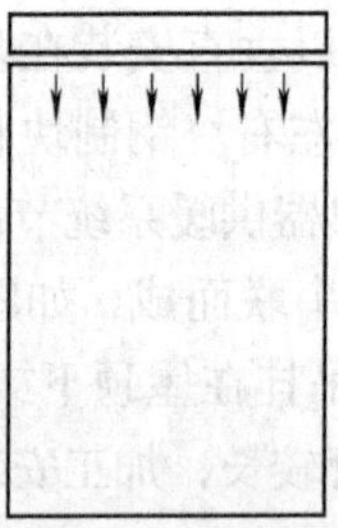

图3-33 上送式空气幕

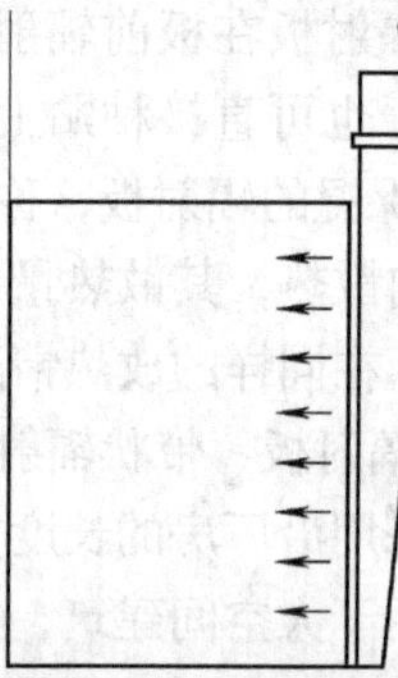

图3-34 单侧空气幕

下送式空气幕。下送式空气幕如图3-36所示，空气分布器安装在门洞下部的地沟内，由于其射流最强区在门洞下部，正好抵挡冬季冷风从门洞下部侵入，所以冬季挡风效率最好，而且不受大门开启方向的影响。但是它的致命缺点是送风口在地面下，容易被脏物阻塞和污染空气，维修困难。另外，在车辆通过时，因空气幕气流被阻碍而影响送风效果，因此

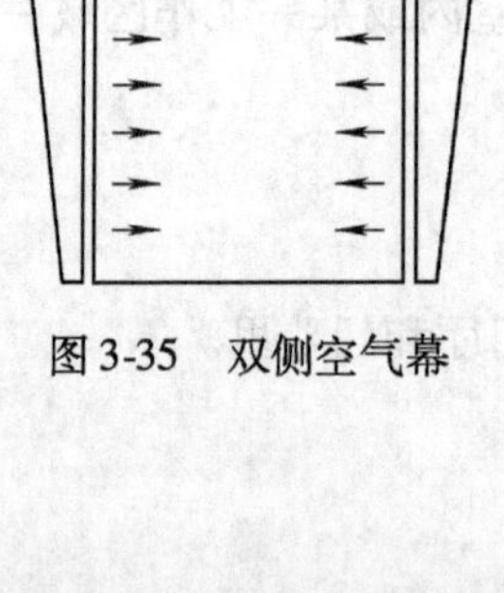

图3-35 双侧空气幕

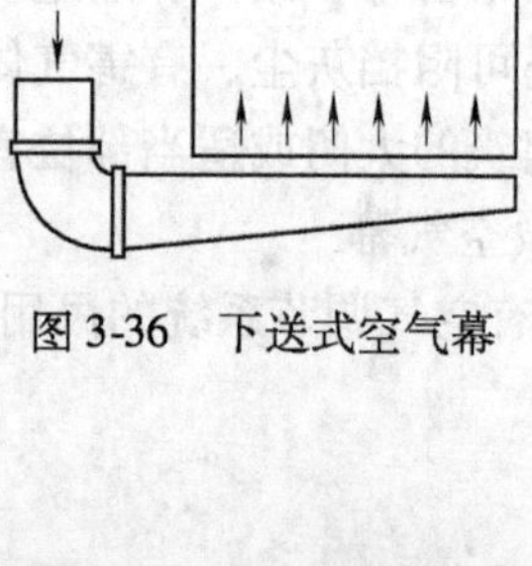

图3-36 下送式空气幕

目前一般很少使用。

空气幕按送出气流温度可分为热空气幕、等温空气幕和冷空气幕。

热空气幕：在空气幕内设有加热器，以热水、蒸汽或电为热媒，将送出的空气加热到一定温度。它适用于严寒地区。

等温空气幕：空气幕内不设加热(冷却)装置，送出的空气不经过处理，因而构造简单、体积小、适用范围更广，是目前非严寒地区主要采用的形式。

冷空气幕：空气幕内设有冷却装置，送出一定温度的冷风，主要用于炎热地区而且有空调要求的建筑物大门。

空气幕设备由空气处理设备、风机、空气分布器及风管系统组成。热空气幕中设有空气加热器，冷空气幕中设有表面冷却器。

2. 暖风机

暖风机是热风供暖系统的备热和送热设备，热风供暖是比较经济的供暖方式之一。对流散热几乎占100%，具有热惰性小、升温快的特点，适用于高大工业厂房等建筑的供暖。暖风机是由通风机、电动机及空气加热器组合而成的联合机组。在风机作用下，空气由吸风口进入机组，经空气加热器加热后，从送风口送至室内，以维持室内要求的温度。暖风机分为轴流式与离心式两种，常称为小型暖风机和大型暖风机。根据其结构特点及适用的热媒不同，又可分为蒸汽暖风机，热水暖风机，蒸汽、热水两用暖风机以及冷热水再用暖风机等。

(1) 轴流式暖风机　目前国内常用的轴流式暖风机主要有蒸汽、热水两用的NC型(见图3-37)和NA暖风机和冷热水两用的S形暖风机。轴流式暖风机体积小、结构简单、安装方便。但它送出的热风气流射程短，出口风速低。所以它主要用于加热室内再循环空气，一般将其悬挂或支架在墙上或柱子上。热风经出风口处百叶调节板，直接吹向工作区。

(2) 离心式暖风机　离心式大型暖风机主要有蒸汽、热水两用的NBL型暖风机(见图3-38)。离心式暖风机是用于集中输送大量热风的供暖设备。由于它配用离心式通风机，有较大的作用压头和较高的出口速度，比轴流式暖风机的气流射程长很多，送风量和产热量大，常用于集中送风供暖系统。离心式大型暖风机，除用于加热室内再循环空气外，也可用来加热一部分室外新鲜空气，同时用于房间通风和供暖上。但应注意，对于空气中含有燃烧危险的粉尘，产生易燃、易爆气体和纤维，而又未经处理的生产厂房，从安全角度考虑，不得采用再循环空气。

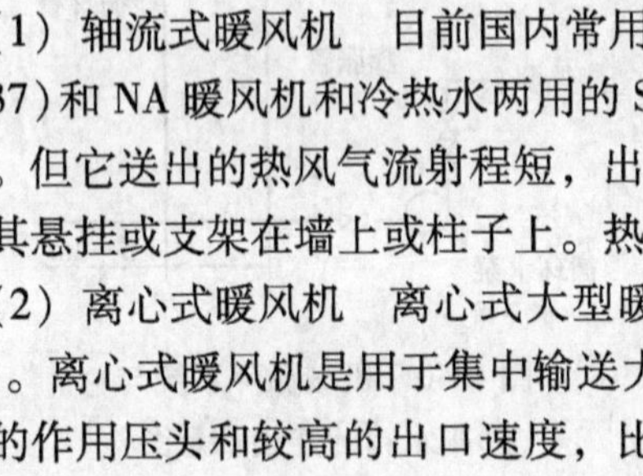

图3-37　NC型轴流式暖风机
1—轴流式风机　2—电动机　3—加热器
4—百叶片　5—支架

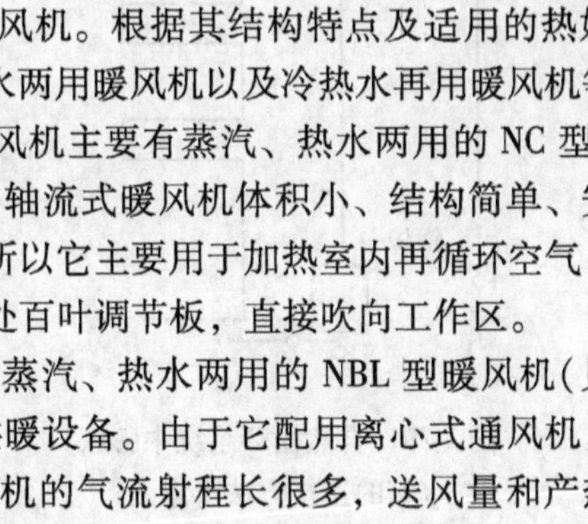

图3-38　NBL型离心式暖风机
1—离心式风机　2—电动机　3—加热器
4—导流叶片　5—外壳

四、供暖附属设备

1. 膨胀水箱

在热水供暖系统中，膨胀水箱有以下几个方面的作用：①容纳系统中水温升高后膨胀的水量；②在自然循环上供下回式系统中可作为排气设施使用；③ 在机械循环系统中可作控制系统压力的定压装置。在自然、机械循环热水供暖系统中，膨胀水箱的安装位置有所不同。图3-39所示为自然循环系统中膨胀水箱的连接方法示意图，膨胀水箱位置系统的最高点，与膨胀水箱连接的管道应有利于使系统中的空气通过连接管排入水箱至大气中去，循环管的作用是防止水箱结冻。图3-40所示为机械循环系统与膨胀水箱的连接示意图，膨胀管设在循环水泵的吸水口处作为控制系统的恒压点，循环管的作用同前所述。

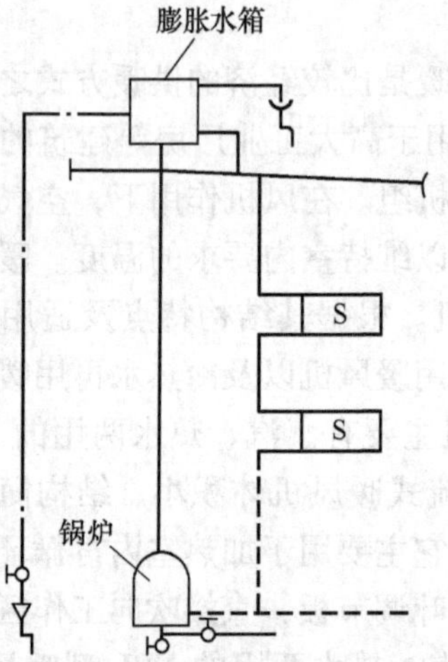

图3-39 自然循环系统中膨胀水箱的连接方法示意图

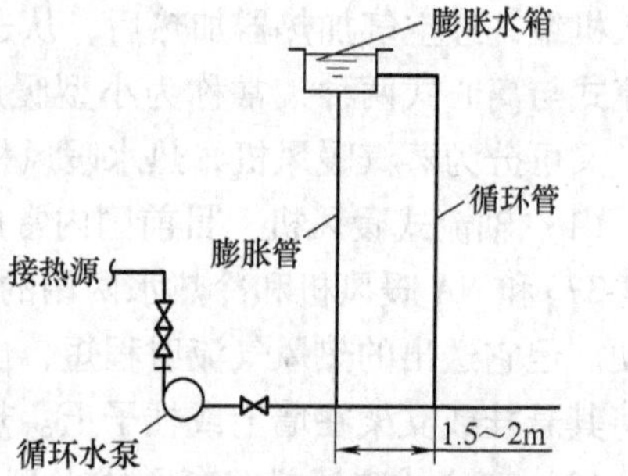

图4-40 机械循环系统与膨胀水箱的连接示意图

膨胀水箱一般用钢板制成，通常做成矩形或圆形。根据需要膨胀水箱上装置的管道有：①膨胀管，它可使管网系统中的膨胀水通至膨胀水箱中，膨胀管上不允许装设阀门；②循环管，保证有一部分膨胀水在水管与膨胀管之间循环流动，以防水箱结冻；③溢水管，当膨胀水箱容纳不下系统中多余的膨胀水量时，水可从溢水管溢出排至附近下水系统。溢水管上严禁装设阀门；④信号管，用于观察膨胀水箱内是否有水，可接到值班间的污水盆中或工作人员易观察的地方；⑤泄水管，供清洗或泄空水箱时使用，可与溢水管一并接到下水系统。膨胀水箱有圆形和矩形两种，图3-41为圆形膨胀水箱的结构示意图。

2. 排气装置

为保证供暖系统的正常运行，无论是自然循环系统还是机械循环系统都必须及时迅速地排除系统中的空气。自然循环系统和机械循环系统的双管下供下回式系统及倒流式系统可以通过膨胀水箱排除空气，其他系统都要在供水干管末端设置集气罐或手动、自动排气阀排除空气。

(1) 集气罐　集气罐一般是用直径 $\phi100\sim250$mm 的钢管焊制而成的，分为立式和卧式两种，每种又有Ⅰ、Ⅱ两种型式，如图3-42所示。集气罐顶部连接直径 $\phi15$mm 的排气管，排气管应引至附近的排水设施处，排气管另一端装有阀门，排气阀应设在便于操作的地方。

集气罐应设于系统供水干管末端的最高点处。当系统充水时，应打开排气阀，直至有水

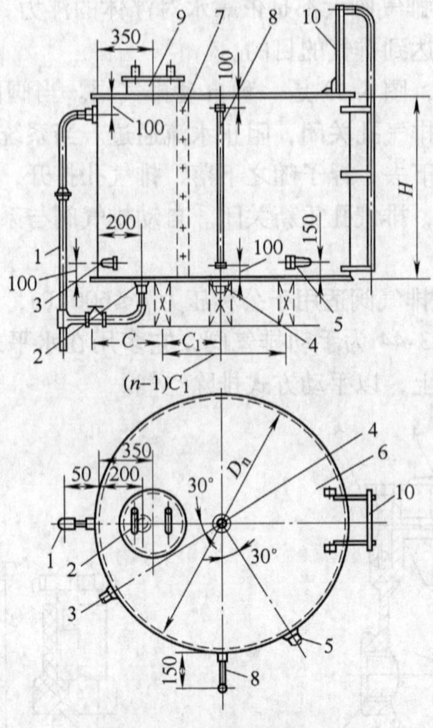

图 3-41　圆形膨胀水箱

1—溢水管　2—排水管　3—循环管　4—膨胀管　5—信号管　6—箱体　7—内人梯　8—玻璃管水位计　9—人孔　10—外人梯

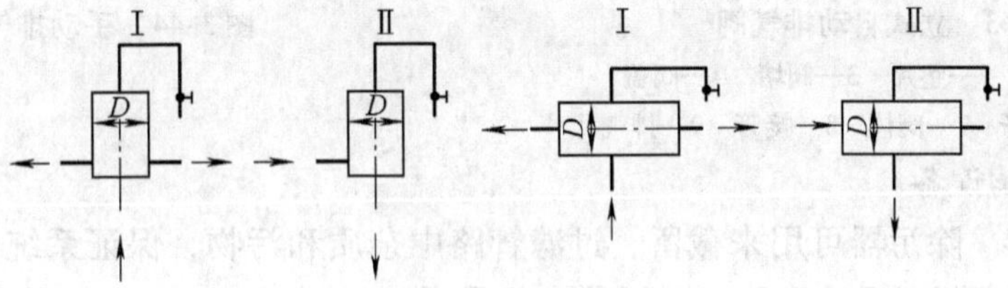

图 3-42　集气罐

从管中流出，方可关闭排气阀；系统运行期间，应定期打开排气阀排除空气。

可根据如下要求选择集气罐的规格尺寸：

1）集气罐的有效面积应为膨胀水箱有效面积的 1%。

2）集气罐的直径应大于或等于干管直径的 1.5 ~2 倍。

3）应使水在集气罐中的流速不超过 0.05m/s。

集气罐的规格尺寸见表 3-9。

表 3-9　集气罐的规格尺寸

规　格	型　号				国际图号
	1	2	3	4	
D/mm	100	150	200	250	T903
$H(L)$/mm	300	300	320	430	
重量/kg	4.39	6.95	13.76	29.59	

（2）自动排气阀 自动排气阀大都是依靠水对浮体的浮力，通过自动阻气和排水机构，使排气孔自动打开或关闭，达到排气的目的。

自动排气阀的种类很多，图3-43是一种自动排气阀。当阀内无空气时，阀体中的水将浮子浮起，通过杠杆机构将排气孔关闭，阻止水流通过。当系统内的空气经管道汇集到阀体上部空间时，空气将水面压下去，浮子随之下落，排气孔打开，自动排除系统内的空气。空气排除后，水又将浮子浮起，排气孔重新关闭。自动排气阀与系统连接处应设阀门，以便检修自动排气阀。

（3）手动排气阀 手动排气阀适用于公称压力$p \leqslant 600\text{kPa}$，工作温度$t \leqslant 100℃$的水或蒸汽采暖系统的散热器上。图3-44为手动排气阀，它多用在水平式和下供下回式系统中，旋紧在散热器上部专设的丝孔上，以手动方式排除空气。

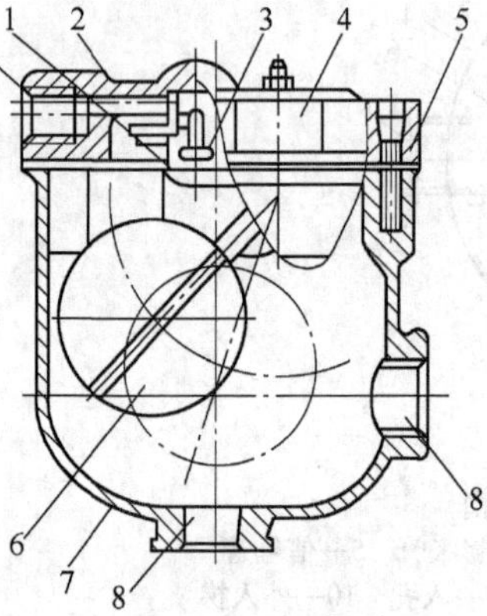

图3-43 立式自动排气阀

1—杠杆机构 2—垫片 3—阀堵 4—阀盖 5—垫片 6—浮子 7—阀体 8—接管 9—排气孔

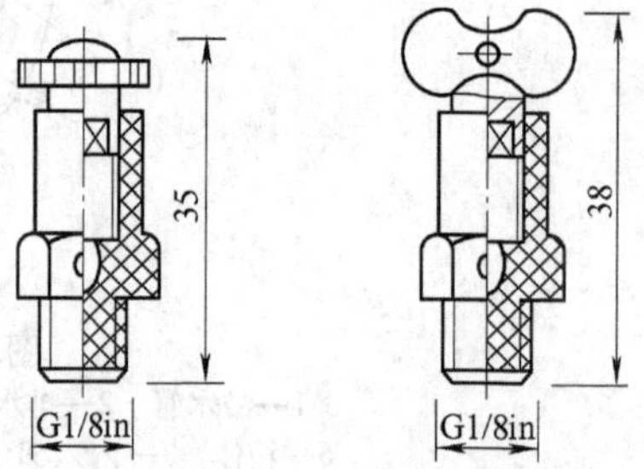

图3-44 手动排气阀

3. 其他附属设备

（1）除污器 除污器可用来截留、过滤管路中杂质和污物，保证系统内水质洁净，减少阻力，防止堵塞调压板及管路。除污器一般设置于采暖系统入口调压板装置前、分户计算热量表前、锅炉房循环水泵的吸入口前和热交换设备入口前。另外，在一些小孔口的阀前(如自动排气阀)宜设置除污器或过滤器。

除污器的形式有立式直通、卧式直通和卧式角通三种。图3-45是采暖系统常用的立式直通除污器。它是一种钢制筒体，当水从进水管2进入除污器内，因流速降低使水中污物沉淀到筒底，较清洁的水经带有大量过滤小孔的出水管3流出。

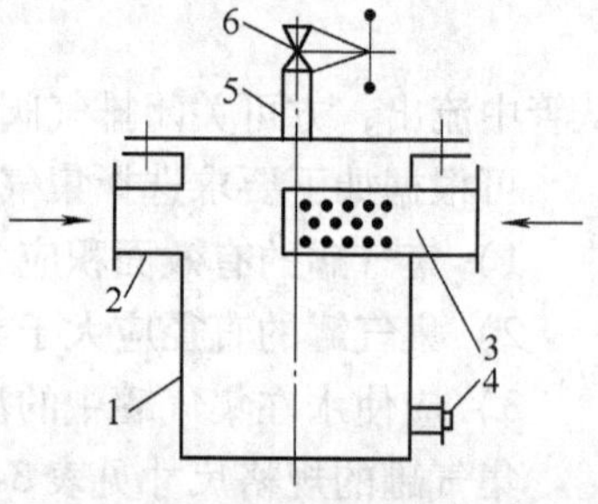

图3-45 立式直通除污器

1—外壳 2—进水管 3—出水管 4—排污管 5—放气管 6—截止阀

除污器的型号可根据接管直径选择。除污器前后应装设阀门，并设旁通管供定期排污和检修使用，除污器不允许装反。

（2）热量表 进行热量测量与计算，并作为计费结算依据的计量仪器称为热量表(也称热表)。热量表构造见图3-46。根据热量计算方程，一套完整的热量表应由以下三部分组成：

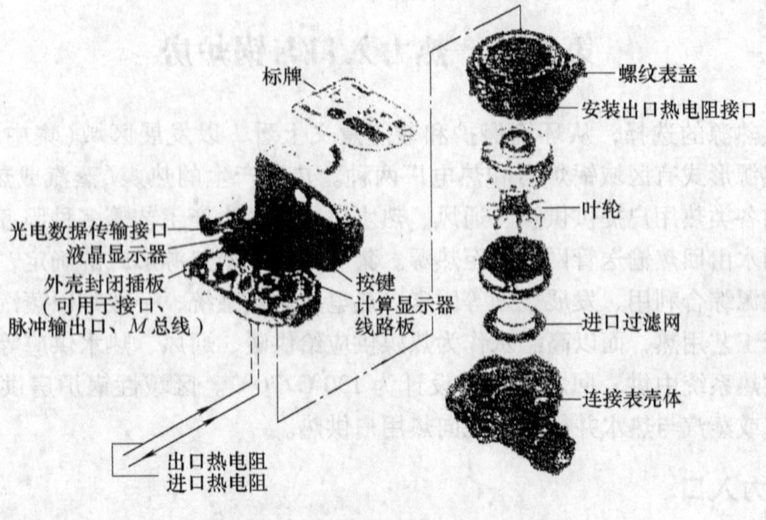

图 3-46　热量表内部结构及连接图

1）热水流量计，用以测量流经换热系统的热水流量。

2）一对温度传感器，分别测量供水温度和回水温度，并进而得到供、回水温差。

3）积算仪（也称积分仪），根据与其相连的流量计和温度传感器提供的流量及温度数据，通过热量计算方程可计算出用户从热交换系统中获得的热量。

（3）散热器温控阀　散热器温控阀是一种自动控制进入散热器热媒流量的设备，它由阀体部分和感温元件控制部分组成。图 3-47 为散热器温控阀的外形图。

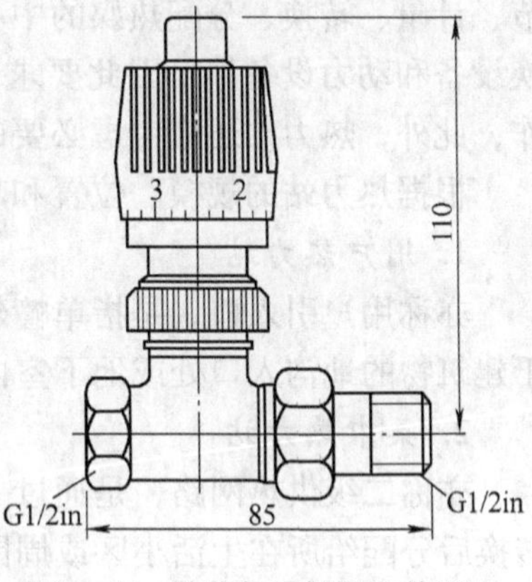

图 3-47　散热气温控阀的外形图

当室内温度高于给定的温度值时，感温元件受热，其顶杆压缩阀杆，将阀口关小，进入散热器的水流量会减少，散热器的散热量也会减少，室温随之下降。当室温下降到设置的低限值时，感温元件开始收缩，阀杆靠弹簧的作用抬起，阀孔开大，水流量增大，散热器散热量也随之增加，室温开始升高。温控阀的控温范围在 13 ~28℃之间，控温误差为 ±1℃。

散热器温控阀具有恒定室温、节约热能等优点，但其阻力较大（阀门全开时，局部阻力系数 ξ 可达 18.0 左右）。

（4）调压板　当外网压力超过用户的允许压力时，可设置调压板来减少建筑物入口供水干管上的压力。调压板的材质，蒸汽采暖系统只能用不锈钢，热水采暖系统可以用铝合金或不锈钢。调压板用于压力 $p \leqslant 1000\text{kPa}$ 的系统中。选择调压板时孔口直径不应小于 3mm，且调压板前应设置除污器或过滤器，以免杂质堵塞调压板孔口。调压板的厚度一般为 2 ~3mm，安装在两个法兰之间，如图 3-48 所示。

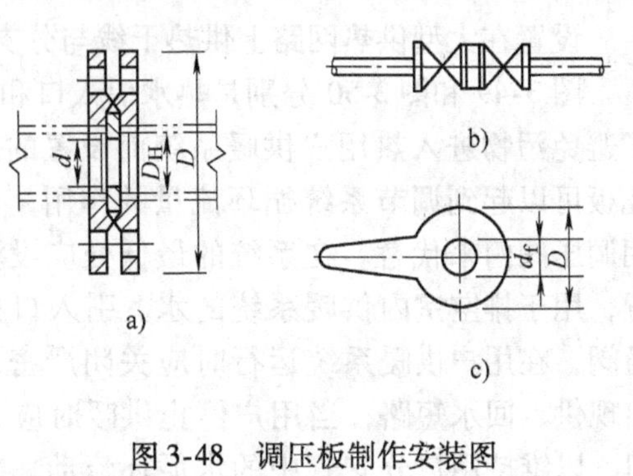

图 3-48　调压板制作安装图

a）调压板装配图　b）调压板安装图　c）调压板制作

第四节 热力入口与锅炉房

集中供热热源的选择，从环境保护和节能意义上看，以发展区域(集中)供热为最佳。区域供热的热源形式有区域锅炉房和热电厂两种。热源产生的热媒(蒸汽或热水)，通过热力输配管网向各类热用户提供供暖、通风、热水供应以及生产工艺等多种服务。热用户排出的凝结水或回水由回热输送管网送回至热源。集中供热系统热源形式的确定，涉及城市热电供应方式、能源综合利用、发展规划等因素。热电厂供热系统，一般是以蒸汽作为热媒供应给厂区的生产工艺用热，而以高温水作为热媒供应给供暖、通风、热水供应等热用户。目前国内热电厂供热系统中供、回水温度多设计为130℃/70℃。区域性锅炉房供热系统，可采用单一的蒸汽或蒸汽与热水并行的系统向热用户供热。

一、热力入口

集中供热系统的热力站(点)是供热网络向热用户供热的连接场所。热力站可以调节供给热用户的热媒参数，根据需要分配热媒流量，收集回热，并起着热能转换、计量和监督的作用。热力站根据热力网路的热媒不同，可分为热水热力站和蒸汽热力站。由于热力站是调节、计量、转换、分配热媒的中心，设置有各种控制器材、检测仪表、节流减压装置、热交换设备和动力设备等，因此要求热力站具有足够的平面面积和空间，便于管理人员进行操作，此外，热力站还应考虑必要的照明和通风设施。

根据热力站的规模、位置和功能的差异，可以分为

1. 用户热力站

亦称用户引入口，是指单幢建筑物热用户的内部供热系统和室外热力管网的连接点，位于建筑物的地沟入口处或地下室内。用户热力站仅为该建筑物的供热服务。

2. 集中热力站

亦称二级供热网路，是通过一个集中热力进口引入热媒，根据用户的具体需要经过热能转换后分配给所在生活小区或周围众多的建筑物。集中热力站可以是单独的建筑物，也可以设置在小区内某一幢建筑物内部。这种集中热力站与分散的用户热力站相比较，设备集中，便于管理，可以减少系统中设备的总造价和总占地面积，但二级管网的投资费用有所增加。

3. 区域性热力站

设置在大型供热网路上供热干线与分支干线的连接点处。

图3-49和图3-50分别是热水引入口和蒸汽引入口示意图。图中供水管上的除污器是为了避免污物进入热用户供暖系统而设置的。调压孔板可以起到调节系统循环流量的作用，也可以用调压阀门来代替。在系统的最低处应设泄水装置，用于排空室内供暖系统的水。引入口处的旁通阀，在用户供暖系统运行时应关闭严密，避免出现供、回水短路；当用户停止供暖时应开启阀门，以维持用户分支管中的水循环流动，防止外网支管结冻。

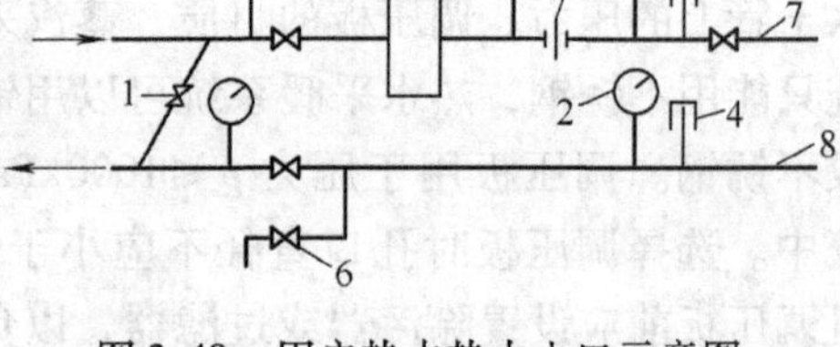

图3-49 用户热水热力入口示意图

1—旁通阀 2—压力表 3—除污器 4—温度计 5—调压孔板 6—泄水阀 7—供水管 8—回水管

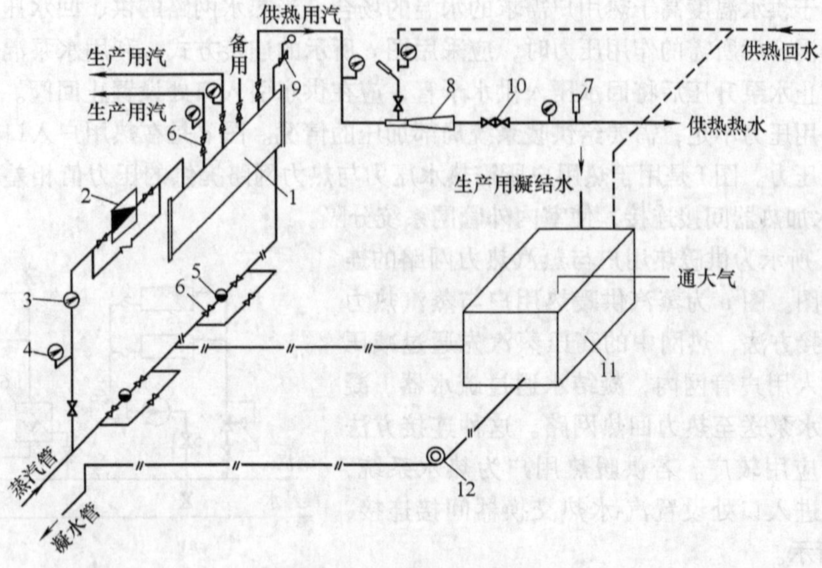

图 3-50　蒸汽热力入口示意图

1—分汽缸　2—减压阀　3—流量计　4—压力表　5—疏水器　6—阀门

7—温度计　8—喷射泵　9—安全阀　10—止回阀　11—凝结水箱　12—凝水泵

供暖热用户室内管网系统与热力网路的连接方式及设备、器材的设置因热力热媒类型、参数的不同以及用户所要求的热媒参数的不同而有差异。但就其连接方法而言，可以有直接连接和间接连接两种。如果热力网路中热媒压力与供暖系统所允许的压力值基本相同，可以采用直接连接方式，即热水或蒸汽直接从热力供热干管引入室内供暖系统，在室内散热器中放热后返回热力回热干管中。直接连接时必须保证：供暖系统中的压力在允许范围内；满足热用户对热媒温度的要求；热水网路供应的热水不至于在室内系统中汽化(即应使室内最高点压力值大于热水的饱和压力)。如果热力网路中的压力与供暖系统所需压力不相符合时，供暖系统就不能与热力网路直接连接，而用热交换设备将两者隔断，称为间接连接。

图 3-51 是供暖热用户与热水热力网的 6 种连接方式示意图。图 a、b、c、d、e 均为热用户与热水网路直接连接。其中图 a 为直接供水方式，用于供暖热用户所需热媒参数恰好与热水网路中热水参数完全相同的情况下。图 b 中的水喷射器可将部分回水与供水混合送入散

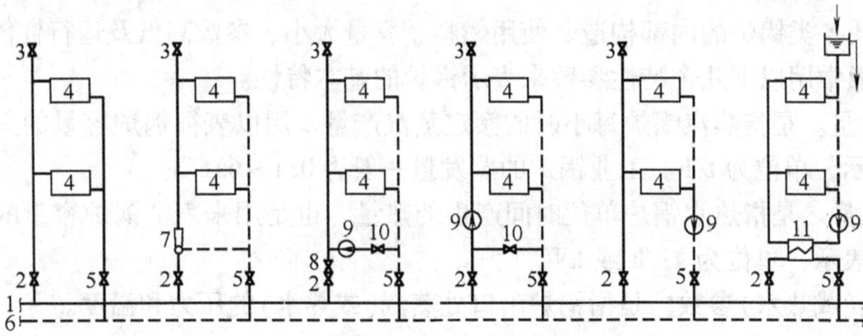

图 3-51　供暖热用户与热水热力网连接方式

1—供水干管　2—供水阀门　3—排气阀　4—散热器　5—回水阀门

6—回水干管　7—喷射泵　8—止回阀　9—水泵　10—阀门　11—加热器

热器，适用于供水温度高于热用户需求的水温的场合。当热水网路的供、回水压差不足以保证水喷射器混合后所需的作用压力时，应采用图 c 所示的连接方式，利用水泵混合并补足压力。为了防止水泵升压后将回水压入供水干管，应在供水引入口处设置止回阀。图 d 是用于供水干管作用压力不足，需要给供暖系统局部加压的情况。图 e 是在热用户入口的回水管上安装了水用压力。图 f 是用于热用户所需热水压力与热力网路提供的压力值相差较大时，必须借助水-水加热器间接连接，使室内外管网系统分隔。

图 3-52 所示为供暖热用户与蒸汽热力网路的连接方式示意图。图 a 为蒸汽供暖热用户与蒸汽热力网的直接连接方法，热网中的高压蒸汽先通过减压阀降压后输入用户管网内，凝结水通过疏水器、凝结水箱、凝水泵送至热力回热网路。这种连接方法简单方便，应用较广。若供暖热用户为热水系统，则应在蒸汽进入口处设置汽-水热交换器间接连接，如图 3-52 所示。

上述热水及蒸汽热力管路与室内供暖热用户的各种连接方式，同样可以作为室内热水供应的热力入口。

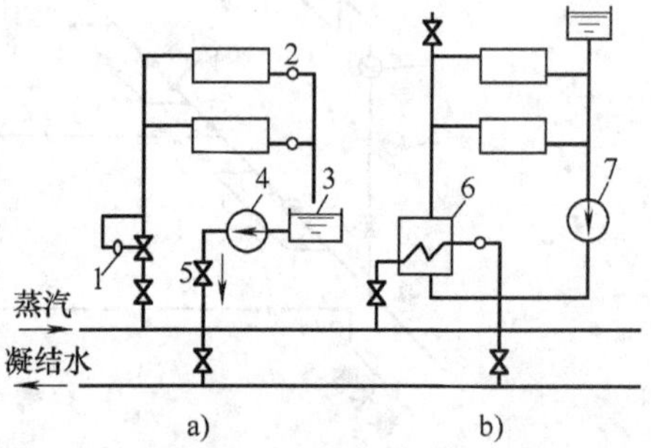

图 3-52　供暖热用户与蒸汽热力网连接方式
1—减压阀　2—疏水器　3—凝结水箱　4—凝结水泵　5—止回阀　6—加热器　7—循环水泵

二、供热锅炉

1. 锅炉的种类

锅炉是供热之源，它是将燃料的化学能转换成热能，并将热能传递给水进而产生热水或蒸汽的加热设备。锅炉的种类很多，根据其用途分为动力锅炉和工业锅炉。工业锅炉按工作介质不同分为热水锅炉和蒸汽锅炉两种；按容量的大小分为大、中、小型锅炉；按压力高低分为高、中、低压锅炉；按水循环动力来源不同分为自然循环锅炉和机械循环锅炉；按形状不同分为立式、卧式锅炉；按所用燃料种类不同分为燃油、燃煤、燃气锅炉。锅炉的类型及台数，取决于锅炉的供热负荷和产热量、供热介质和锅炉所用燃料供应情况等因素。锅炉的数目一般不宜少于两台。

2. 锅炉的基本特性

为了表明各类锅炉的内部构造、使用燃料、容量大小、参数高低及运行性能等各方面的不同特点，通常用以下几个特性参数来表示锅炉的基本特性。

1）蒸发量。是指蒸汽锅炉每小时的额定蒸汽产量，用以表征锅炉容量的大小。一般以符号 D 来表示，单位为 t/h。工业锅炉的蒸发量一般为 0.1～65t/h。

2）产热量。是指热水锅炉单位时间产生的热量，也是用来表征锅炉容量的大小。产热量以符号 Q 表示，单位为 kJ/h 或 kW。

3）蒸汽（或热水）参数。是指锅炉出口处蒸汽（或热水）的压力和温度。

4）受热面蒸发率（或发热率）：是指每平方米受热面每小时所产生的蒸汽量（或热量）。锅炉的受热面是指烟气与水或蒸汽进行热交换的金属表面积，单位为 m^2，以符号 H 来表示。所以受热面蒸发率（或发热率）的单位为 $kg/(m^2 \cdot h)$ 或 $kJ/(m^2 \cdot h)$，以符号 Q/H 表示。该值的大小可以反映出锅炉传热性能的好坏。Q/H 大，说明锅炉传热好，结构紧凑。

5）锅炉的热效率。是指送入锅炉内的燃料完全燃烧后产生的热量与用于产生蒸汽或热水的热量之比，常以符号 η_{gl} 来表示。目前生产的供热锅炉其 η_{gl} 一般在 60%～80% 之间。锅炉的热效率可以说明锅炉运行的热经济性。

3. 锅炉的型号

供热锅炉的型号由三部分内容所组成，各部分之间以短横线连接，如下所示。锅炉本体形式代号、燃料燃烧方式代号、燃料品种代号如表 3-10、表 3-11、表 3-12 所示。例如：SHL10—1.3/350—W，表示双锅筒横置式链条炉排，蒸发量为 10t/h，出口蒸汽压力为 1.3MPa，出口过热蒸汽温度为 350℃，适用于无烟煤，按原型设计制造。再如：QXS1400—0.8/130/80—Y，表示强制循环室燃式热水锅炉，供热量为 1400kW，热水出口温度为 130℃，回水温度为 80℃，压力为 0.8MPa，燃料为燃油，按原型设计制造。

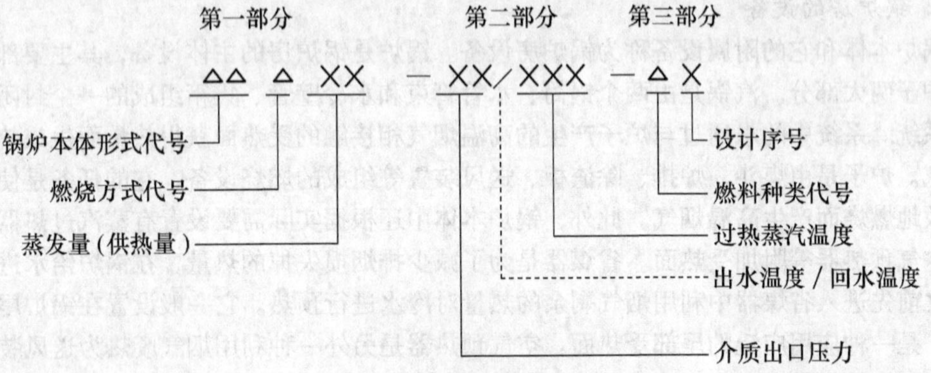

表 3-10 锅炉本体形式代号

火管锅炉		水管锅炉	
锅炉本体形式	代号	锅炉本体形式	代号
立式水管	LS(立、水)	单锅筒立式	DL(单、立)
		单锅筒纵置式	DZ(单、纵)
立式火管	LH(立、火)	单锅筒横置式	DH(单、横)
		双锅筒纵置式	SZ(双、纵)
卧式内燃	WN(卧、内)	双锅筒横置式	SH(双、横)
		纵横锅筒式	ZH(纵、横)
		强制循环式	QX(强、循)

表 3-11 燃烧方式代号

燃烧方式	代号	燃烧方式	代号
固定炉排	G(固)	下饲式炉排	A(下)
活动手摇炉排	H(活)	往复推饲炉排	W(往)
链条炉排	L(链)	沸腾炉	F(沸)
抛煤机	P(抛)	半沸腾炉	B(半)
倒转炉排加抛煤机	D(倒)	室燃炉	S(室)
振动炉排	Z(振)	旋风炉	X(旋)

表 3-12 燃料品种代号

燃烧品种	代号	燃烧品种	代号
无烟煤	W(无)	油	Y(油)
贫煤	P(贫)	气	Q(气)
烟煤	A(烟)	木柴	M(木)
劣质烟煤	L(劣)	甘蔗渣	G(甘)
褐煤	H(褐)	煤矸石	S(石)

三、锅炉房的设备及工艺布置

1. 锅炉房的设备

锅炉本体和它的附属设备称为锅炉房设备。锅炉是锅炉房的主体设备，其主要部件是汽锅和炉子两大部分。汽锅是由两个锅筒、水管管束和水冷壁管、集箱组成的一个封闭汽水热交换系统。系统中的水通过与炉子产生的高温烟气相接触的受热面获得热量而生成热水或饱和蒸汽。炉子是由煤斗、炉排、除渣板、送风装置等组成的燃烧设备，它的任务是使燃料经济高效地燃烧而产生高温烟气。此外，锅炉本体中还根据实际需要设置有蒸汽过热器、省煤器和空气预热器等附加受热面。省煤器是为了减少排烟损失掉的热量，在锅炉给水进入汽锅受热之前先进入省煤器中利用烟气剩余的热量对冷水进行预热。它一般设置在锅炉尾部的烟道内，是一种应用广泛的尾部受热面。空气预热器是另外一种利用烟气废热为送风装置的进风进行预热的尾部受热面。蒸汽过热器是使汽锅中产生的饱和蒸汽继续生成过热蒸汽的一种附加受热面，在供热锅炉中极少设置。

2. 锅炉房的附属设备

锅炉房的附属设备是指为了保证锅炉房能够安全可靠、经济有效地正常工作而设置的辅助性机械设备、安全控制器材及仪表附件。附属设备包括以下向个部分：

（1）运煤除灰系统　锅炉中设有专用的运煤除灰设备，以保证燃料的运入和灰渣的排除。煤场的煤通过各种运煤机械送至锅炉的炉子中、运煤系统实现煤的转堆、破碎、筛选和计量等，常用的设备有电动葫芦吊煤罐、提升机、埋刮板输送机、胶带输送机等。运煤方式应根据耗煤量、燃料源、自然地形条件考虑确定。及时清除灰渣也是保障锅炉正常运行的重要因素。常用的除灰方法有人工除渣、机械除渣和水力除渣三种，可根据单位时间的排渣量来选用。

（2）通风系统　锅炉房的通风系统分为送风系统和引风系统。送风系统是将室外空气通过送风机、风道送入炉膛，提供给燃烧设备必需的空气；引风系统是将燃料燃烧后产生的烟气，通过过热器、省煤器及除尘器、引风机、烟道、烟囱，排向大气。

（3）水汽系统　其作用是保证供给汽锅要求的水质和水量，并将锅炉产生的热水或蒸汽及时顺利地输送出去。水汽系统由给水、蒸汽、排污三个部分组成。给水系统有水处理设备、水箱、水泵及给水管道和附件等；蒸汽系统包括主、副蒸汽管及其相应的设备、附件；排污系统包括排污减温池或扩容器、排污管等。因为锅炉的排污水具有很高的压力和温度，因此必须先进行膨胀降温后再排入下水道。

（4）仪表控制系统　包括流量计、压力表、水位指示器、电控或自控器材等。图 3-53 所示为锅炉房设备简图。锅炉工作时，燃料在炉子里燃烧产生大量的高温烟气，烟气携带的

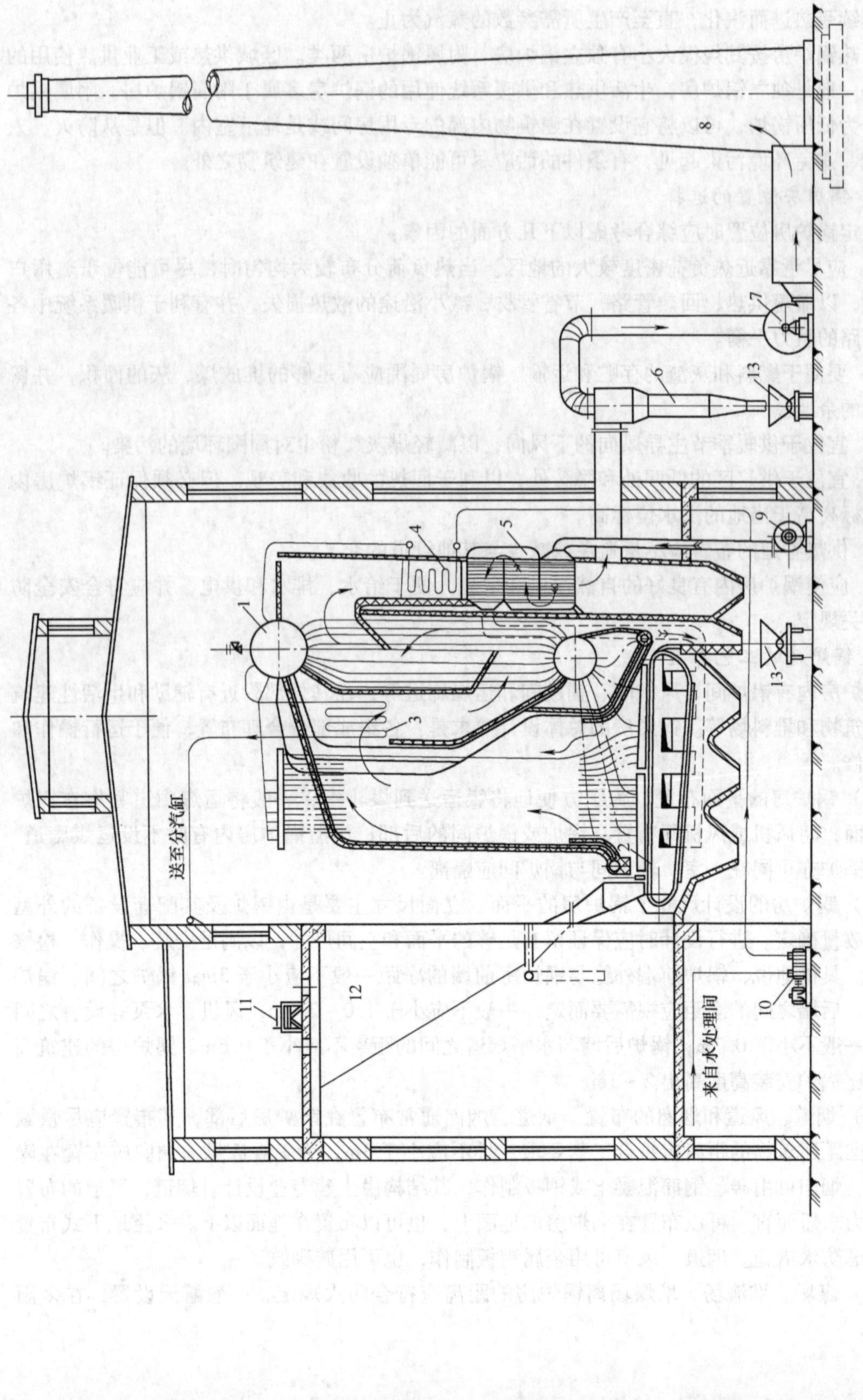

图 3-53　锅炉房设备简图

1—锅筒　2—链条炉排　3—蒸汽过热器　4—省煤器　5—空气预热器　6—除尘器
7—引风机　8—烟囱　9—送风机　10—给水泵　11—运煤带形运输机　12—煤斗　13—灰车

热量以辐射和对流的换热方式传递给汽锅内循环流动的水。汽锅内的水依靠自然动力（即密度差）或机械动力（水泵提供的压力）循环往复，继而生成所需温度的热水。匪是蒸汽锅炉，热水继续受热进而汽化，直至产生所需参数的蒸汽为止。

供热锅炉房按其规模大小有独立锅炉房、附属锅炉房两类。区域供热或工业供热使用的锅炉房一般是独立锅炉房；生活供热和供暖系统使用的锅炉房多属于附属锅炉房。附属锅炉房中若为低压锅炉，可以将它设置在建筑物内部的专用房间或是地下室内。但是从防火、人身安全、避免环境污染起见，有条件的话应尽可能单独设置在建筑物之外。

3. 锅炉房位置的选择

确定锅炉房位置时应综合考虑以下几方面的因素：

1）应尽量靠近热负荷密度较大的地区。当热负荷分布较为均匀时，尽可能位于热用户的中央，以缩短供热、回热管路，节省管材，减小沿途的散热损失，并有利于供暖系统中各循环环路的阻力平衡。

2）要便于燃料和灰渣的存贮和运输。锅炉房周围应有足够的堆放煤、灰的面积，并留有扩建的余地。

3）宜位于供暖季节主导风向的下风向，以减轻煤灰、粉尘对周围环境的污染。

4）宜位于供热区的低凹处和隐蔽处，以利于回热的收集和美观。但必须保证锅炉房内的地面标高高于当地的洪水位标高。

5）供热管道的布置应尽量避免或减少与其他管道的交叉。

6）应使锅炉房内有良好的自然通风和采光，便于给水、排水和供电，并应符合安全防火的有关规定。

4. 锅炉房的工艺布置

锅炉房内有锅炉间、风机间、辅助间和运煤廊道等，在其外部附近有辅助和生活性建筑物、构筑物和堆料场等。锅炉房的总体设计要求是：各组成部分合理布置，便于运行操作和安装维修。

（1）锅炉房的平面布置　为了方便地将煤运送到煤斗中，一般将运煤廊道紧靠在锅炉间的前面；将风机或风机间布置在锅炉或锅炉间的后部；小型锅炉房内有时不设运煤廊道，风机和锅炉亦可同在一室。辅助间与锅炉间应隔离。

（2）锅炉房的设计尺寸　锅炉房的平面、立面尺寸主要是由锅炉及其配套设备的外型尺寸和数量确定。进行设计时应保证留有足够的平面和空间尺寸，以满足安装、操作、检修的要求。具体地说，锅炉前端外缘与锅炉房前墙的净距一般不应小于3m；锅炉之间、锅炉与侧墙、后墙之间的净距应视需要而定，一般不应小于1.0～2.0m；风机、水泵等设备之间的通道一般不小于0.7m；锅炉后墙与水平烟道之间的距离不应小于0.6m。锅炉房的建筑高度一般比锅炉安装高度高出2～3m。

（3）烟道、风道和烟囱的布置　烟道、烟囱通常布置在锅炉房后部，其布置应尽量紧凑。烟囱距建筑物的距离应符合工艺要求，且不应小于3m；为美观起见，烟囱应布置在隐蔽之处。烟囱可由砖、钢筋混凝土或钢板制作，其结构由土建专业设计。烟道、风道的布置原则：力求短而直。可以布置在锅炉房的地面上，也可以布置在地面以下。采用地下式布置时应考虑防水措施。烟道、风道可用金属钢板制作，也可用砖砌筑。

（4）煤场、堆渣场　堆煤场离锅炉房的距离应符合防火规定，一般露天设置，在多雨地区亦可设置覆盖煤场。堆渣场距堆煤场、锅炉房的距离一般不小于10m。堆煤场和堆渣场一般位于锅炉房出入口附近的空地处，设计规划时应保证运输畅通。

第五节　热水供应系统与设备

一、热水供应系统

1. 分类

室内热水供应系统，按照热水供应范围大小分为区域性热水供应系统、集中热水供应系统和局部热水供应系统。

（1）区域性热水供应系统　区域性热水供应系统是用取自热电站、工业锅炉房等热力网的热煤，经加热设备加热冷水供建筑群生活或生产需用。这种系统热效率最高，每座建筑物热水供应设备也最少，有条件时应优先采用。

（2）热水供应系统　集中热水供应系统是设置在锅炉房或热交换间的加热设备集中加热冷水，通过不长的室外热水配水管网或仅设于室内的热水管网供应一座或几座建筑物各热水用水点。

（3）局部热水供应系统　局部热水供应系统是采用各种类型热水器，置于建筑物中卫生间、厨房等使用热水的房间，热源可采用电力、蒸汽、燃气及太阳能等。各种系统的选用主要根据要求供应热水建筑物所在地区热力设备完善的程度、建筑物性质、配水点数量、要求水质和水温等因素确定。

2. 组成

热水供应系统主要组成可分为以下两个部分：

（1）发热和加热设备　也称第一循环系统，包括热源、水加热器和热媒管道等，这部分的功能主要是制备热水。

（2）室内配水及回水管网　也称第二循环系统，包括热水配水管网、热水回水管网及管网的各种附件等，这部分的功能是输配热水到各用水点。

3. 室内热水供应方式

室内热水供应方式按照加热冷水方法分为直接加热和间接加热方式，按照管网有无循环管道分为全循环、半循环和无循环方式，按照循环方式分为设循环水泵的机械循环方式和不设水泵的自然循环方式，按照配水干管在建筑内布置位置分为下行上给和上行下给方式。图3-54就是一种热煤为蒸汽，用容积式水加热器间接加热，配水干管下行上给机械全循环的集中热水供应方式。它的工作流程是：锅炉生产的蒸汽经热媒蒸汽管送入水加热器把冷水加热为热水，热水经管道送入热水箱或经供给干管、配水立管等送到各个用水点。蒸汽凝结水由凝水管排至凝水池。锅炉用水由凝水池旁的凝水泵压入。水加热器中所需冷水由给水箱供给。为了保证热水温度不低于需要的水温，回水管和配水管中还循环流动着一定数量的循环热水，用来补偿配水管路在不配水时的散热量。这种方式适用于全天供应热水的大型公共建筑和工业建筑。

图3-55为热水锅炉直接加热冷水，下行上给机械半循环热水供应方式。它适用于定时供水的公共建筑。

图3-56为热媒为蒸汽与冷水混合制备热水，干管上行下给不循环方式。适用于公共浴

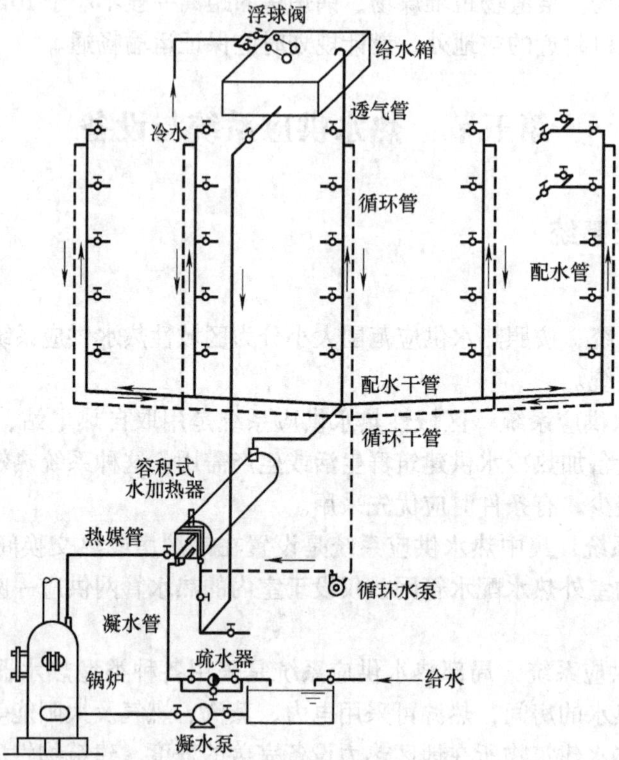

图 3-54 热媒为蒸汽的集中热水供应系统

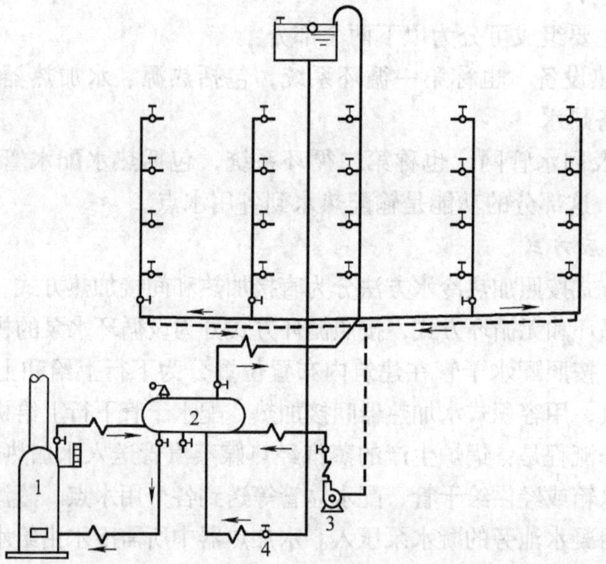

图 3-55 干管下行上给机械半循环方式

1—热水锅炉 2—热水贮水罐 3—循环泵 4—给水管

室等定时供应热水的建筑。

热水供应系统方式，必须根据建筑物性质、需供应热水的卫生器具种类和数量、热水用

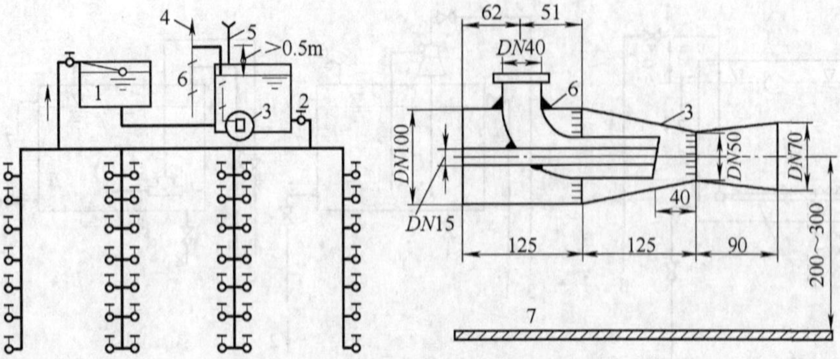

图 3-56　直接加热上行下给方式

1—冷水箱　2—加热水箱　3—消声喷射器　4—排气阀　5—透气管　6—蒸汽管　7—热水箱底

水量标准、热源情况、冷水供给方式等多种因素来确定。

二、热水供应设备

1. 加热冷水的热源

区域性热水供应系统的热源，一般均采用城市热力网作为热源，只有不具备选用上述热源条件或经济技术不合理时，可采用区域性专用锅炉房。集中热水供应优先采用工业余热、废热等。局部热水供应热源应根据资源条件，因地制宜。

2. 加热方式及设备

加热冷水有直接和间接加热方式。

（1）直接加热　图 3-57 为直接混合式加热方式。这种方式中设置热水箱或热水罐是为了稳定压力和调节水量。这种方式的优点是设备简单、热效率高、噪声小和工作稳定。缺点是在冷水硬度较大时，锅炉容易结垢。这种方式的热水罐安装高度，应使罐底高出锅炉顶部最少 10cm。

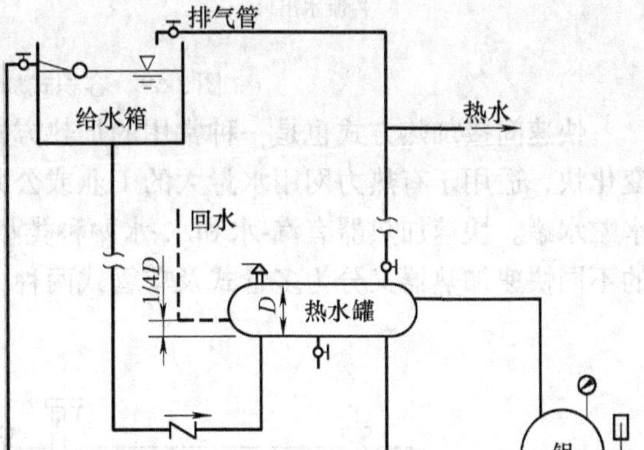

图 3-57　热水锅炉直接混合式加热方式

图 3-58 是热媒为蒸汽与被加热水直接混合的加热方式。它采用多孔管或蒸汽水射器输送蒸汽与冷水混合。多孔管加热冷水噪声大，水射器的噪声小。这种方式热效率高，设备简单，维修方便，但凝水不能回收。因此要求蒸汽中不能含有危害人体皮肤的杂质，否则不能直接使用。

（2）间接加热　间接加热方式的热媒（蒸汽或热水）不与被加热冷水混合，而是借热媒表面散热把冷水加热。图 3-59 为容积式加热器间接加热方式。适用于供水温度要求均匀，无噪声的医院、饭店、旅馆、住宅等建筑。容积式加热器有立式和卧式两种类型，按构造又分为管壳式和板式两种。

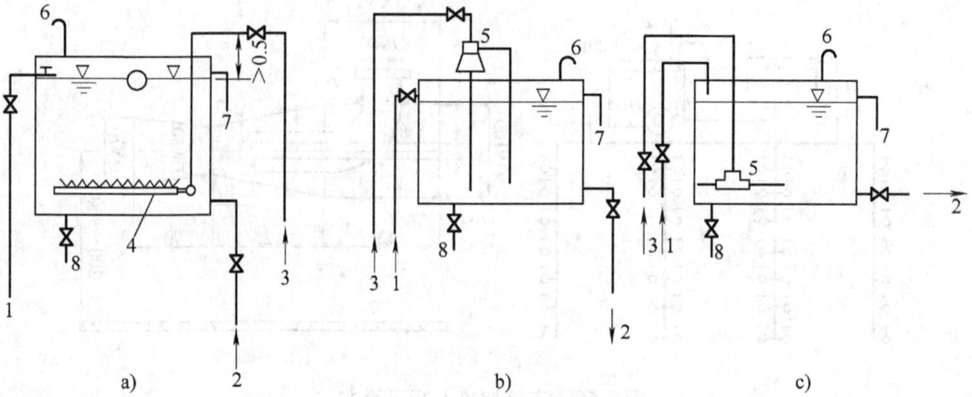

图3-58 汽-水直接混合加热方式

1—给水 2—热水 3—蒸汽 4—多孔管 5—消声汽水混合器 6—排气管 7—溢水管 8—泄水管

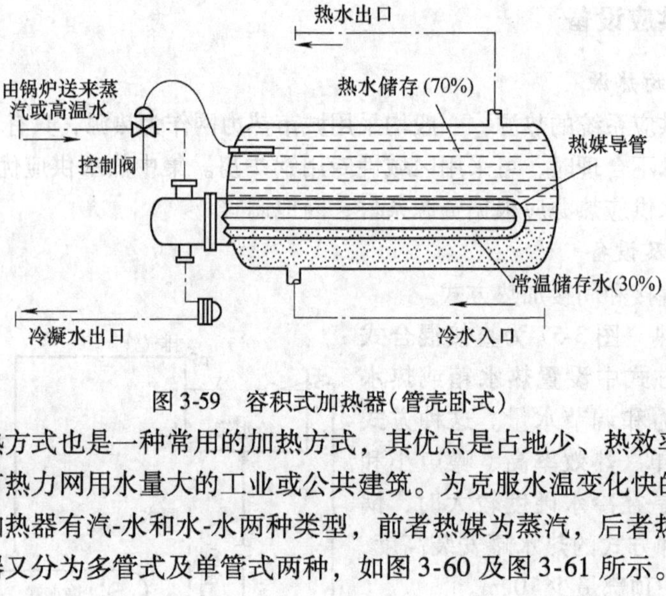

图3-59 容积式加热器(管壳卧式)

快速间接加热方式也是一种常用的加热方式，其优点是占地少、热效率高；缺点是水温变化快，适用于有热力网用水量大的工业或公共建筑。为克服水温变化快的缺点，可配备热水贮水罐。快速加热器有汽-水和水-水两种类型，前者热媒为蒸汽，后者热媒为水。按结构的不同快速加热器又分为多管式及单管式两种，如图3-60及图3-61所示。

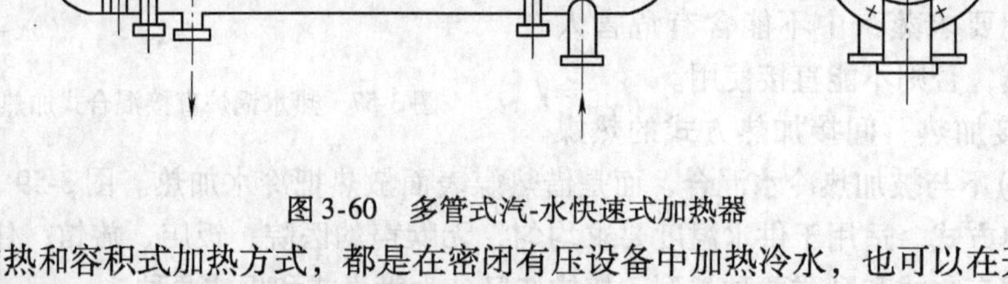

图3-60 多管式汽-水快速式加热器

快速加热和容积式加热方式，都是在密闭有压设备中加热冷水，也可以在开式水箱中设置加热盘管或排管来加热冷水。

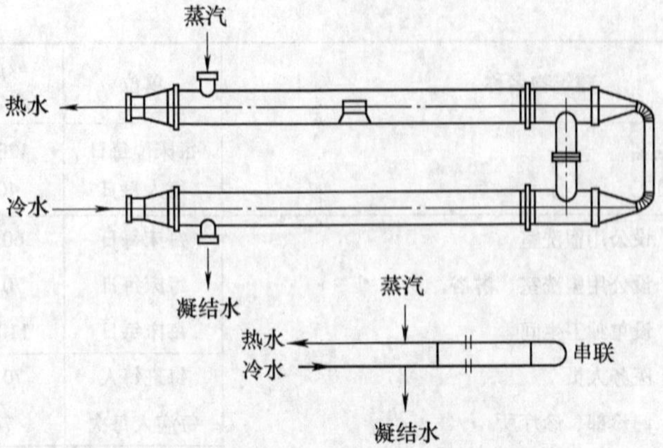

图 3-61　单管式汽-水快速式加热器

三、热水量确定

1. 水质、水温、用水量定额

(1) 水质　生活用热水的水质应符合我国现行的《生活饮用水标准》。对集中热水供应系统有时还需进行软化处理。

(2) 水温计算标准　我国规范中规定，热水供应系统的冷水温度应以当地最冷月平均水温确定。热水水温应当满足生产和生活的需要，并保证系统不因水温高使金属管道腐蚀和烫伤人体。热水锅炉或水加热器出口的最高水温和配水点的最低水温，按表 3-13 确定。

表 3-13　热水锅炉或水加热器出口的最高水温和配水点的最低水温

水质处理	热水锅炉和水加热器出口最高水温/℃	配水点最低水温/℃
无需软化处理或有软化处理	≤75	≥60
需软化处理但无软化处理	≤65	≥50

注：局部热水供应系统和以热力管网热水作热媒的热水供应系统，配水点的最低水温可为 50℃。

(3) 热水用水量定额　热水用水量定额分生产和生活两大类。生产用水量按生产工艺确定。集中供应热水时，生活用热水用水量定额按我国规范提供的资料确定，如表 3-14 所示。如以建筑物内卫生器具确定热水用量，则可按卫生器具一次和小时热水用水定额计，如表 3-15 所示。

表 3-14　热水用水定额

序号	建筑物名称	单位	最高日用水定额/L	使用时间/h
1	住宅：有自备热水供应和淋浴设备 有集中热水供应和淋浴设备	每人每日	40 ~ 80 60 ~ 100	24
2	别墅	每人每日	70 ~ 110	24
3	单身职工宿舍、学生宿舍、招待所、培训中心、普通旅馆设公用盥洗室 设公用盥洗室、淋浴室 设公用盥洗室、淋浴室、洗衣室 设单独卫生间、供应洗衣室	每人每日	25 ~ 40 40 ~ 60 50 ~ 80 60 ~ 100	24 或定时供应

（续）

序号	建筑物名称	单位	最高日用水定额/L	使用时间/h
4	宾馆客房：旅客	每床位每日	120~160	24
	员工	每人每日	40~50	
5	医院住院部：设公用盥洗室	每床每日	60~100	24
	设公用盥洗室、淋浴	每床每日	70~130	
	设单独卫生间	每床每日	110~200	
	医务人员	每班每人	70~130	8
	门诊部、诊疗所	每病人每次	7~13	
	疗养所、休养所住房部	每床每日	100~160	24
6	养老院	每床每日	50~70	24
7	幼儿园、托儿所：有住宿	每人每日	20~40	24
	无住宿	每人每日	10~15	10
8	公共浴室：淋浴	每客每次	40~60	12
	沐浴、浴盆	每客每次	60~80	
	桑拿浴（淋浴、按摩池）	每客每次	70~100	
9	理发室、美发院	每客每次	10~15	12
10	洗衣房	每千克干衣	15~30	8
11	餐饮厅：营业员	每客每次	15~20	10~12
	快餐店、职工及学生食堂		7~10	11
	酒吧、咖啡厅、茶座、卡拉OK房		3~8	18
12	办公楼	每人每班	5~10	8
13	健身中心	每人每次	15~25	12
14	体育场（馆）运动员淋浴	每人每次	25~35	4
15	会议厅	每座每次	2~3	4

表3-15 卫生器具的一次和小时热水用水定额及水温

序号	卫生器具名称	一次用水量/L	小时用水量/L	使用水温/℃
1	住宅、旅馆、别墅、宾馆			
	带有淋浴器的浴盆	150	300	40
	无淋浴器的浴盆	125	250	40
	淋浴器	70~100	140~200	37~40
	洗脸盆、盥洗槽水嘴	3	30	30
	洗涤盆（池）	—	180	50
2	集体宿舍、招待所、培训中心淋浴器			
	有淋浴小间	70~100	210~300	37~40
	无淋浴小间	—	450	37~40
	盥洗槽水嘴	3~5	50~80	30

（续）

序号	卫生器具名称	一次用水量/L	小时用水量/L	使用水温/℃
3	餐饮业			
	洗涤盆(池)	—	250	50
	洗涤盆：工作人员用	3	60	30
	顾客用	—	120	30
	淋浴器	40	400	37～40
4	幼儿园、托儿所			
	浴盆：幼儿园	100	400	35
	托儿所	30	120	35
	淋浴器：幼儿园	30	180	35
	托儿所	15	90	35
	盥洗槽水嘴	15	25	30
	洗涤盆(池)	—	180	50
5	医院、疗养院、休养所			
	洗手盆	—	15～25	35
	洗涤盆(池)	—	300	50
	浴盆	125～150	250～300	40
6	公共浴室			
	浴盆	125	250	40
	淋浴器：有淋浴小间	100～150	200～300	37～40
	无淋浴小间	—	450～540	37～40
	洗脸盆	5	50～80	35
7	办公楼　洗手盆	—	50～100	35
8	理发室、美容院、洗脸盆	—	35	35
9	实验室　洗脸盆	—	60	50
	洗手盆	—	15～25	30
10	剧场　淋浴器	60	200～400	37～40
	演员用洗脸盆	5	80	35
11	体育场馆　淋浴器	30	300	35
12	工业企业生活间			
	淋浴器：一般车间	40	360～540	37～40
	脏车间	60	180～480	40
	洗脸盆或盥洗槽水嘴：一般车间	3	90～120	30
	脏车间	5	100～150	35
13	净身器	10～15	130～180	30

注：一般车间指《工业企业涉及卫生标准》中规定的3、4级卫生特征的车间；脏车间指该标准规定的1、2级卫生特征的车间。

2. 热水量的计算

集中热水供应系统中，锅炉、水加热器是按设计小时热水供应量确定热水量的。生产上需要的设计小时热水供应量，要按产品类型、数量及其相应的生产工艺确定。生活上需要的小时热水供应量，可根据使用热水的计算单位数或卫生器具数计算确定。

（1）根据使用热水的计算单位数计算

$$Q_r = K_h \frac{mq_r}{24} \tag{3-7}$$

式中 Q_r——按计算单位数或卫生器具数计算的设计小时热水供应量(L/h)；

m——用热水的计算单位数(人数或床位数)；

q_r——用水定额(L/人·d或L/床·d等)，按表3-14确定；

K_h——小时变化系数，全日供应热水时可按表3-16采用。

表3-16 热水小时变化系数 K_h 值

建筑物性质	住宅、旅馆为居住人数，医院为床位数															
	35	50	60	75	100	150	200	250	300	450	500	600	900	1000	3000	6000
住宅		6.58			5.12	4.49	4.13	3.38	3.70		3.28			2.86	2.48	2.34
旅馆			9.65			6.84			5.61	4.97		4.58	4.19			
医院	7.62	4.55		3.78	3.54		2.93		2.60		2.23			1.95		

（2）根据使用热水的卫生器具数计算

$$Q_r = \sum K_r \frac{q_h n_0 b}{100} \tag{3-8}$$

式中 q_h——卫生器具热水的小时用水定额(L/h)，按表3-15采用；

n_0——同类型卫生器具数；

b——卫生器具同时使用百分数：公共浴室和工业企业生活间、学校、剧院及体育馆(场)等的浴室内淋浴器和洗脸盆均按100%计，旅馆客房卫生间内浴盆按60%~70%计，其他器具不计，医院、疗养院的病房内卫生间的浴盆按25%~50%计，其他器具不计；

K_r——热水混合系数，按式(3-9)计算：

$$K_r = \frac{t_h - t_l}{t_r - t_l} \times 100\% \tag{3-9}$$

式中 t_h——混合水温度(℃)；

t_l——冷水温度(℃)；

t_r——供应的热水温度(℃)。

在使用式(3-8)计算时，因卫生器具不同，所需要水温也不同，这样，按照卫生器具一次和1h热水用水定额计算热水量时，必须统一水温，才能正确算出设计小时热水量。

第四章　通风、空气调节工程及制冷设备

第一节　建筑通风

一、建筑通风的任务和分类

1. 建筑通风的任务

所谓通风，就是把室内被污染的空气直接或经净化后排至室外，把新鲜空气补充进来，从而保持室内的空气环境符合卫生标准和满足生产工艺的需要。

不同类型的建筑对室内空气环境的要求不尽相同，因而通风装置在不同场合的具体任务及其构造也不完全一样。

一般的民用建筑和一些发热量小而且污染轻微的小型工业厂房，通常只要求保持室内的空气清洁新鲜，并在一定程度上改善室内的气象参数——空气的温度、相对湿度和流动速度。为此，一般只需采取一些简单的措施，如通过窗孔换气、利用穿堂风降温、使用电风扇提高空气的流速等。在这些情况下，无论对进风或排风，都不进行处理。

在工业生产的许多车间中，伴随着生产过程放散出大量的热、湿、各种工业粉尘以及有害气体和蒸汽。这种情况下如不采取防护措施，势必恶化车间的空气环境，危害工人的健康，影响生产的正常进行，损坏机具设备和建筑结构；而且，大量的工业粉尘和有害气体排入大气，又必然导致大气污染，不仅影响广大人民的健康，也危及各种动、植物和农作物的正常生长；何况有许多工业粉尘和气体又是值得回收的原材料。这时通风的任务，就是要对工业有害物采取有效的防护措施，以消除其对工人健康和生产的危害，创造良好的劳动条件，同时尽可能对它们回收利用，化害为利，并切实做到防止大气污染。这样的通风叫做“工业通风”。

可见，建筑通风不仅是改善室内空气环境的一种手段，而且也是保证产品质量、促进生产发展和防止大气污染的重要措施之一。

为防止大量的热、湿或有害物向作业地带放散，防止有害物质对环境的污染，实践证明，单纯依靠通风往往不能取得满意的效果，必须采取综合措施。首先应从生产工艺上力求减少有害物的产生，尽可能控制其扩散范围，尤其要防止其对作业地带的污染；其次是有效地采取捕集放散出来的各种有害物并加以净化后排至大气的通风措施及与其他技术措施的配合，才能建立起符合卫生标准、满足生产要求的空气环境。

2. 通风分类

如前所说，建筑通风，包括从室内排除污浊的空气和向室内补充新鲜空气。前者称为排风，后者称为送(进)风。为实现排风或送风，所采用的一系列设备、装置的总体称为通风系统。

通风系统可按下述方法分类：按通风系统的作用范围不同，无论送风或排风，均可分为

全面通风和局部通风两种方式；按通风系统的工作动力不同，建筑通风又可分为自然通风和机械通风两种。

全面通风是对整个车间或房间进行换气，以改变温、湿度和稀释有害物质的浓度，使作业地带的空气环境符合卫生标准的要求。而局部通风的作用范围仅限于车间的个别地点或局部区域。局部送风的作用，是将新鲜空气或经过处理的空气送到车间的局部地区，以改善该局部区域的空气环境；局部排风的作用，是将有害物在产生的地点就地排除，以防止其扩散。

与全面通风相比较，局部排风既能有效地防止有害物对人体的危害，又能大大减少通风量。防止有害物质向室内扩散的最有效措施，是将产生有害物质的工艺设备密闭起来，人在外边操作，并通过排风造成一定的负压，以控制有害物质从工作口及其他不严密处逸出，这种密闭装置称密闭罩。图4-1所示轮碾机的密闭罩就是一个实例。

如因生产条件的限制，不允许将工艺设备密闭时，则只能在有害物源的附近设置排风罩。排风罩的形式很多，概括说来分为外部吸气罩和接受罩两种类型。外部吸气罩是借助于机械排风造成负压，将产生的有害物质吸入罩内，图4-2a所示是用于各种工业槽的槽边吸气罩。接受罩则是充分利用有害物质本身在放散时所具有的能量，图4-2b所示是设在无烟道加热炉的废气排出口处以及炉门前的接受罩(伞形罩)。

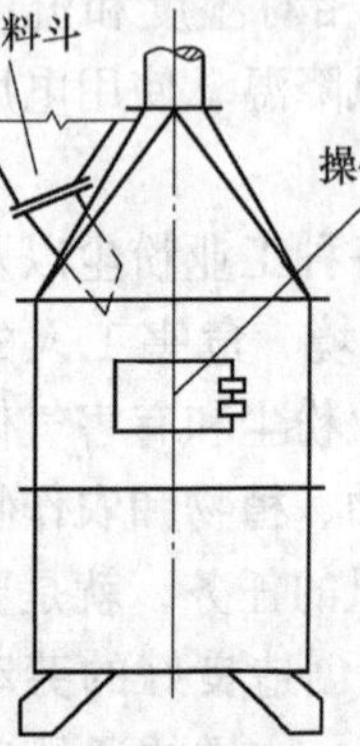

图4-1 密闭罩

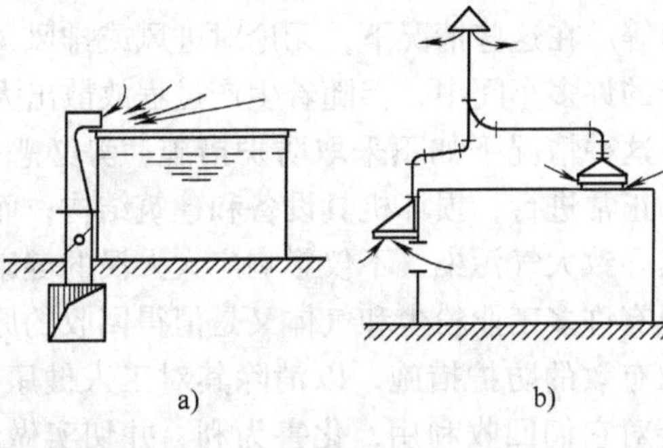

图4-2 排风罩

与密闭罩相比较，排风罩由于和有害物源之间有着较大的敞开面，因此，为造成一定的吸气速度，同时又要克服室内横向气流的干扰，所需的排风量要比密闭罩大得多。

为防止大气污染和回收有用的物质，局部排风系统的空气在排入大气之前，应根据实际情况采取必要的净化、回收和综合利用措施。

使空气中的粉尘与空气分离的过程称为含尘空气的净化或除尘。常用的除尘设备有旋风除尘器、湿式除尘器、过滤式除尘器及电除尘器等。

消除有害气体对人体及其他方面的危害，叫做有害气体的净化。净化有害气体的设备有各种吸收塔、活性炭吸附器等。

在有些情况下，由于受到技术经济条件的限制，不得不将未经净化或净化不完善的废气直接排入高空，通过在大气中的扩散进行稀释，以使降落到地面的有害物质的浓度不超过卫生标准中规定的“居住区大气中有害物质最高容许浓度”，这种处理方法称为有害气体的高空排放。

二、自然通风

自然通风是借助于自然压力——“风压”或“热压”促使空气流动的，而机械通风则是依靠风机产生的压力强制空气流动。

所谓风压，就是由于室外气流（风力）造成室内外空气交换的一种作用压力。在风压作用下，室外空气通过建筑物迎风面上的门、窗孔口进入室内，室内空气则通过背风面及侧面上的门、窗孔口排出。图 4-3 是利用风压所形成的“穿堂风”进行全面通风的示意图。

热压是由于室内外空气的温度不同而形成的重力压差。当室内空气的温度高于室外时，室外空气的密度较大，便从房屋下部的门、窗孔口进入室内，室内空气的密度小则从上部的窗口排出。图 4-4 是利用热压进行全面通风的示意图。

1. 自然通风的方式

自然通风有如下几种方式：

（1）有组织的自然通风　在图 4-3 和图 4-4 所表示的两种自然通风方式中，空气是通过建筑围护结构的门、窗孔口进、出房间的，可以根据设计计算获得需要的空气量，也可以通过改变孔口开启面积大小的方法来调节风量，因此称为有组织的自然通风，通常就简称自然通风。

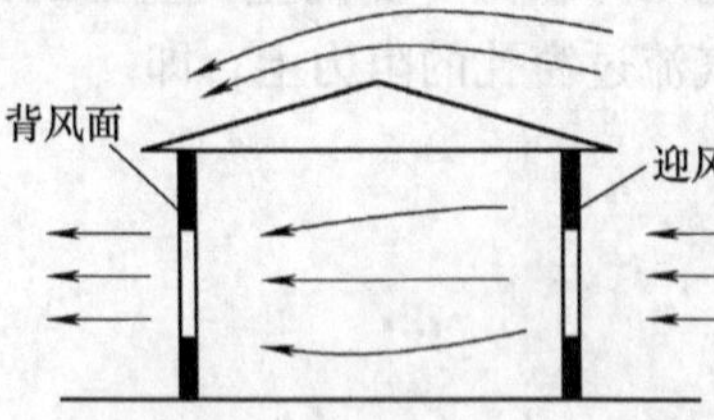

图 4-3　风压作用的自然通风

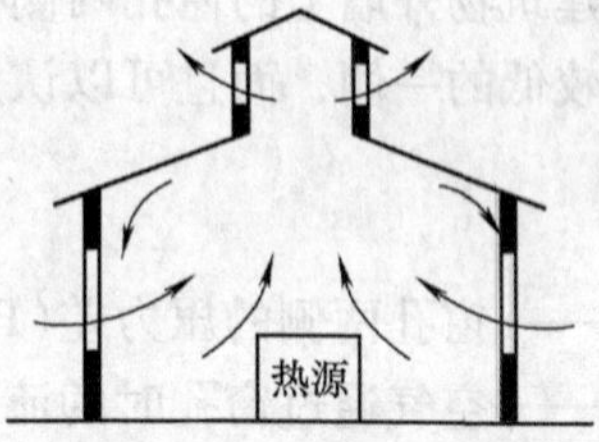

图 4-4　热压作用的自然通风

利用风压进行全面换气，是一般民用建筑普遍应用的一种通风方式。我国南方炎热地区的一些高温车间，很多也是以利用穿堂风为主来进行通风降温的。

同时利用风压和热压（见图 4-5）以及无风时只利用热压进行全面换气，是对高温车间防暑降温的一种最经济有效的通风措施，它不消耗电能，而且往往可以获得巨大的换气量，应用非常广泛。

（2）管道式自然通风　管道式自然通风是依靠热压通过管道输送空气的另一种有组织的自然通风方式。集中采暖地区的民用和公共建筑，常用这种方式作为寒冷季节里的自然排风措施，或做成热风采暖系统（见图 4-6）。由于热压值一般较小，因此这种自然通风系统的作用范围（主风道的水平距离）不能过大，用于排风时一般不超过 8m，用于热风采暖时不超过 20 ~ 25m。

（3）渗透通风　在风压、热压以及人为形成的室内正压或负压的作用下，室内外空气通过围护结构的缝隙进入或流出房间的过程叫做渗透通风。这种通风方式，既不能调节换气量，也不能有计划地组织室内气流的方向，因此只能作为一种辅助性的通风措施。

自然通风的突出优点是不需要动力设备，因此比较经济，使用管理也比较简单。缺点是：其一，除管道式自然通风用于进风或热风采暖时可对空气进行加热处理外，其余情况由于作用压力较小，故对进风和排风都不能进行任何处理；其二，由于风压和热压均受自然条

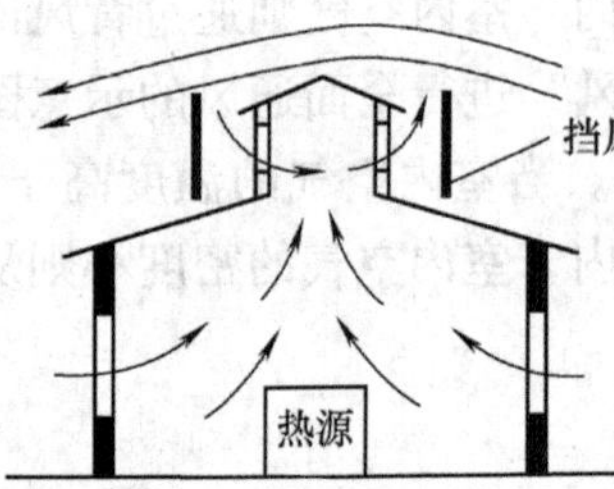

图4-5 利用风压和热压的自然通风

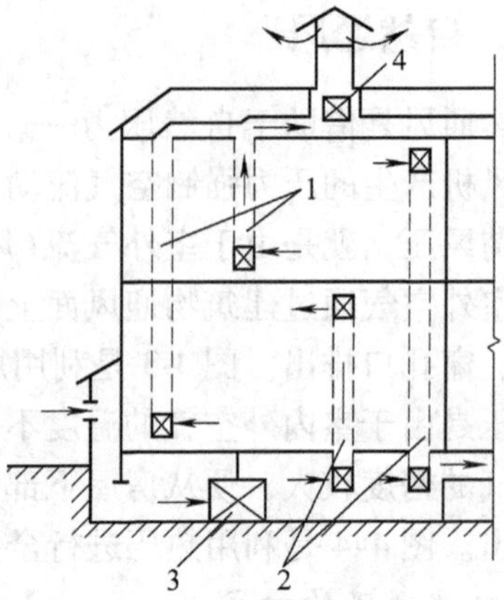

图4-6 管道式自然通风系统

1—排风管道 2—送风管道 3—进风加热设备

4—排风加热设备(为增大热压用)

件的约束，因此换气量难以有效控制，通风效果不够稳定。

2. 自然通风的作用原理

如果建筑物外墙上的窗孔两侧存在着压力差 Δp，则压力较高一侧的空气势必通过窗孔流到压力较低的一侧，而且可以认为 Δp 全部消耗在空气流过窗孔的阻力上，即

$$\Delta p = \zeta \frac{\rho v^2}{2} \tag{4-1}$$

式中 Δp——窗孔两侧的压力差(Pa)；

v——空气通过窗孔时的流速(m/s)；

ρ——空气的密度(kg/m^3)；

ζ——窗孔的局部阻力系数，其值与窗的构造有关，详见附录C。

式(4-1)可改写为

$$v = \sqrt{\frac{2\Delta p}{\zeta \rho}} \tag{4-2}$$

于是，通过窗孔的空气量则为

$$L = vF = F\sqrt{\frac{2\Delta p}{\zeta \rho}} \tag{4-3}$$

或

$$G = L\rho = F\sqrt{\frac{2\rho\Delta p}{\zeta}} \tag{4-4}$$

式中 F——窗孔的面积(m^2)。

可见，当已知窗孔两侧的压力差、窗孔面积 F 和窗构造时，即可求得通过该窗孔的空气量 L(或 G)；并且在 ζ、F、ρ 为定值的情况下，L(或 G)值随 Δp 的增大而增大。下面我们分析 Δp 产生的原因和提高其值的途径。

(1) 热压作用下的自然通风 设厂房外墙下部和上部开有窗孔a和b，其高差(两窗孔中心距)为 h，如图4-7所示。假设窗孔外的静压分别为 p_a、p_b，窗孔内的静压分别为 p'_a、

p'_b，车间内外空气的温度和密度分别为 t_n、ρ_n 和 t_w、ρ_w。由于 $t_n > t_w$，所以 $\rho_n < \rho_w$。

基于前述对图4-4的说明，对于图4-7所示热压作用下的自然通风，其作用压力可以表示为

$$\Delta p = (p'_b - p_b) - (p'_a - p_a) = hg(\rho_w - \rho_n) \quad (4\text{-}5)$$

或改写成

$$(p'_b - p_b) = (p'_a - p_a) + hg(\rho_w - \rho_n)$$

亦即

$$\Delta p_b = \Delta p_a + hg(\rho_w - \rho_n) \quad (4\text{-}6)$$

式中　Δp_a、Δp_b——窗孔a和b的内外压差或称余压(窗内压力减去窗外压力)，窗孔a进风，$\Delta p_b = p'_b - p_b < 0$；窗孔b排风，$\Delta p_b = p'_b - p_b > 0$；

g——重力加速度(m/s^2)。

由式(4-5)可见，热压作用下的自然通风的作用压力，亦即进风窗孔和排风窗孔两侧压差的绝对值之和，与两窗孔的高差 h 以及室内外空气的密度差 $\Delta\rho = (\rho_w - \rho_n)$ 有关，通常将 $hg(\rho_w - \rho_n)$ 称为热压。显然，室内外温差越大、两个窗孔之间的高差越大，则产生的热压就越大。

由式(4-6)可见，当室内外空气的温度一定时，上下两个窗孔的余压差与该两窗孔的高差 h 成线性比例关系，于是可知，在热压作用下余压沿车间高度的变化如图4-8所示。余压值从进风窗的负值增大到排风窗孔的正值，在0-0平面上，余压等于零，通常将这个平面称为中和面。如果在车间外墙的该标高处开设窗孔，则不会发生空气的流动。

若将中和面作为基准面，则各窗孔的余压为

窗孔a　$$p_{xa} = p_{x0} - h_1 g(\rho_w - \rho_n) = -h_1 g(\rho_w - \rho_n) \quad (4\text{-}7)$$

窗孔b　$$p_{xb} = p_{x0} + h_2 g(\rho_w - \rho_n) = h_2 g(\rho_w - \rho_n) \quad (4\text{-}8)$$

式中　p_{xa}、p_{xb}——窗口a、b的余压(Pa)；

p_{x0}——中和面的余压($p_{x0} = 0$)；

h_1、h_2——窗孔a、b至中和面的距离(m)。

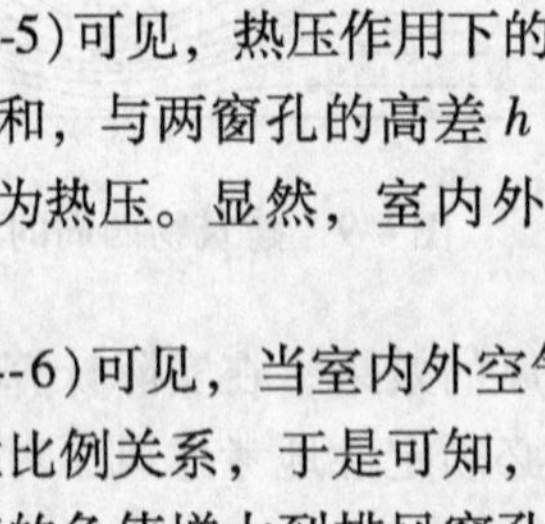

图4-7　热压作用下的自然通风

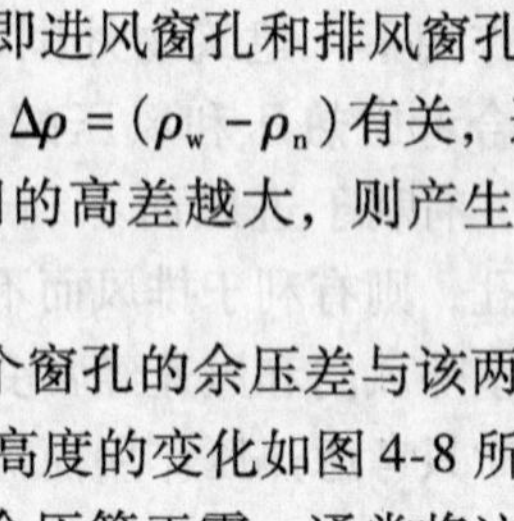

图4-8　余压沿车间高度的变化

(2) 风压作用下的自然通风　室外气流与建筑物相遇时，将发生绕流(见图4-9)。由于建筑物的阻挡，建筑物四周室外气流的压力发生变化：迎风面气流受阻，动压降低，静压升高；侧面和背风面由于产生涡流，静压降低。与远处未受干扰的气流相比，这种静压的升高或降低统称为风压。静压升高，风压为正；静压降低，风压为负，称为负压。

建筑物四周的风压分布，与该建筑物的几何形状以及室外的风向有关。风向一定时，建筑物外围结构上各点的风压值 p_f(Pa)可按下式表示：

$$p_f = K\frac{\rho_w v_w^2}{2} \quad (4\text{-}9)$$

式中　K——空气动力系数；

v_w——室外空气流速(m/s);

ρ_w——室外空气密度(kg/m³)。

K值为正，说明该点的风压为正值，K值为负，风压为负值。不同形状的建筑物在不同方向的风力作用下，空气动力系数的分布是不同的，可通过实验来确定。

如果在建筑物外围结构上风压值不同的两个部位开设窗孔，则处于$K>0$位置的窗孔将进风，而处于$K<0$位置的窗孔则排风。

(3) 热压与风压同时作用下的自然通风　在热压与风压同时作用下，建筑物外围结构上各窗孔的内外压差值，应综合考虑热压和风压的作用。显然，对于迎风面上的窗孔，有利于进风而不利于排风；对于背风面和侧面上的窗孔，则有利于排风而不利于进风。

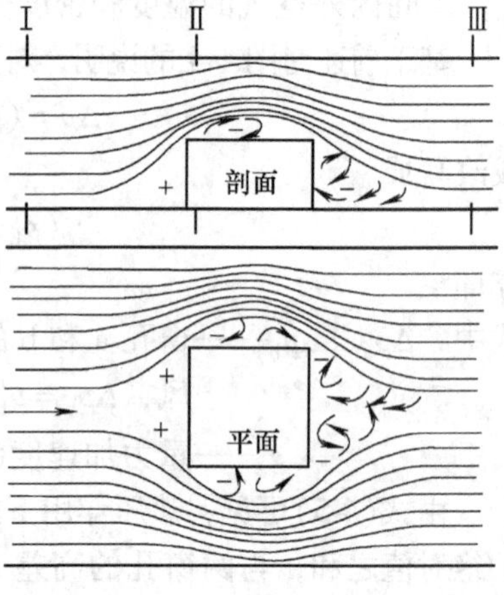

图4-9　建筑物四周的风压分布

由于室外风向和风速经常变化，因此为了保证自然通风的效果，在实际计算自然通风的作用压力时只考虑热压作用而对风压一般不予考虑。但是必须定性地考虑风压对自然通风的影响。

3. 自然通风的计算

工业厂房的自然通风计算包括两类问题：一类是设计计算，即根据已确定的工艺条件和要求的作业地带温度计算必需的全面通风量，确定进、排风窗孔的位置和面积；另一类是校核计算，即在工艺、土建、窗孔的位置和面积均已确定的情况下，计算能达到的最大自然通风量，校核作业地带的温度能否满足卫生标准的要求。

设计计算的方法如下：

(1) 计算车间的全面通风量

$$G=\frac{Q}{c(t_p-t_j)} \tag{4-10}$$

式中　G——质量流量(kg/s);

Q——室内余热(指显热)量(kJ/s);

c——空气的定压比热容，可取$c=1.01\text{kJ/(kg}\cdot℃)$;

t_p——车间上部的排风温度(℃);

t_j——车间的进风温度，即外界空气温度(℃)。

车间的排风温度，对于有强热源的车间，通常按下式确定：

$$t_p=t_w+\frac{t_d-t_w}{m} \tag{4-11}$$

式中　t_w——夏季通风室外计算温度(℃);

t_d——车间内作业地带的温度(℃);

m——有效热量系数，表明实际进入作业地带并影响该处温度的热量与车间总余热量的比值，可查阅有关资料来确定。概略计算时可按车间内热源占地面积的百分数来估定，见表4-1。

表 4-1　根据热源占地面积估定 *m* 值

f/F	0.05	0.1	0.2	0.3	0.4
m	0.35	0.42	0.53	0.63	0.7

注：表中 f 为热源占地面积(m^2)；F 为车间地板面积(m^2)。

(2) 确定进、排风窗孔的位置，分配各窗孔的进、排风量。

(3) 计算各窗孔的内外压差和窗孔面积　在计算各窗孔的内外压差时，可先假定某一窗孔的余压或假定中和面的位置，然后根据式(4-6)或式(4-12)、式(4-13)计算其余各窗孔的余压。

必须注意，最初假定的余压值或中和面的位置不同，则最后计算出的各窗孔面积分配是不同的。以图 4-8 为例，在热压作用下，进、排风窗孔的面积分别为

窗孔 a 的面积

$$F_a = \frac{G_a}{\sqrt{\frac{2|\Delta p_a|\rho_w}{\zeta_a}}} = \frac{G_a}{\sqrt{\frac{2h_1 g(\rho_w - \rho_n)\rho_w}{\zeta_a}}} \tag{4-12}$$

窗孔 b 的面积

$$F_b = \frac{G_b}{\sqrt{\frac{2|\Delta p_b|\rho_w}{\zeta_b}}} = \frac{G_b}{\sqrt{\frac{2h_2 g(\rho_w - \rho_n)\rho_p}{\zeta_b}}} \tag{4-13}$$

式中　Δp_a、Δp_b——窗孔 a、b 的内外压差(Pa)；

G_a、G_b——窗孔 a、b 的空气流量(kg/s)；

ζ_a、ζ_b——窗孔 a、b 的局部阻力系数，参阅附录 C；

h_1、h_2——中和面至窗孔 a、b 的距离(m)；

ρ_w——室外空气的密度(kg/m^3)；

ρ_p——排风温度下的空气密度(kg/m^3)；

ρ_n——室内平均温度下的空气密度(kg/m^3)。

室内平均温度按下式确定：

$$t_n = \frac{t_d + t_p}{2} \tag{4-14}$$

式中　t_n——室内平均温度(℃)；

t_d——作业地带的温度(℃)；

t_p——上部排风温度(℃)。

列出空气量平衡方程式 $G_a = G_b$，并认为 $\zeta_a \approx \zeta_b$，$\rho_w \approx \rho_p$，可得

$$\left(\frac{F_a}{F_b}\right)^2 = \frac{h_2}{h_1} \tag{4-15}$$

可见，中和面位置的变化是随进、排风窗孔的面积之比而变化的。排风窗孔的面积增大，进风窗孔的面积减小，则中和面向上移(即增大 h_1 和减小 h_2)；反之亦然。在热车间一般都是采用上部天窗进行排风，而天窗的造价比侧窗要高，因此中和面的位置不宜选得太高。

4. 进风窗和避风天窗

(1) 进风窗 对于单跨车间，进风窗应设在车间外墙上。在集中供暖地区，最好设有上、下两排，下排进风窗供夏季使用，其窗沿距车间地坪一般为1.0m左右，以使外部新鲜空气能直接进入工作地点；上部进风窗供冬季使用，窗沿高度不宜低于4.0m，以防止冷空气直接吹到工作地点。

夏季车间余热量大，下部进风窗的面积应大些，窗扇一般应全部开启，以加大通风量。冬季车间余热量小，上部进风窗的面积应小些，窗扇的转轴宜安在下部，即采用下悬窗扇，并向车间内开启。当开启角度小于90°时，能使外部冷空气到达作业地带以前，被车间上部空气加热，以防止冷空气直接吹到工人身上。尤其是在窗口下沿高度小于4.0m时，采用下悬窗扇更为有利。

(2) 避风天窗 风压有很多不确定因素，因此在热车间的有组织自然通风的规划中通常只考虑热压作用，而不考虑风压作用。热压作用的自然通风，天窗都是用来排风的，为了避免当风向朝向天窗时，减少天窗的排风能力，经常要求把天窗做成避风天窗。避风天窗本质就是利用风压的原理进行设计，它不论风向如何，天窗附近总是产生“负”风压。避风天窗的类型很多，这里介绍两种形式的避风天窗，如图4-10所示。其中图4-10a为矩形避风天窗，窗扇开启角度可调节，天窗两侧有挡板，这样不论风向如何变化均能保证天窗附近的风压为负值。图4-10b为折线形天窗，避风的原理同上，但上面无窗扇，比较简单、轻巧，阻力也很小。

避风风帽是具有一定自然压头(负风压)的排风口。可用于自然局部排风系统的排出口或装于屋顶上作房间全面通风的排风用。避风风帽有多种结构形式。图4-11为筒形避风风帽的结构示意图。图示的是圆筒形避风风帽，也可以是正方形的(此时图中D应为正方形风管的边长)。

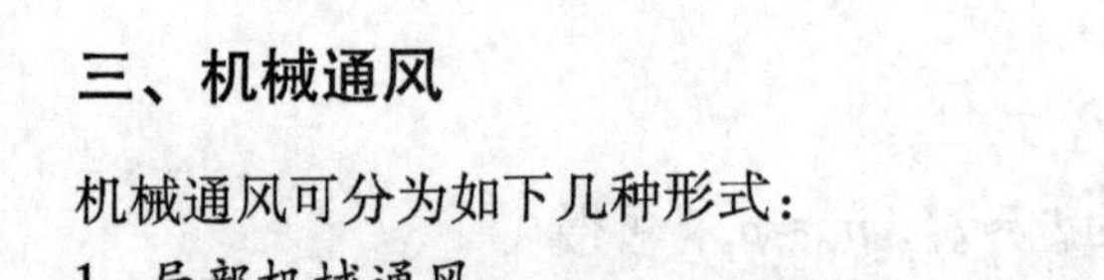

图4-10 避风天窗

a) 矩形天窗 b) 折线形天窗

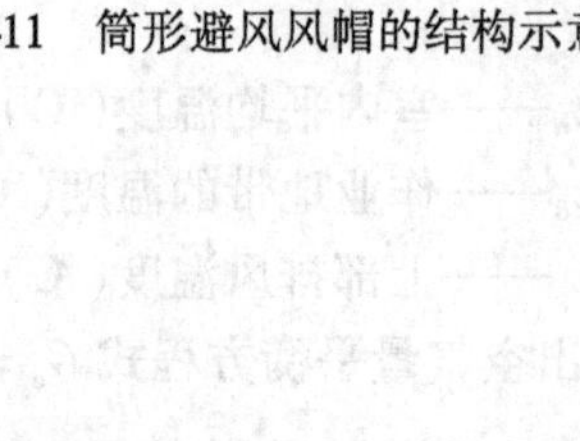

图4-11 筒形避风风帽的结构示意图

三、机械通风

机械通风可分为如下几种形式：

1. 局部机械通风

局部机械通风包括局部排风和送风。图4-12是一个局部排风系统的示意图；图4-13是设在铸工车间浇铸工段的局部机械送风系统的示意图。

2. 全面机械通风

图4-14表示在产生有害物的房间设置全面机械排风系统，而进风来自不产生有害物的邻室和由本房间自然进风的情况。这样，通过机械排风造成一定的负压，可防止有害物向卫

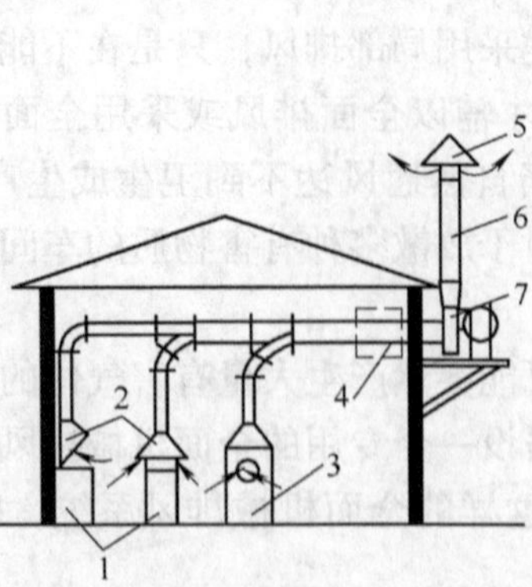

图 4-12　局部机械排风系统的示意图

1—工艺设备　2—局部排风罩　3—排风柜

4—排风处理装置　5—排风帽　6—风道　7—风机

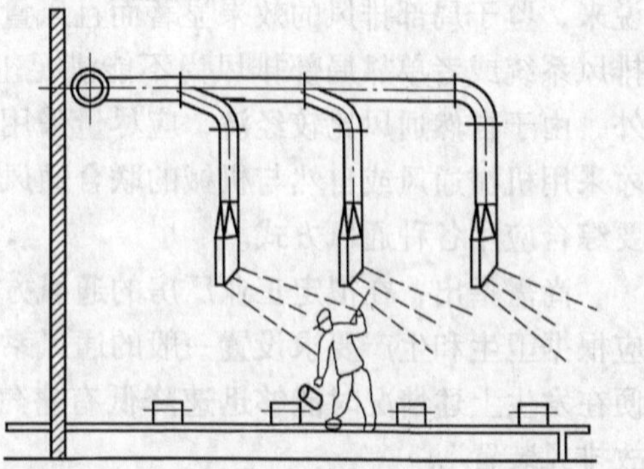

图 4-13　局部机械送风系统的示意图

生条件较好的邻室扩散。在寒冷地区，冬季为保证室内要求的卫生条件，自然进风所消耗的热量应由供暖设备来补偿。如果该项热负荷较大，致使增设的供暖设备过多而在技术经济上不合理时，则应设置有加热处理的机械送风系统。这时为防止有害物向邻室扩散，可使机械送风量略小于机械排风量。

图 4-15 是对进风进行过滤和加热处理的全面机械送风系统示意图。通常将各种处理设备集中设在一个称为进风室的专用房间里。

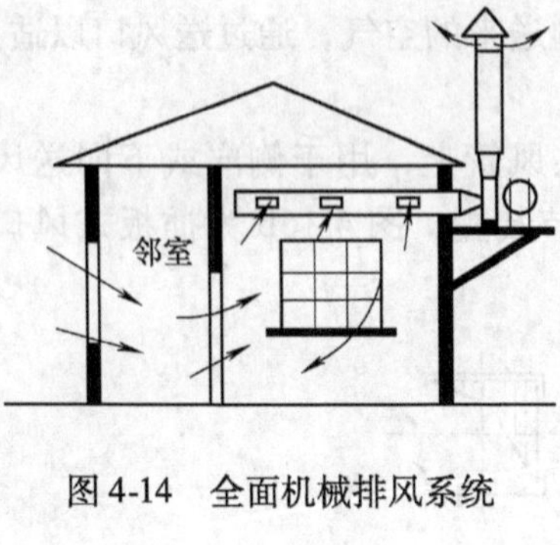

图 4-14　全面机械排风系统

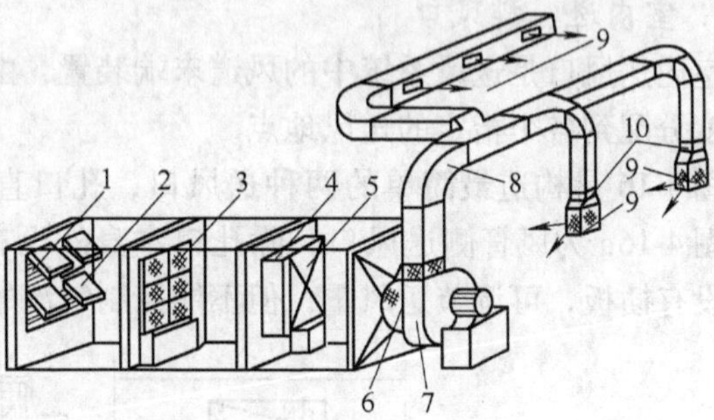

图 4-15　全面机械送风系统

1—百页窗　2—保温阀　3—过滤器　4—旁通阀

5—空气加热器　6—启动阀　7—风机　8—风道

9—送风口　10—调节阀

机械通风由于作用压力的大小可以根据需要确定，而不像自然通风受到自然条件的限制，因此可以通过管道把空气送到室内指定的地点，也可以从任意地点按要求的吸风速度排除被污染的空气，适当地组织室内气流的方向；并且根据需要可以对进风或排风进行各种处理；此外，也便于调节通风量和稳定通风效果。但是，风机运转时消耗电能，风机和风道等设备要占用一定的建筑面积和空间，因而工程设备费和维护费较大，安装和管理都较为复杂。

以上只是对各种通风方式的概括介绍，至于就一个具体的车间而言，究竟采取何种通风方案，应根据车间卫生标准、生产工艺对空气环境的要求、有害物的性质和数量、生产工艺条件、室外气象参数和污染情况以及通风工程本身的技术经济比较等许多因素来考虑。一般说来，鉴于局部排风的效果显著而且风量小，故应优先采用局部排风，只是在不能设置局部排风系统或者单靠局部排风尚不能满足卫生要求时，才辅以全面排风或采用全面排风；此外，由于自然通风比较经济，应尽量采用自然通风，当自然通风达不到卫生或生产要求时，才采用机械通风或自然与机械的联合通风。实际上，对于放散多种有害物质的车间，往往需要综合应用各种通风方式。

尚需指出，在拟定工业厂房的通风方案时，对于可能突然产生大量有害气体的车间，除应根据卫生和生产要求设置一般的通风系统外，还要另设一个专用的全面机械排风系统，以便在发生上述情况时能够迅速降低有害气体的浓度。这样的全面机械排风系统，叫做“事故排风装置”。

四、通风系统的主要设备和构件

上节介绍的自然通风，其设备装置比较简单，只需用进、排风窗以及附属的开关装置。其他各种通风方式，包括机械通风系统和管道式自然通风系统，则由较多的构件和设备所组成。在这些通风方式中，除利用管道输送空气以及机械通风系统使用风机造成空气流动的作用压力外，一般尚包括如下一些组成部分：全面排风系统尚有室内排风口和室外排风装置（见图4-14）；局部排风系统尚有局部排风罩、排风处理设备以及室外排风装置（见图4-12）；进风系统尚有室外进风装置、进风处理设备以及室内送风口等（见图4-15）。下面仅就一些主要设备和构件作简要的介绍。

1. 室内送、排风口

室内送风口是送风系统中的风道末端装置，由送风道输送来的空气，通过送风口以适当的速度分配到各个指定的送风地点。

图4-16是构造最简单的两种送风口，孔口直接开设在风管上，用于侧向或下向送风。其中图4-16a为风管侧送风口，除孔口本身外没有任何调节装置；图4-16b为插板式风口，其中设有插板，可调节送风量，但不能控制气流的方向。

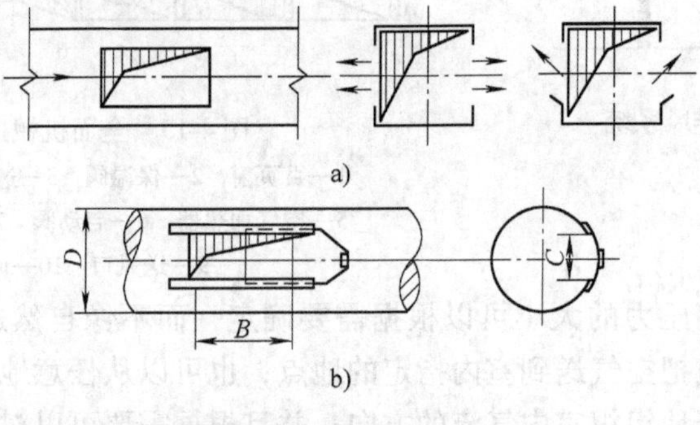

图4-16 两种最简单的送风口

a）风管侧送风口 b）插板式送、吸风口

图4-17是常用的一种性能较好的百叶式风口，可以在风管上、风管末端或墙上安装。其中双层百叶式风口不但可以调节出口气流速度，而且可以调节气流的角度。

在工业厂房中，往往需要向一些工作地点供应大量的空气，但又要求送风口附近的速度迅速降低，以避免吹风感觉。能满足这种要求的大型送风口，通常叫做空气分布器。

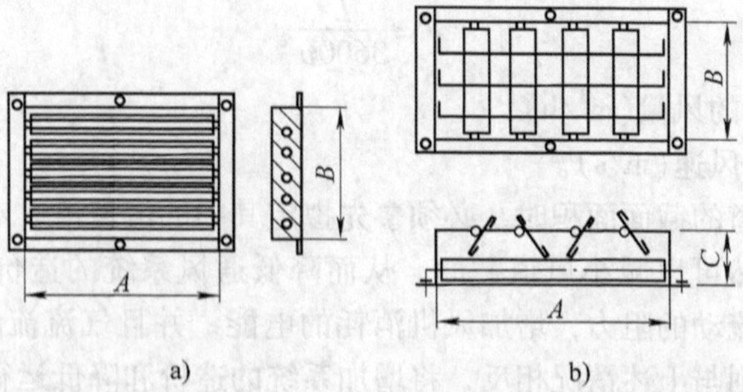

图 4-17　百叶式送风口
a）单层百叶送风口　b）双层百叶送风口

送风口及空气分布器的形式很多，其构造和性能可查阅《全国通用采暖通风标准设计图集》。

室内排风口是全面通风系统的一个组成部分，室内被污染的空气经由排风口进入排风管道。排风口的种类较少，通常做成百叶式。此外，图 4-16 所示的送风口，也可以用于排风系统，当作排风口使用。

室内送、排风口的布置情况，是决定通风气流方向的一个重要因素，而气流的方向是否合理，将直接影响全面通风的效果。

在组织通风气流时，应将新鲜空气直接送到工作地点或洁净区域，而排风口则要根据有害物的分布规律设在室内浓度最大的地方。具体做法如下：

1）排除余热和余湿时，采取下送上排的气流组织方式，即将新鲜空气送到车间下部的工作地带，吸收余热和余湿后流向车间上部，由设在上部的排风口排出。

2）利用全面通风排除有害气体时，排风口的位置应根据下述不同的情况来确定：放散的气体比空气轻时应从上部排出；放散的气体比空气重时，宜从上部和下部同时排出，但气体的温度较高或受车间散热影响而产生上升气流时，宜从上部排出；当挥发性物质蒸发后使周围空气冷却下降，或经常有挥发性物质洒落地面时，应从上部和下部同时排出。至于送风，则不论上述哪一种情况，都应一律送至作业地带。

3）对于用局部排风排除粉尘和有害气体而又没有大量余热的车间，用以补偿局部排风的机械送风系统，宜将新鲜空气送至上部地带。

2. 风道

（1）风道材料和风道截面积的确定　制作风道的材料很多，工业通风系统常使用薄钢板制作风道，截面呈圆形或矩形，根据用途（一般通风系统、除尘系统）及截面尺寸（$D=100\sim2000$mm）的不同，钢板厚度为 $0.5\sim3$mm。输送腐蚀性气体的通风系统，如采用涂刷防腐油漆的钢板风道仍不能满足要求时，可用硬聚氯乙烯塑料板制作，截面也可做成圆形或矩形，厚度为 $2\sim8$mm。埋在地下的风道，通常用混凝土板做底，两边砌转，内表面抹光，上面再用预制的钢筋混凝土板做顶，如地下水位较高，尚需做防水层。

在民用和公共建筑中，为节省钢材和便于装饰，除钢板风道外，也常使用矩形截面的砖砌风道、矿渣石膏板或矿渣混凝土板风道以及圆形或矩形截面的预制石棉水泥风道等。

风道截面积 F（m^2），可按下式确定：

$$F=\frac{L}{3600v} \tag{4-16}$$

式中 L——通过风道的风量(m^3/h)；

v——风道中的风速(m/s)。

显然，在确定风道的截面面积时，必须事先拟定其中的流速值。对于机械通风系统，如果流速取得较大，固然可以减小风道截面，从而降低通风系统的造价和减少风道占用的空间，但却增大了空气流动的阻力，增加风机消耗的电能，并且气流流动的噪声也随之增大。如果流速取得偏低，则与上述情况相反，将增加系统的造价和降低运行费用。可见，对流速的选定应该进行技术经济比较，其原则是使通风系统的初投资和运行费用的总和最经济，同时也要兼顾噪声和布置方面的一些因素。选定时，一般可参考表4-2中的数据。

表4-2 风道中的空气流速 （单位：m/s）

类别	管道材料	干管	支管
工业建筑机械通风	薄钢板	6～14	2～8
工业辅助及民用建筑	砖、混凝土等	4～12	2～6

除尘系统中的空气流速，应根据避免粉尘沉积，以及尽可能减少流动阻力和对系统磨损的原则来确定。根据粉尘的不同，一般在12～23m/s范围内。

无论在工业通风或空气调节系统中，风道的截面积一般都比较大。用钢板或塑料板制作的风道，截面积的范围如下：圆形风道 $D=100\sim2000\text{mm}$；矩形风道 $A\times B=120\text{mm}\times120\text{mm}\sim2000\text{mm}\times1250\text{mm}$；砖砌风道为1/2×1/2砖长，其他非金属风道的最小截面积为 $A\times B=100\text{mm}\times100\text{mm}$。

（2）风道的布置 在居住和公共建筑中，垂直的砖风道最好砌筑在墙内，但为避免结露和影响自然通风的作用压力，一般不允许设在外墙中而应设在间壁墙里。相邻两个排风或进风竖风道的间距不能小于1/2砖长，排风与进风竖风道的间距应不小于1砖长。

如果墙壁较薄，可在墙外设置贴附风道（见图4-18）。当贴附风道沿外墙设置时，需在风道壁与墙壁之间留40mm宽的空气保温层。

设在阁楼里和不供暖房间里的水平排风道可用下列材料制作：如果排风的湿度正常，用40mm厚的双层矿渣石膏板（见图4-19）；排风的湿度较大，用40mm厚的双层矿渣混凝土板；排风的湿度很大，可用镀锌薄钢板或涂漆良好的普通薄钢板，外面加设保温层。

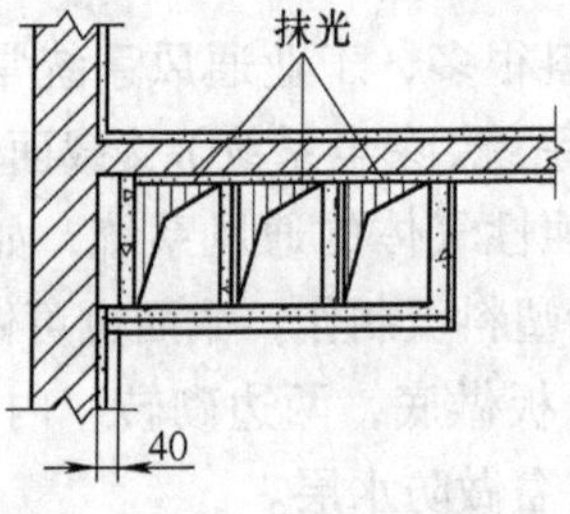

图4-18 贴附风道

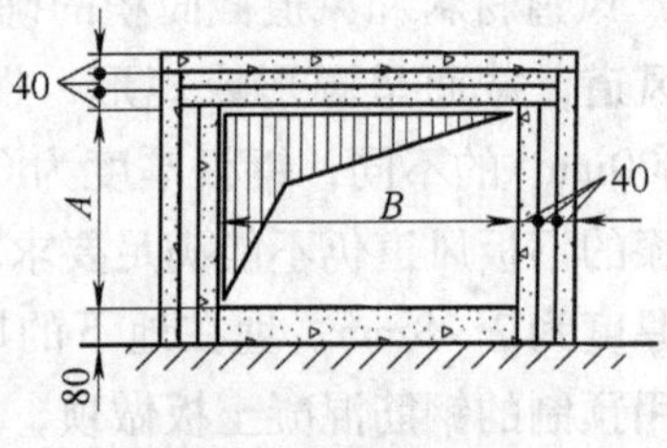

图4-19 水平风道

各楼层内性质相同的一些房间的竖向排风道，可以在顶部(阁楼里或最上层的走廊及房间顶棚下)汇合在一起。对于高层建筑，尚需符合防火规范的规定。

工业通风系统在地面以上的风道通常采用明装，风道用支架支承沿墙壁及柱子敷设，或者用吊架吊在楼板或桁架的下面(风道距墙较远时)。布置时应力求缩短风道的长度，但应以不影响生产过程和与各种工艺设备不相冲突为前提。此外，对于大型风道还应尽量避免影响采光。

敷设在地下的风道，应避免与工艺设备及建筑物的基础相冲突，也应与其他各种地下管道和电缆的敷设相配合，此外，尚需设置必要的检查口。

3. 室外进、排风装置

机械送风系统和管道式自然送风系统的室外进风装置，应设在室外空气比较洁净的地点，在水平和竖直方向上都要尽量远离和避开污染源。

进风口的底部距室外地坪不宜小于2m，进口处应设置用木板或薄钢板制作的百叶窗。

图4-20是进风装置的两种构造形式，其中图4-20a是贴附于建筑物的外墙上；图4-20b是做成离开建筑物而独立的构筑物。如在屋顶上部吸入室外空气时，进风口应高出屋面0.5 m以上，以免吸入屋面上的灰尘和冬季被雪堵塞。

机械送风系统的进风室常设在地下室或底层，在工业厂房里为减少占地面积也可设在平台上。图4-21是布置在地下室的进风室示意图。

管道式自然通风系统通过屋顶向室外排风。排风口也应高出屋面0.5m以上，若附近设有进风装置，则应比进风口至少高出2m。

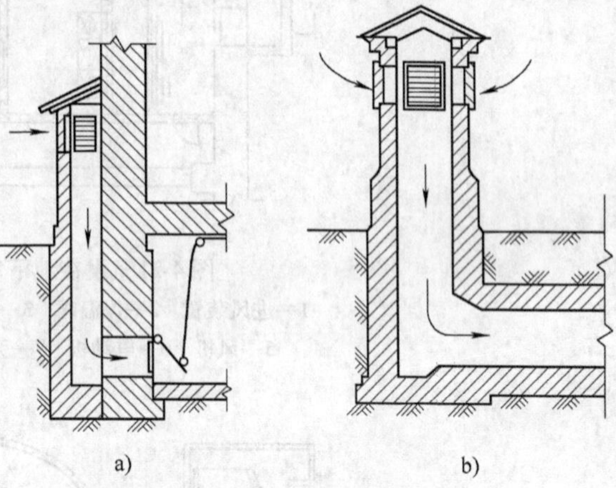

图4-20 室外进风装置

机械排风系统一般也从屋顶排风，以减轻对附近环境的污染。为保证排风效果，往往在排风口上加设一个风帽。当从屋顶排风不便时，也可以从墙上排出(见图4-12)。

4. 风机

风机是输送气体的机械。在通风和空调工程中，常用的风机有离心式和轴流式两种类型。

(1) 离心风机 离心风机(见图4-22)是由叶轮、机壳和集流器(吸气口)三个主要部分组成。

离心风机的工作原理与离心水泵相同，主要借助于叶轮旋转时产生的离心力而使气体获得压能和动能。

离心风机的主要性能参数有如下几项：

1) 风量(L)——表明风机在标准状态即大气压力 $p_a = 101325$Pa 和温度 $t = 20$℃下工作时，单位时间内输送的空气量(m^3/h)。

2) 全压(H)——表明在标准状态下工作时，通过风机的每 $1m^3$ 空气所获得的能量，包括压能和动能(Pa)。

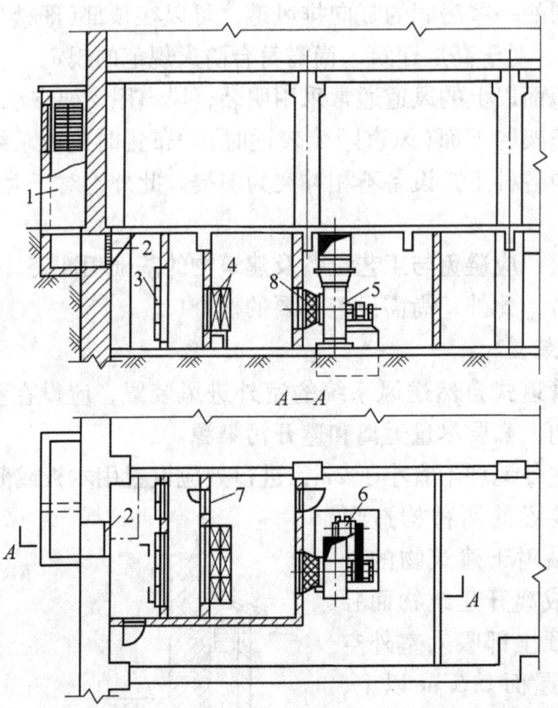

图4-21 设在地下室的通风小室

1—进风装置 2—保温阀 3—过滤器 4—空气加热器

5—风机 6—电动机 7—旁通阀 8—帆布接头

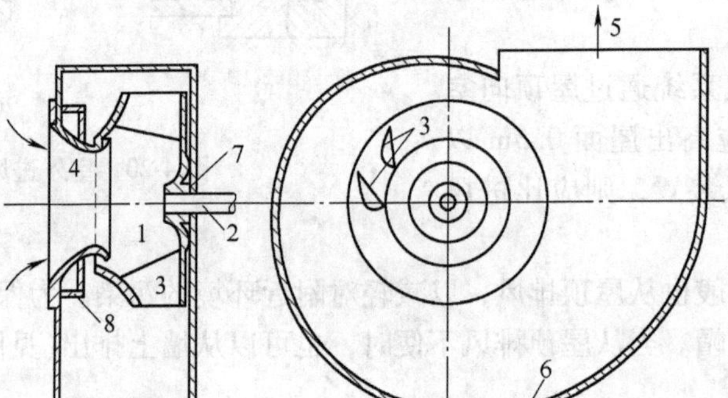

图4-22 离心风机的构造示意图

1—叶轮 2—机轴 3—叶片 4—吸气口

5—出口 6—机壳 7—轮毂 8—扩压环

3）功率(P)——电动机在风机轴上的功率称为风机的轴功率P(kW)，而空气通过风机后实际得到的功率称为有效功率P_x(kW)，后者

$$P_x = \frac{LH}{3600} \tag{4-17}$$

式中 L——风机的风量(m^3/h)；

H——风机的全压(kPa)。

4）转速(n)——叶轮每分钟旋转的转数(r/min)。

5）效率(η)——风机的有效功率与轴功率的比值，即

$$\eta = \frac{P_x}{P} \times 100\% \tag{4-18}$$

如离心泵的原理一样，当风机的叶轮转数一定时，风机的全压、轴功率和效率均与风量之间存在着一定的制约关系，可用坐标曲线(称为离心风机的性能曲线)或者列成数据表来表示。

不同用途的风机，在制作材料及构造上有所不同。例如用于一般通风换气的普通风机(输送空气的温度不高于80℃,含尘浓度不大于150mg/m^3)，通常用钢板制作，小型的也有用铝板制作的；除尘风机要求耐磨和防止堵塞，因此钢板较厚，叶片较少并呈流线形；防腐风机一般用硬聚氯乙烯板或不锈钢板制作；防爆风机的外壳和叶轮均用铝、铜等有色金属制作，或外壳用钢板而叶轮用有色金属制作，等等。

离心风机的机号，是用叶轮外径的分米数表示的，不论哪一种型式的风机，其机号均与叶轮外径的分米数相等，例如No. 6的风机，叶轮外径等于6dm(600mm)。

(2）轴流风机　轴流风机的构造简图如图4-23所示，叶轮由轮毂和铆在其上的叶片组成，叶片与轮毂平面安装成一定的角度。叶片的构造型式很多，如机翼形扭曲或不扭曲的叶片；等厚板形扭曲或不扭曲叶片等。大型轴流风机的叶片安装角度是可以调节的，借以改变风量和全压。有的轴流风机做成长轴型式(见图4-24)，将电动机放在机壳的外面。大型的轴流风机不与电动机同轴，而用V带传动。

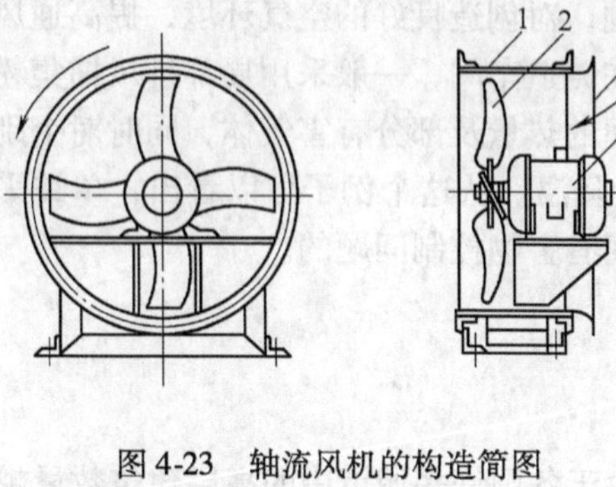

图4-23　轴流风机的构造简图

1—圆筒形机壳　2—叶轮　3—进口　4—电动机

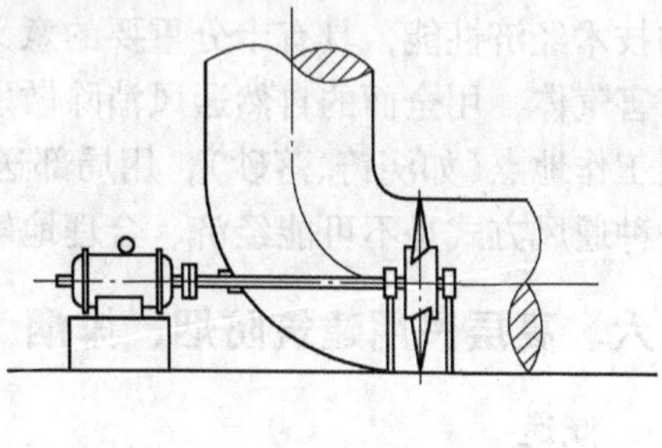

图4-24　长轴式轴流风机

轴流风机是借助叶轮的推力作用促使气流流动的，气流的方向与机轴相平行。

轴流风机同样有风量、全压、轴功率、效率和转数等性能参数，并且这些参数之间也有一定的内在联系，可用性能曲线来表示。此外，机号也用叶轮直径的分米数表示。

轴流风机与离心风机在性能上最主要的差别，是前者产生的全压较小，后者产生的全压较大。因此，轴流风机只能用于无需设置管道的场合以及管道阻力较小的系统，而离心风机则往往用在阻力较大的系统中。

五、事故通风

当生产设备产生偶然事故或故障时，会突然散发大量有害气体或有爆炸性气体的车间，应设置事故排风，以备急需时使用。

事故排风所必需的换气量应由事故排风系统和经常使用的排风系统共同保证，事故排风的风量，应根据工艺设计所提供的资料计算确定。当工艺设计不能提供有关计算资料时，可按以下方法确定排风量：

当有害气体的最高允许浓度不大于5mg/m^{3}时，换气次数不应小于下列数值：

1）车间高度在6m及6m以下者8次/h。

2）车间高度在6m以上者5次/h。

当最高允许浓度等于或低于5mg/m^{3}时，上述的换气次数应乘以1.5。

事故排风排出的气体不设专门的进风系统补偿，而且排出的气体一般不进行净化或其他的处理，排出剧毒的有害物时，应排放到10m以上的大气中，仅在非常必要时，才采用化学方法中和。

事故排风必须设在有害物质放散的地点，风机开关应分别装在室内、外便于操作的位置。事故排风的吸风口，应设在有害气体或爆炸危险物质散放量可能最大的地点。事故排风的排风口，不应布置在人员经常停留或经常通行的地点。事故排风的排风口，应高于20m范围内最高建筑物的屋面3m以上，当其与机械送风系统进风的水平距离小于20m时，尚应高于进风口6m以上。

对车间进行通风设计时，首先应根据生产工艺的特点和有害物的性质，尽可能采用局部通风。如果设置局部通风后仍不能满足卫生标准的要求，或工艺条件比较复杂，车间内同时散发粉尘、有害气体、热和湿等多种有害物，对这类车间进行通风设计时，必须全面考虑各种有害物质的散发情况，综合运用各种通风方式，才能做出效果良好的设计方案。如何恰当地运用各种通风方法，综合解决整个车间的通风问题，对创造良好的空气环境，提高通风系统的技术经济性能，具有十分重要的意义。例如：在铸造车间，一般采用局部排风捕集粉尘和有害气体，用全面的自然通风消除散发到整个车间的热量及部分有害气体，同时对个别的高温工作地点(如浇铸、落砂)，用局部送风装置进行降温。从这个例子可以看出：单纯采用某一种通风方式是不可能经济、合理地解决整个车间有害物控制问题的。

六、高层民用建筑防烟、排烟

1. 概述

防烟、排烟是消防系统的一个重要组成部分，由于各国许多城市中的高层建筑数量越来越多，且建造的高度也越来越高。因此对消防系统的设计也提出了更新、更高的要求。

高层建筑内部功能复杂，如有办公室、客房、会议室、餐厅、商场、厨房、舞厅、锅炉房、机房、变配电房、各种库房等。这些部位均有大量着火源和可燃物。若使用或管理不当容易引发火灾。

室内一旦发生火灾，可燃物着火最初限于着火物周围的环境，然后蔓延到室内家具、内装修至整个房间，此时温度急剧上升，燃烧产生的烟气会从开口部位很快喷射出来，烟气可通过房间进入走廊，火势有向建筑物内部扩展的危险。

火灾发生时，物质燃烧所生成的气体、水蒸气及固体微粒等称为燃烧产物。其中能被人所看到的部分叫烟。但是实际上可见气体也与之混合在一起，所以通常把燃烧产物中可见和不可见部分的混合物统称“烟气”。

火灾形成烟气的成份取决于可燃物的化学组成和燃烧条件。大部分可燃物质属于有机化合物，在不完全燃烧时，不仅会生成CO_2、水蒸气、SO_2等完全燃烧产物，还会生成CO、醇类、酮类、醛类、醚类及烟灰、烟渣等不完全燃烧产物，有继续燃烧或与空气形成爆炸性混合物的危险。此外，还可能产生少量的剧毒气体，例如氯化氢、碳酸氯（$COCl_2$，即光气）、氢化氰（HCH）、氨（NH_3）、硫化氢和氮氧化物等。各种材料在燃烧时所产生的毒气如表4-3所示。

表4-3 各种材料燃烧产生的毒气种类

材料名称	产生的主要毒气	材料名称	产生的主要毒气
木材	二氧化碳、一氧化碳	聚苯乙烯	苯、甲苯
羊毛	二氧化碳、一氧化碳、硫化氢、氨、氢化氰	聚氯乙烯	氢氯化物、二氧化碳、一氧化碳
		酚树脂	氨、氰化物、一氧化碳
棉花、人造纤维	二氧化碳、一氧化碳	环氧树脂	丙酮、二氧化碳、一氧化碳

烟气对人体的危害很大。国内外火灾死亡人数中大部分人是由于烟气中毒或是窒息死亡的。烟气中CO对人体毒害最大。不同浓度时对人体的影响程度如表4-4所示。

表4-4 一氧化碳对人体影响程度

一氧化碳含量（%）	对人体影响程度	一氧化碳含量（%）	对人体影响程度
0.01	数小时对人体影响不大	0.5	引起剧烈头晕，经20~30min有死亡危险
0.05	1h对人体影响不大		
0.1	1h后头痛、不舒服、呕吐	1.0	呼吸数次失去知觉，经1~2min即可能死亡

在着火区域烟雾弥漫的房间中，一氧化碳浓度通常为0.01%~0.65%。其次烟气中有甲醛、乙醛、氢氧化物、氢化氰等毒气时，对人体也是极为有害的。同时，在着火区域的空气中充满了一氧化碳、二氧化碳及其他有毒气体，而且燃烧需要大量的氧气，这就造成了空气中的含氧量大大降低。高层建筑中大多数房间的气密性均较好，更易引起室内大量缺氧而危及人们的生命。火灾时，室内人员可能因吸入高温烟气而使口腔及喉头肿胀，以致引起呼吸道阻塞而窒息。此外，烟气还会对眼睛、鼻和喉部产生强烈刺激，使人们视力下降、能见度大大降低且呼吸困难，从而严重地影响建筑物内人员的及时疏散和消防队员的扑救。

为了保证火灾初期建筑物内人员的疏散和消防队员的扑救，在高层民用建筑设计中，不仅需要设计完整的消防系统，而且必须慎重研究和处理防烟、排烟问题。

根据《高层民用建筑设计防火规范》的规定，按建筑物使用性质、火灾危险性、疏散和扑救难度等对建筑进行分类。

凡建筑高度大于24m设有防烟楼梯及消防电梯的建筑物均应设置防烟排烟设施。高层民用建筑的防、排烟设计应与建筑设计、防火设计和通风及空气调节设计同时进行，建筑与暖通专业设计人员应密切配合，根据建筑物用途、平立面组成、单元组合、可燃物数量以及室外气象条件的影响等因素综合考虑，确定经济、合理的防、排烟设计方案。

2. 高层民用建筑需设置防烟、排烟的部位

（1）防烟楼梯间及其前室、消防电梯前室和合用前室和封闭的避难层。

（2）一类建筑和建筑高度超过32m的二类建筑的下列走道或房间：

1）长度超过20m的内走道。

2）面积超过$100m^2$，且经常有人停留或可燃物较多的房间。

3）高层建筑的中庭和经常有人停留或可燃物较多的地下室。

防烟楼梯间和消防电梯设置前室的目的是阻挡烟气进入防烟楼梯和消防电梯，可作为人员临时避难场所，降低建筑物本身由于热压差而产生的烟囱效应，以减慢烟气蔓延的速度。

在进行防、排烟设计时，首先要确定建筑物的防火分区和防烟分区，然后再确定合理的防、排烟方式、送风竖井或排烟竖井的位置及送风口和排烟口的位置。

3. 防、排烟方式

排烟与通风中的排风做法和原理都是相似的，根据利用的动力，可以分自然排烟和机械排烟。在任何一个建筑物中，采用自然排烟还是采用机械排烟应视建筑设计的具体情况而定。

（1）自然排烟 根据高层民用建筑设计防火规范规定，除建筑高度超过50m的一类公共建筑和建筑高度超过100m的居住建筑外，靠外墙的防烟楼梯间及其前室、消防电梯间前室和合用前室，宜采用自然排烟方式。

自然排烟是利用火灾时室内热气流的浮力或室外风力的作用，与室外相邻的阳台、凹廊窗户或专用排烟口将室内烟气排出。

1）利用建筑物的阳台、凹廊进行排烟，如图4-25所示。

2）靠外墙的防烟楼梯前间、消防电梯前室或合用前室直接对外开启的窗进行排烟，如图4-26所示。

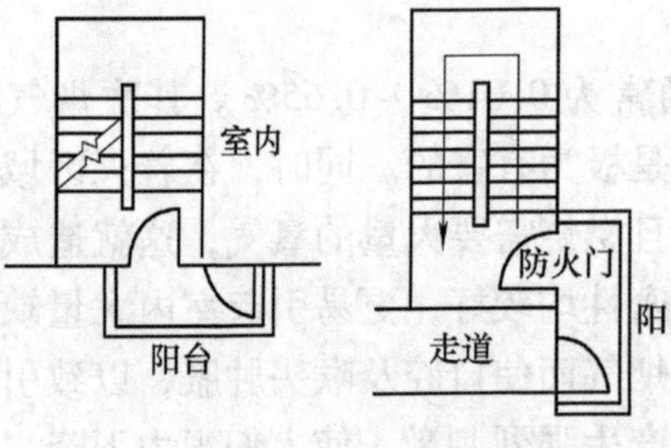

图4-25 利用室外阳台或凹廊排烟

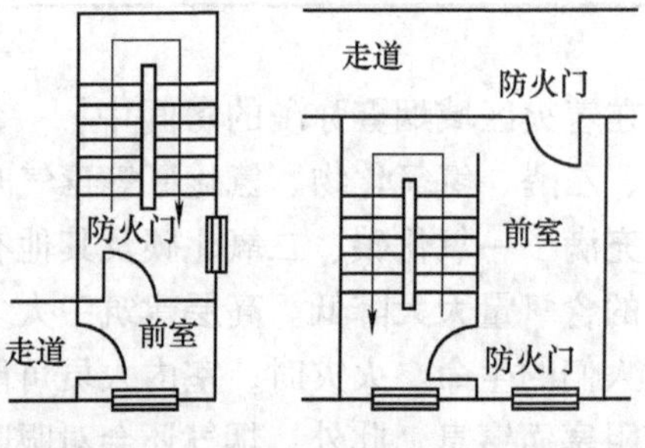

图4-26 利用直接向室外开启的窗排烟

排烟窗的开窗面积可按如下参数选择：

防烟楼梯前室、消防电梯前室≥$2.0m^2$；合用前室≥$3.0m^2$；

靠外墙的防烟楼梯间每五层可开放外窗的总面积之和不应小于$2.0\ m^2$；

长度不超过60m的内走道可开启外窗面积不应小于走道面积的2%；

需排烟的房间，可开启外窗面积不应小于该房间面积的2%；

净空高度小于12m的中庭，可开启的天窗或高侧窗的面积不应小于该中庭地板面积的5%；

排烟窗一般应设置在房间的上方、并应有方便开启的装置。

3）设竖井排烟。对于无窗房间、内走道或外墙无法开窗的前室，可设排烟竖井进行排烟，如图4-27所示。

利用排烟竖井排烟时，其排烟竖井和送风竖井的面积如表4-5所示。

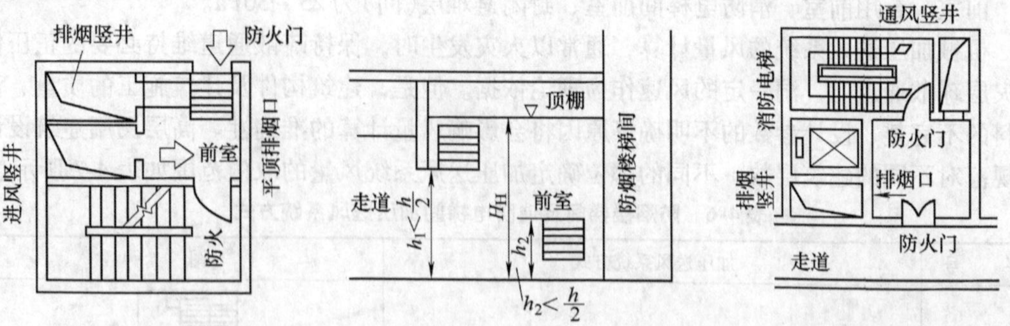

图 4-27　排烟竖井排烟

表 4-5　排烟道、进风道标准　　（单位：m^2）

部位 / 名称	防烟楼梯间前室	消防电梯前室	合用前室
送风口	≥1.0	≥1.0	≥1.5
送风竖井的断面积	≥2.0	≥2.0	≥3.0
排烟口	≥4.0	≥4.0	≥6.0
排烟竖井的断面积	≥6.0	≥6.0	≥9.0

排烟竖井排烟的作用力是依靠室内火灾时产生的热压和风压形成烟囱效应，进行有组织的排烟(排烟口与排烟竖井直接连接,各层应设自动或手动装置控制排烟口)。从表 4-5 中所列数据可以看出，排烟竖井和进风竖井所占的面积比较大，这就降低了建筑的使用面积。因此，近几年来这种排烟方式已很少被采用。

在进行自然排烟设计时，自然排烟的排烟口的面积一般为地板面积的 1/50。自然排烟不使用动力，结构简单。但是，自然排烟容易受到室外风力的影响，当火灾房间处在迎风侧时，由于排烟口受风压的作用，烟气很难排出，此时若在建筑物背风面的房间设开口时，烟气还会流回房间，使房间充满烟气。由此可见，只有当火灾房间处于背风面，烟气才能比较顺利地通过排烟口排至室外。

(2) 机械防烟　机械防烟是利用风机产生的气流和压力差来控制烟气流动方向的防烟技术。在高层建筑的垂直疏散通道，如防烟楼梯间、前室、合用前室及封闭的避难层等部位，进行机械送风和加压，使上述部位室内空气压力值处于相对正压，阻止烟气进入，以便人们进行安全疏散和扑救。这种防烟设施系统简单、安全，近年来在高层建筑的防排烟设计中得到了广泛的应用。

按《高层民用建筑设计防火规范》规定，在下列部位应设置独立的机械加压送风的防烟设施：

不具备自然排烟条件的防烟楼梯间、消防电梯前室或合用前室；采用自然排烟措施的防烟楼梯间，其不具备自然排烟条件的前室；封闭的避难层(间)。

机械加压送风系统由加压送风机、送风道、加压送风口及其自控装置等部分组成。

防烟楼梯间及消防电梯间加压送风系统方式如表 4-6 所示。

防烟楼梯间要求的正压值为 40～50Pa；

前室、合用前室、消防电梯间前室、封闭避难层(间)为25～30Pa。

机械加压送风系统的风量计算，通常以火灾发生时，保持疏散通道维持必要的正压值和火灾层疏散通道门、洞一定的风速作为理论依据。但是，建筑构件及建筑施工的质量、设计资料的不完整、设计参数的不明确等原因将会影响风量计算的准确性。高层民用建筑设计防火规范对不同的建筑层数、不同的部位确定加压送风系统风量的取值范围如表4-7所示。

表4-6　防烟楼梯间及消防电梯间加压送风系统方式

序　号	加压送风系统方式	图　示
1	仅对防烟楼梯间加压送风(前室不加压)	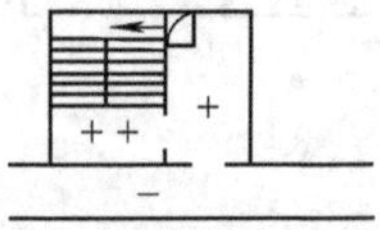
2	对防烟楼梯间及其前室分别加压	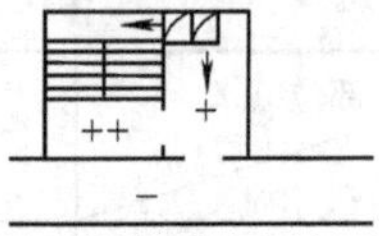
3	对防烟楼梯间及有消防电梯的合用前室分别加压	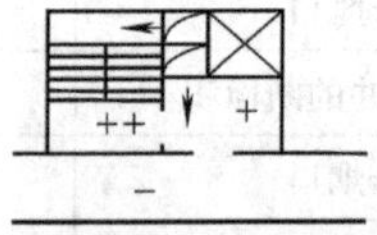
4	仅对消防电梯的前室加压	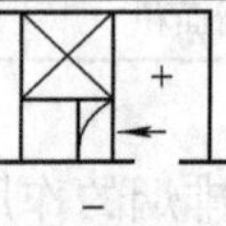
5	当防烟楼梯间具有自然排烟条件时，仅对前室及合用前室加压	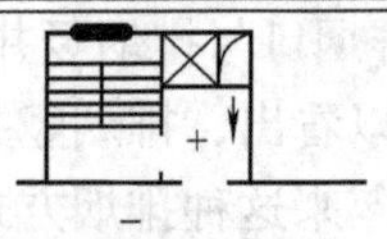

风量上、下限的取值应根据楼层数、风道材料、防火门的漏风量等因素综合比较确定。

(3) 机械排烟　机械排烟是使用排烟机进行强制排烟。根据《高层民用建筑设计防火规范》规定：一类高层建筑和建筑高度超过32m的二类的高层建筑以下部位，应设置机械排烟设施：

无直接自然采光，且长度超过20m的内走道或虽有直接自然通风，且长度超过60m内走道；面积超过100m²，且经常有人停留或可燃物较多的地上无窗房间或设固定窗的房间；不具备自然排烟条件或净空高度超过12m的中庭；除利用窗井等开窗进行自然排烟的房间外，各房间总面积超过200m²，或一个房间面积超过50m²且经常有人停留或可燃物比较多的地下室等部位都应设置机械排烟系统。

表4-7　加压送风控制风量

序号	机械加压送风部位		风量/($m^3 \cdot h^{-1}$) 系统负担层数<20层	系统负担层数20～32层
1	仅对防烟楼梯间加压(前室不送风)		25000～30000	35000～40000
2	对防烟楼梯间及其前室分别加压	楼梯间	14000～18000	18000～24000
		前室	10000～14000	14000～20000

（续）

序号	机械加压送风部位		风量/（$m^3 \cdot h^{-1}$）	
			系统负担层数＜20层	系统负担层数20～32层
3	对防烟楼梯间及其合用前室分别加压	楼梯间	16000～20000	20000～25000
		合用前室	12000～16000	18000～22000
4	仅对消防电梯前室加压		15000～20000	22000～27000
5	仅对前室及合用前室加压（楼梯间自然排烟）		22000～27000	28000～32000
6	对全封闭的避难层（间）加压		按避难层间净面积每 m^2 不小于 $30m^2/h$ 确定	

机械排烟系统由烟壁（活动式或固定式挡烟壁）、排烟口（或带有排烟阀的排烟口）、防火排烟阀、排烟管道、排烟风机和排烟出口等部件组成，如图4-28所示。

1）走道和房间的机械排烟：走道排烟是根据自然通风条件和走道长度来划分的。根据高层建筑层数多，建筑的高度高的特点，为保证排烟系统的可靠性，走道的排烟一般设计成竖向排烟系统，即在建筑物内靠近走道的适当位置设置竖向排烟管道，每层靠近顶棚的位置设置排烟口，如图4-29示。

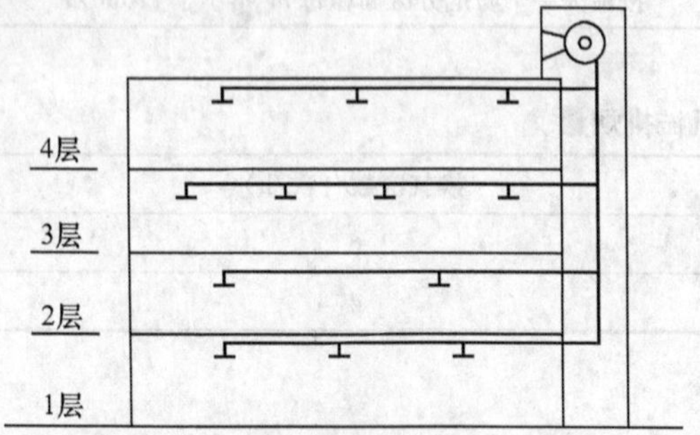

图4-28　机械排烟系统的组成

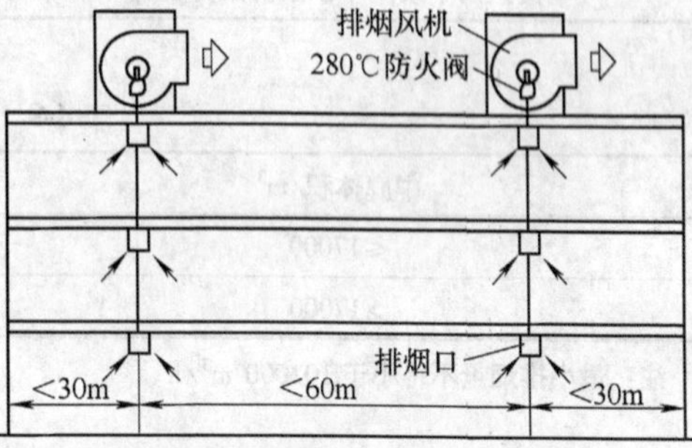

图4-29　走道竖向排烟系统

房间排烟系统宜按防烟分区设置。当需要排烟的房间较多且竖向布置有困难时，可将几个房间组成一个排烟系统，每个房间设排烟口，即为水平式排烟系统，如图4-30所示。

2）中庭机械排烟：通过二层或多层且顶部为封闭的筒体空间称为中庭。中庭与相连的所有楼层是相通的，一般设有采光窗。把中庭作为着火层的一个排烟道，排烟口设置在中庭的顶棚上，或设在紧靠中庭顶棚的集烟区，排烟口的最低标高应设在中庭最高部分门洞的上端。在中庭上部设置排烟风机，使着火层保持负压，便可有效地控制烟气和火灾，如图4-31所示。

中庭较低部位进风有困难时，可采用机械进风，补充风量按不小于排风量的50%考虑，当高度超过6层的中庭，或第二层以上与居住场所相通时，宜从上部补充新鲜空气。

排烟系统排烟量的确定，与建筑防烟分区的划分、排烟系统的部位等因素有关。按高层民用建筑设计防火规范规定。走道和房间的排烟量如表4-8所示，中庭排烟量按中庭体积的换气次数确定，如表4-9所示。

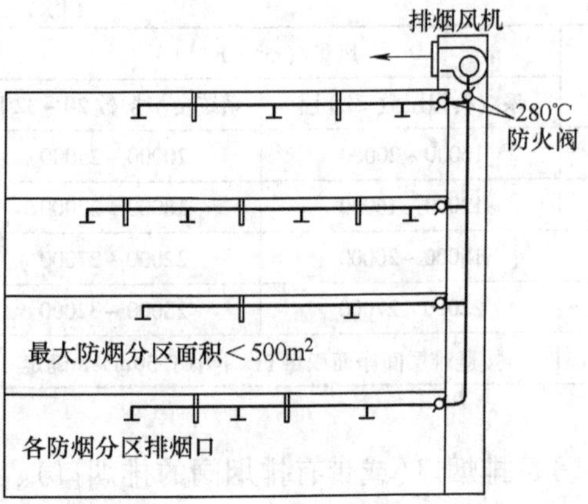

图4-30 房间水平式排烟系统

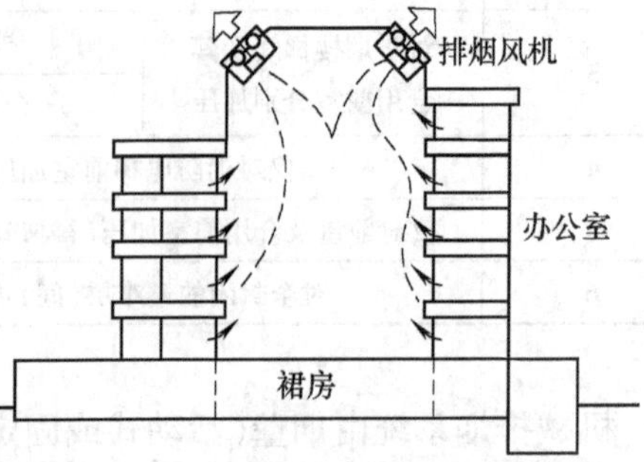

图4-31 中庭排烟示意

表4-8 走道和房间的排烟量

负担防烟分区个数	排烟量标准
负担一个防烟分区或房间净高大于6.0m时	该防烟分区面积每 m^2 不小于 $60m^3/h$
负担两个或两个以上防烟分区时	按最大一个防烟分区面积每 m^2 不小于 $120m^3/h$

表4-9 中庭机械排烟量

中庭体积/m^3	换气次数/(次/h)
≤17000	6
＞17000	4

注：最小排烟量不得小于 $102000\ m^3/h$。

（4）密闭防烟 若建筑物面积较小，且其墙体、楼板耐火性能较好、密闭性好并采用防火门的房间，可以采取关闭房间使火灾房间与周围隔绝，让火情由于缺氧而熄灭的防烟方式。

第二节 空 调 工 程

一、空调的任务及负荷计算

1. 空气调节的任务与作用

空气调节(简称空调)是采用技术手段把某种特定空间内部的空气环境控制在一定状态下，使其满足人体舒适或生产工艺的要求。所控制的内容包括空气的温度、湿度、流速、压力、清洁度、成分、噪声等。对这些参数产生干扰的来源主要有两个：一是室外气温变化、太阳辐射通过建筑围护结构对室温的影响与外部空气带入室内的有害物；二是内部空间的人员、设备与工艺过程产生的热、湿与有害物。因此需要采用人工的方法消除室内的余热、余湿，或补充不足的热量与湿量，清除空气中的有害物，并保证内部空间有足够的新鲜空气。

一般把为生产或科学实验过程服务的空调称为“工艺性空调”，而把为保证人体舒适的空调称为“舒适性空调”。而工艺性空调往往同时需要满足人员的舒适性要求，因而二者又是关联的、统一的。

舒适性空调的目的在于创造舒适的工作与生活环境，保证人体生理与心理健康，保证高的工作效率，目前已普遍应用于公共与民用建筑中，如会议厅、办公楼、影剧院、图书馆、商业中心、旅游设施与部分民用住宅。交通工具如飞机、汽车、轮船与火车有的已装备了空调，有的正在逐步提高装备率。空气温度过高或过湿，均会使人有闷热的感觉；温度过低，会感觉寒冷；湿度过低，人的呼吸道与皮肤会感觉干燥；新风过少，人会感觉胸闷缺氧；空气中含有有害气体或挥发性污染物，人会闻到异味或出现头痛、恶心等疾病症状；空气中含尘量大，人也会有不适感觉；风速过高，人会感到不适，但炎热的夏季里，有一定的吹风感却会令人感到舒适。因此舒适性空调对空气的要求除了要保证一定的温湿度外，还要保证足够的新鲜空气量、适当的空气成分、一定洁净度以及一定范围的空气流速。

对于现代化生产来说，工艺性空调更是必不可少的。工艺性空调一般来说对温湿度、洁净度的要求比舒适性空调高，而对新鲜空气没有特殊的要求。如精密机械加工业与精密仪器制造业要求空气温度的变化范围为 ±(0.1～0.5)℃，相对湿度变化范围不超过 ±5%；在电子工业中，不仅要保证一定的温湿度，还要保证空气的洁净度；纺织工业对空气湿度环境的要求较高；药品工业、食品工业以及医院的病房、手术室则不仅要求一定的空气温湿度，还需要控制空气清洁度与含菌数。

空气调节的基本手段是将室内空气送到空气处理设备中进行冷却、加热、除湿、加湿、净化等处理，然后再送回到室内，以达到消除室内余热、余湿、有害物或为室内加热、加湿的目的；通过向室内送入一定量处理过的室外空气的方法来保证室内空气的新鲜度。也有把加热加湿设备直接安置在室内来改善室内的局部环境的，如超声波加湿器、红外线加热器等。

不同使用目的的空调房间的参数控制指标是不同的。不同行业有关部门对特定的工艺过程均规定了室内空气的设计标准。一般来说，工艺性空调的参数控制指标是以空调基数加波动范围的形式给出的，如(20 ±0.1)℃中的 20 是空调基数，0.1 是允许波动范围。《采暖通风与空气调节设计规范》(GB 50019—2003)对舒适性空调的室内参数作了总的规定：

1）冬季：温度应采用 18～24℃，相对湿度应采用 30%～60%，风速不应大于 0.2m/s。

2）夏季：温度应采用 22～28℃，相对湿度应采用 40%～65%，风速不应大于 0.3m/s。

对于具体的民用建筑，我国住房和城乡建设部、卫生部、国家旅游局等有关部门均制定了具体的室内参数设计指标。

2. 空调负荷

空调房间冷(热)、湿负荷是确定空调系统送风量和空调设备容量的基本依据。

在室内热、湿扰量作用下，某一时刻进入一个恒温恒湿房间的总热量和湿量称为在该时刻的得热量和得湿量。当得热量为负值时称为耗(失)热量。在某一时刻为保持房间恒温恒湿，需向房间供应的冷量称为冷负荷；相反，为补偿房间失热而需向房间供应的热量称为热负荷；为维持室内相对湿度所需由房间除去或增加的湿量称为湿负荷。由于有时降温的同时需要除湿，故冷负荷中往往包括显热与潜热两部分，其中潜热是由消除湿负荷引起的。

得热量通常包括以下两个方面：

1）由于太阳辐射进入的热量和室内外空气温差经围护结构传入的热量。

2）人体、照明设备、各种工艺设备及电气设备散入房间的热量。

得湿量主要为人体散湿量和工艺过程与工艺设备散出的湿量。

一般来说，空调房间的室内散热、散湿量在一天中不是恒定不变的，应随室内人员数目、设备使用情况的变化而变化。围护结构传热与玻璃窗日射、新风等形成的负荷随室外参数的逐时变化而变化。而空调负荷一般则是由总负荷变化的峰值来确定的。由于建筑围护结构与室内家具有一定的蓄热作用，有些建筑装修内表面与家具还具有蓄湿作用，所以室内空气参数对内外干扰的响应是有一定的延迟与衰减的。因此空调的计算负荷并不简单等于室内产热量、室外传入热量等各项之和（见图4-32）。

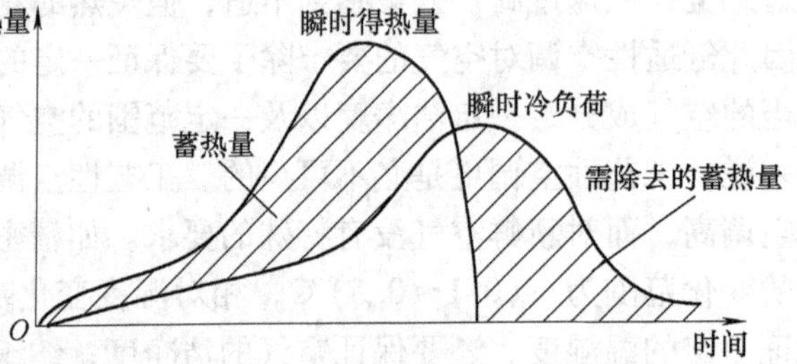

图4-32 空调负荷与得热的关系

常用的空调冷负荷计算方法有谐波反应法和冷负荷系数法。在空调系统设计中准确计算各种负荷以确定空调设备容量与冷热源容量是必要的，但其计算过程比较复杂，在此不作详细介绍。

3. 空调负荷的概算

在工程中有时要求知道建筑物空调负荷的估计值（比如要求事先估计空调的设备费用），而时间上又不允许按具体方法计算，这时可根据在实际工作中积累起来的空调负荷概算指标作粗略估算。所谓空调负荷概算指标是指折算到建筑物中每一平方米空调面积所需的制冷系统的负荷值。表4-10是国内部分建筑的单位空调面积冷负荷指标的概算值。将负荷概算指标乘上建筑物内的空调面积，即得空调系统的冷负荷。

表4-10 国内部分建筑空调冷负荷设计指标的概算值 （单位：W/m^2）

序号	建筑类型及房间名称	冷负荷指标	序号	建筑类型及房间名称	冷负荷指标
1	旅游旅馆：标准客房	80～100	12	室内游泳池	200～350
2	酒吧、咖啡厅	100～180	13	交谊舞厅	200～250
3	西餐厅	160～200	14	迪斯科舞厅	250～350
4	中餐厅、宴会厅	180～350	15	办公室	90～120
5	商店、小卖部	100～160	16	商场、百货大楼、营业室	150～250
6	中庭、接待厅	90～120	17	医院：高级病房	80～100
7	小会议室（允许少量吸烟）	200～300	18	一般手术室	100～150
8	大会议室（不许吸烟）	180～280	19	洁净手术室	300～500
9	理发室、美容室	120～180	20	X光、B超、CT室	120～150
10	健身房、保龄球	100～120	21	影剧院：观众席	180～350
11	弹子室	90～120	22	休息厅（允许吸烟）	300～400

（续）

序号	建筑类型及房间名称	冷负荷指标	序号	建筑类型及房间名称	冷负荷指标
23	化妆室	90～120	28	会堂、报告厅	150～200
24	体育馆：比赛馆	120～250	29	图书阅览室	75～100
25	观众休息厅（允许吸烟）	300～400	30	科研、办公室	90～140
26	贵宾馆	100～120	31	公寓、住宅	80～90
27	展览厅、陈列室	130～200	32	餐馆	200～350

二、空调系统的组成及分类

1. 空调系统的基本组成部分

一般来说，一个完整的空调系统应由以下4部分组成（见图4-33）。

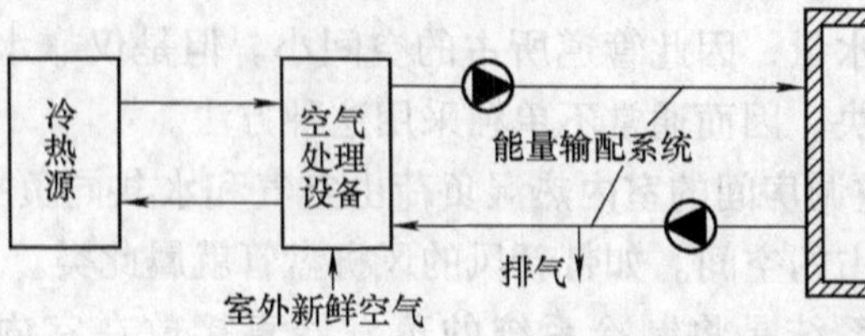

图4-33　空调系统的组成

（1）被调房间　即空调空间或房间。被调房间可以是封闭式的，也可以是敞开式的；可以由一个房间或多个房间组成，也可以是一个房间的一部分。

（2）空气处理设备　这是空调系统的核心，室内空气与室外新鲜空气被送到这里进行热湿交换与净化，达到要求的温湿度与洁净度，再被送回到室内。一般包括组合式空调机组和风机盘管等。

（3）能量输配系统　包括空气和水的能量输配系统。空气部分是空气进入空气处理设备、送到空调空间形成的输送和分配系统，包括风道、风机、风阀、风口等。水的能量输配部分包括水泵、水管、水阀等。

（4）冷热源　空气处理设备的冷源和热源。夏季降温用冷源一般由制冷机承担，而再热或冬季加热用热源可以是蒸汽锅炉、热水锅炉、热泵或电。在有条件的地方，也可以用深井水作为自然冷源。

2. 空调系统的分类

空调系统有很多类型，其分类方法也有很多种。

（1）按空气处理设备的设置情况分类

1）集中式空调系统：这种系统把所有空气处理设备（加热器、冷却器、过滤器、加湿器等）都集中在空调机房。其冷热源一般也是集中在冷冻站、锅炉房或热交换站。

2）半集中式空调系统：这种系统除有空调机房外，还设有分散在空调房间内的末端装置，它们可以对室内空气进行就地处理或对来自集中处理设备的空气再进行补充处理。如诱导器系统和风机盘管系统。

3）分散式空调系统：这是指把空气处理设备全分散在空调房间内的系统。空调房间使用的空调机组就属于这类。

（2）按负担室内负荷所用的介质来分（见图4-34）

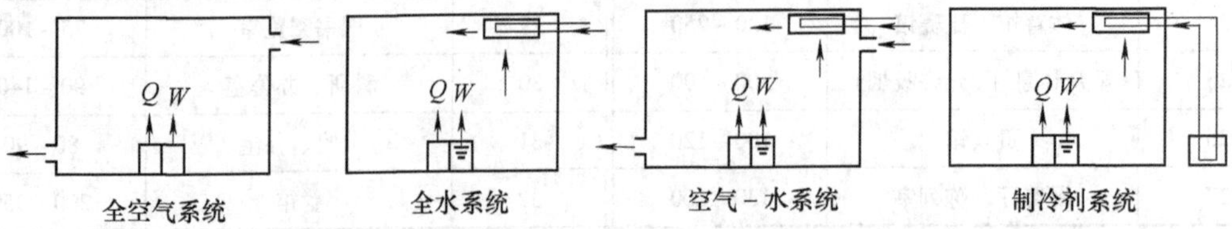

图4-34 按负担室内负荷所用介质的种类对空调系统分类

1）全空气系统：空调房间的室内负荷全部由经过处理的空气来承担。由于空气的比热容较小，需要较多的空气量才能达到消除房间余热、余湿，因此要有较大断面的风管或较高的风速。

2）全水系统：空调房间的室内负荷全部由水来负担。由于水的比热容比空气大得多，在相同条件下只需要较小的水量，因此管道所占的空间小。但是仅靠水来消除余热、余湿，房间的通风换气问题不易解决。因而通常不单独采用这种方法。

3）空气—水系统：指空调房间的室内热湿负荷由空气和水共同负担，既满足了通风换气的要求，又减小了管道所占的空间。如带新风的风机盘管就属此类。

4）制冷剂系统：这种系统是将制冷系统的蒸发器直接放在室内，空调房间的热湿负荷由制冷剂直接负担的系统。分散安装的局部空调机组属于这类系统，具有安装灵活、使用方便的特点。目前超级 VRV 系统（变制冷剂流量空调系统）正在得到广泛的应用。

（3）根据集中式空调系统处理的空气来源分

1）封闭式系统：处理的空气全部来自空调房间，无室外空气补充，全部为再循环空气。这种系统冷热消耗量最省，但室内卫生差。

2）直流式系统：处理的空气全部来自室外，室外空气经过处理送入室内后全部排出室外，适用于不允许采用回风的场合。为了节能，在系统中应设置热回收设备。

3）混合式系统：综合封闭式和直流式系统的特点，采用混合一部分回风的系统，既满足卫生要求，又经济合理。因此这种系统应用最广。

（4）其他分类方法

1）根据系统的风量固定与否，可以分为定风量和变风量系统。

2）根据系统风道内空气流速高低，可以分为低速（8～12m/s）和高速（20～30m/s）空调系统。

3）根据系统的用途不同，可以分为工艺性空调和舒适性空调。

4）根据系统控制精度，可以分为一般空调系统和高精度空调系统。

5）根据系统的运行时间不同，可以分为全年性空调系统和季节性空调系统。

下面介绍几种典型的空调系统。

3. 集中式空调系统

集中式空调系统属典型的全空气系统，其工作原理如图4-35所示。

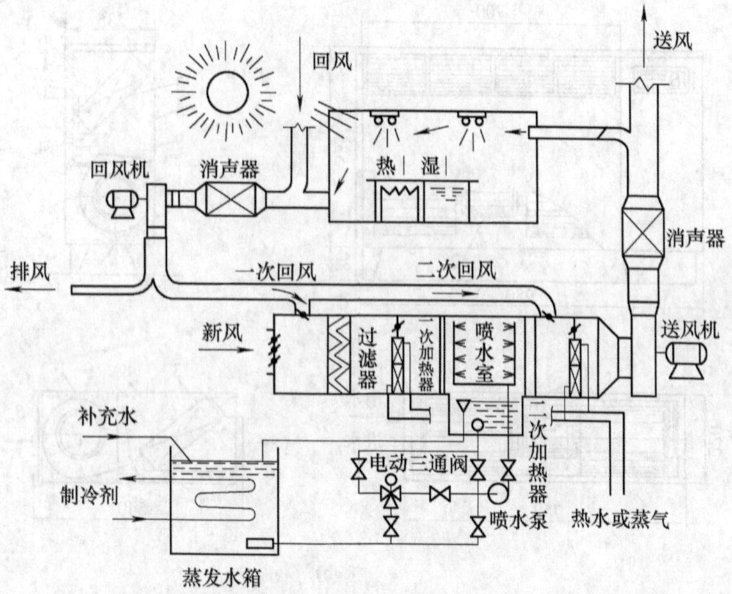

图 4-35 集中式空调系统

无论在集中式空调系统还是在局部空调机组中，最常用的是混合式系统，即处理的空气来源一部分是新鲜空气，一部分是室内回风。根据新风、回风混合过程的不同，工程上常见的有两种形式：一种是回风与室外新风在喷水室(或空气冷却器)前混合，称一次回风式；另一种是回风与新风在喷水室前混合并经喷雾处理后，再次与回风混合，称二次回风式。二次回风方式通常应用在室内温度场要求均匀、送风温差较小、风量较大而又不采用再热器的空调系统中，如恒温恒湿的工业生产车间等。

根据集中式空调系统送入各被调房间的风道数目，可分为单风道系统与双风道系统。单风道系统仅有一根送风管，夏天送冷风，冬天送热风，缺点是为多个负荷变化不一致的房间服务时，难以进行精确调节。双风道系统有两根送风管，一根热风管，一根冷风管，可通过调节二者的风量比控制各房间的参数。缺点是所占建筑空间大，系统复杂，冷热风混合热损失大，因此初投资与运行费高。

集中式空调系统的优点是主要空气处理设备集中于空调机房，易于维护管理。在室外空气温度接近室内空气控制参数的过渡季(如春季与秋季)，可以采用改变送风中的新风百分比或利用全新风来达到降低空气处理能耗的目的，还能为室内提供较多的新鲜空气来提高被调房间的空气质量。

4. 半集中式空调系统

(1) 风机盘管系统 在空调房间内设置风机盘管，再加上经集中处理后的新风送入房间，由两者结合运行，这种对空气的局部处理和集中处理相结合的方式就属于半集中方式。风机盘管加新风机组是最常用的半集中式空调系统。

风机盘管机组是由多排称作盘管的翅片管热交换器和风机组成的(见图 4-36)，运行时管内通入冷冻水或热水。和集中空调系统不同，它采用就地处理回风的方式，由风机驱动室内空气流过盘管进行冷却或加热，再送回室内。机组内还装有凝水盘与凝结水管路，用来排

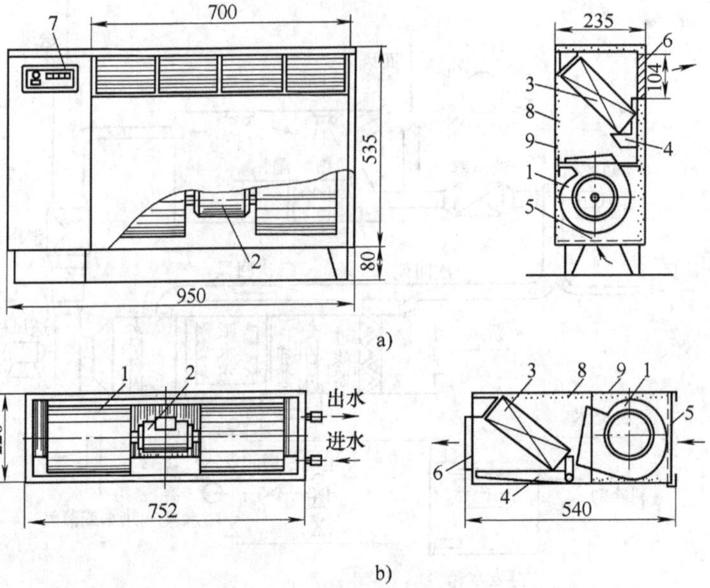

图 4-36 风机盘管构造图

a) 立式 b) 卧式

1—风机 2—电动机 3—盘管 4—凝水盘 5—循环风进口及过滤器
6—出风格栅 7—控制器 8—吸声材料 9—箱体

除除湿时产生的凝结水。供给盘管的冷热水一般是由集中冷热源提供的。

有的风机盘管系统不设置集中的新风系统，而是在立式机组的背后墙壁上开设新风采气口，并用短管与机组相连接，就地引入新风，如图 4-37 所示。这种做法常用于要求不高或者在旧建筑物中增设空调的场合。

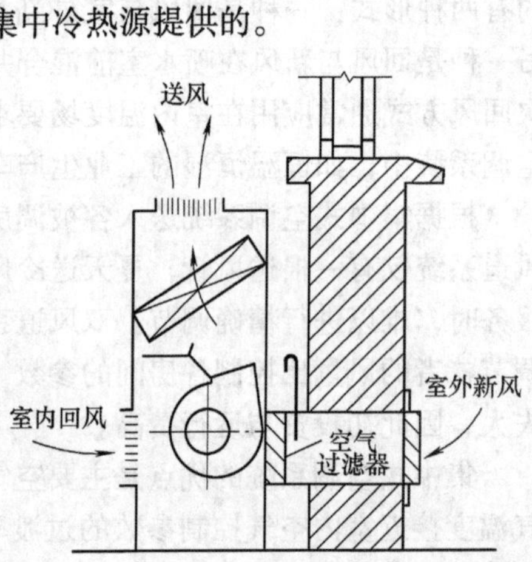

图 4-37 从墙洞引入新风的风机盘管机组

风机盘管系统的调节方式有风量调节与水量调节两种。有的风机盘管可多档调节风机转速来改变风量，有的风机盘管的水管上装有电动调节阀，由室温控制器控制其开度来改变水量，达到控制室温的目的。

风机盘管的优点是布置灵活，各房间可独立调节室温而不影响其他房间；噪声较小；占建筑空间少；室内无人时可停止运行，经济节能。由于集中处理的新风量小，故集中空调机房的尺寸与风道的断面小，节省建筑空间。

它的缺点是机组分散设置，台数较多时维护管理工作量大；由于有凝水产生，故无法控制空气洁净度，而且气流分布受限制；风机盘管本身不能提供新风，故对新风量有要求的情况下需要设置新风处理系统；由于新风处理系统的风量小，故过渡季节可以完全利用新风降温的时间很短。

目前风机盘管系统已广泛用于宾馆、办公楼、公寓、医院等商用或民用建筑。在国外的大型办公楼中，内区往往终年需要供冷，而周边区冬季一般需要供热，因此常在周边区(如窗下)采用风机盘管处理周边围护结构负荷。由于风机盘管多设在室内，有时可能会与建筑布局产生矛盾，所以需要建筑上的协调与配合。

(2) 诱导器系统　诱导器系统是另一种形式的半集中式空调系统。图4-38是诱导器系统的原理图。经过集中处理的空气(称为一次风)由风机送入空调房间的诱导器内的静压箱，经喷嘴以20~30m/s的高速射出。由于喷出气流的引射作用，在诱导器内造成负压，室内空气(二次风)被引入诱导器，与一次风混合后经风口送入室内。送入诱导器的一次风一般是新风，必要时也可采用部分回风，但采用回风时风道系统比较复杂。由于一次风的处理风量小，故机房尺寸与风道断面均比较小，但空气输送动力消耗大，噪声不易控制，所以现在已较少采用。

5. 局部空调机组

局部空调机组实际上是一个小型空调系统，它结构紧凑，安装方便，使用灵活，是空调工程中广泛应用的设备。小容量装置已成为家电产品，现已大批生产，质量可靠。图4-39是空调机组的一种。

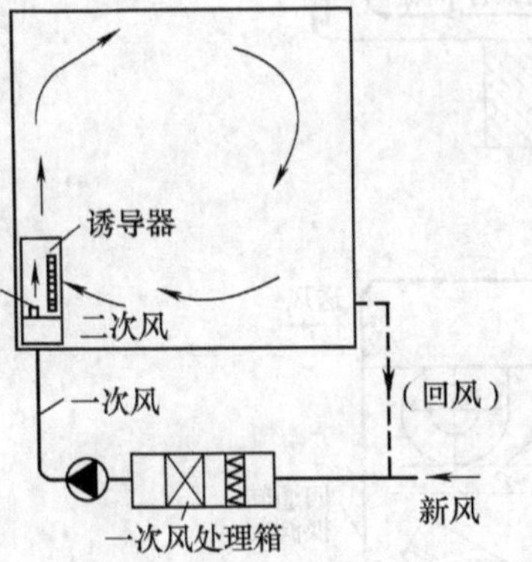

图4-38　诱导器系统的原理图

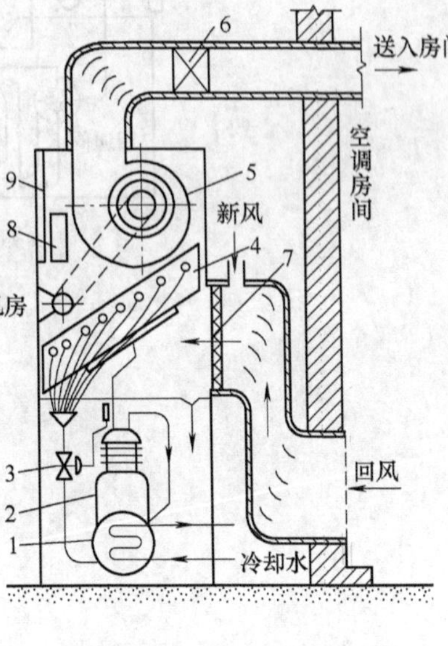

图4-39　空调机组示意图
1—冷凝器　2—制冷机　3—膨胀阀　4—蒸发器
5—通风机　6—电加热器　7—空气过滤器
8—电加湿器　9—自动控制屏

空调机组按外形主要可分为窗式和立柜式两种。窗式容量与外形尺寸较小，制冷量一般为7kW以下，风量在1200m^3/h(0.33 m^3/s)以下，安装在外墙或外窗上，如图4-40a所示。立柜式容量与外形尺寸较大，制冷量一般为7kW以上，风量在1200m^3/h(0.33 m^3/s)以上，可直接放在空调房间里，也可设置在邻室并外接风管，如图4-40b所示。此外，装在室内的空调机组或分体机的室内部分的外形还有柱式、悬吊式、落地式、壁挂式、台式等，可根据房间的使用功能、装修设计与家具布置的情况灵活选取。

空调机组按制冷设备冷凝器的冷却方式分为水冷式和风冷式两种。水冷式一般为容量较大的机组，其冷凝器用水冷却，用户必须具备冷却水源。而风冷式可以是容量较小的机组，如窗式(见图4-40a)，其中冷凝器部分在墙外，借助风机用室外空气冷却冷凝器。也可以是容量较大的机组，将风冷冷凝器独立装置在室外(见图4-40b)。由于风冷式机组无需设置冷却水系统，节约冷却水的费用，故目前风冷机组在产品中所占比例越来越大，许多大、中型的空调机组也设计为风冷式。

空调机组按供热方式可分为普通式和热泵式两种。普通式冬季用电加热器或其他热源(如城市管网)供暖。热泵式冬季仍由制冷机工作，借四通阀的转换，使冷剂逆向循环，把原蒸发器当作冷凝器(原冷凝器变作蒸发器)，空气流过它被加热作为采暖用。图4-40、图4-41都属热泵式，注意图中制冷流程在冬、夏季的走向相反这一特点，就不难理解它的工作原理了。

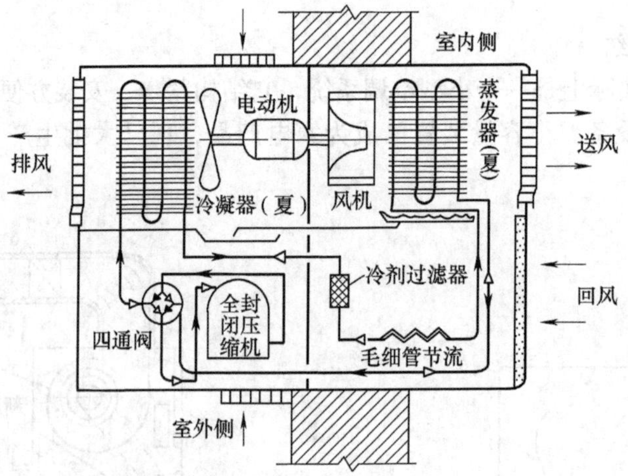

a)

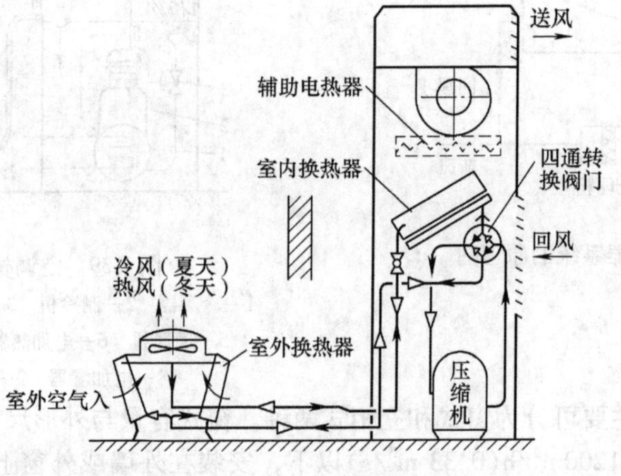

b)

图4-40 风冷式空调机组

a) 窗式、热泵式 b) 冷凝器分开安装、热泵式

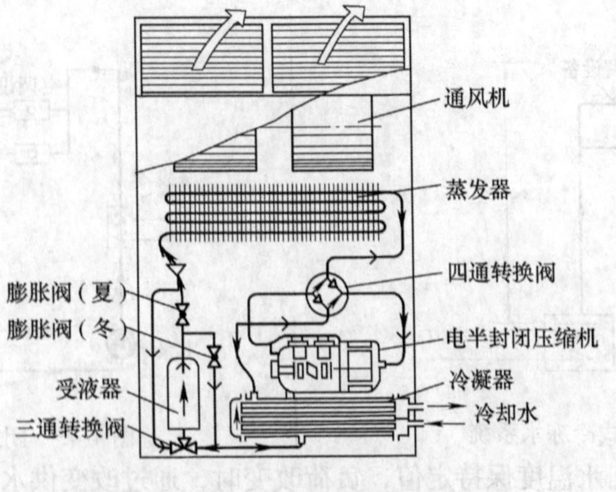

图 4-41　水冷式热泵空调机组

空调机组在结构上可分为整体式和分体式两种。整体式是指压缩机、冷凝器、蒸发器与膨胀阀构成一个整体，虽体积紧凑，但噪声、振动较大。分体式把蒸发器和室内风机作为室内侧机组，把冷凝器压缩机组作为室外侧机组，二者用冷剂管相联，可使室内噪声降低。由于传感器、配管技术和机电一体化的发展，分体式机组的型式有多种。

随着生产规模的发展，各国空调机组的产量都极大，除了工业建筑外，民用建筑的使用也日益普遍。它的功能向专业化发展，以适应各种特殊需要，例如已生产有全新风机组、低温机组、净化机组、计算机室专用机组等。

三、空调水系统及空调设备

1. 空调水系统分为冷冻水系统和冷却水系统。

（1）冷冻水系统　空调系统通常设置集中的冷冻站或冷水机组制备冷冻水，靠冷冻水系统向各分散的空调用户点供应冷量。以冷水（或热水）作为输送冷量的介质，由泵及管道输送至用户点，使用后的回水经管道返回冷水机组的蒸发器中，如此循环，构成一个冷冻水系统。

冷冻水系统根据工程的不同要求，往往可以设计成下列各种不同的类型：

1）从管路和设备的布局上分为开式系统和闭式系统：开式系统的管路直接与大气相通，循环水中含氧量较高，易腐蚀管路和设备，而且空气中的污染物进入水循环，易产生污垢。开式系统中，水泵不仅要克服管路的沿程阻力和局部阻力，而且要克服系统的静水压头，因此水泵的能耗大。此外，开式系统的水会蒸发，故需对系统不断补充水，如图 4-42 所示。

闭式系统管路中的水在系统中密闭循环，不与大气接触，仅在系统最高点设置膨胀水箱。这种管路系统不易产生污垢和腐蚀，系统简单，不需要克服系统静水压头，水泵耗电较小，如图 4-43 所示。

2）从运行调节方法上分为定水量系统和变水量系统：定水量系统中的循环水量保持定值，负荷变化时，可通过改变风量（例如风机盘管的三档风速）或改变供回水温度进行调节，例如用供回水支管上三通调节阀，调节供回水量混合比，从而调节供水温度，系统简单、操作方便，不需要复杂的自控设备，缺点是水流量不变，输送能耗始终为设计最大值。

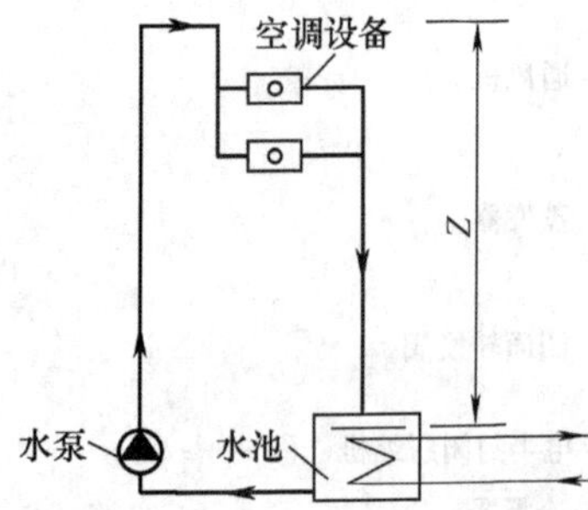

图 4-42 开式冷冻水系统

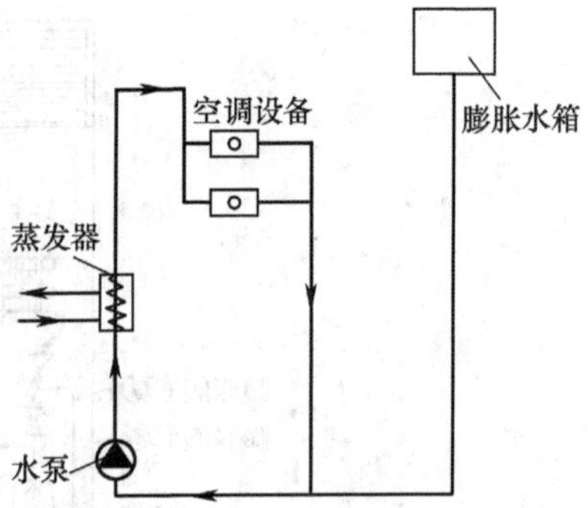

图 4-43 闭式冷冻水系统

变水量系统中供回水温度保持定值，负荷改变时，通过改变供水量来调节。输送能耗随负荷减少而降低，水泵容量和电耗小，系统需配备一定的自控装置。

3）从水泵的配置上分为单式泵水系统和复式泵水系统：单式泵水系统的冷、热源侧和负荷侧只用一组循环水泵，如图 4-44 所示。这种系统简单、初投资省，但不能调节水泵流量，难以节省水泵输送能量，当各空调区负荷变化规律不一样时，不能适应各区压降较悬殊的情况，因此只适用于中小型建筑物和投资少的场合。

复式泵水系统的冷、热源侧和负荷侧分别设置循环水泵，如图 4-45 所示。这种系统可以实现负荷侧水泵变流量运行，能节省输送能耗，并能适应供水分区压降的需要，系统总的压力低。但系统较复杂、初投资较高，适用于大型建筑物。

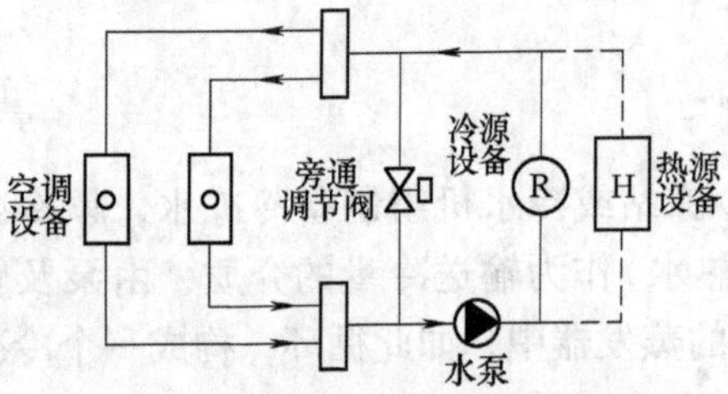

图 4-44 单式泵水系统

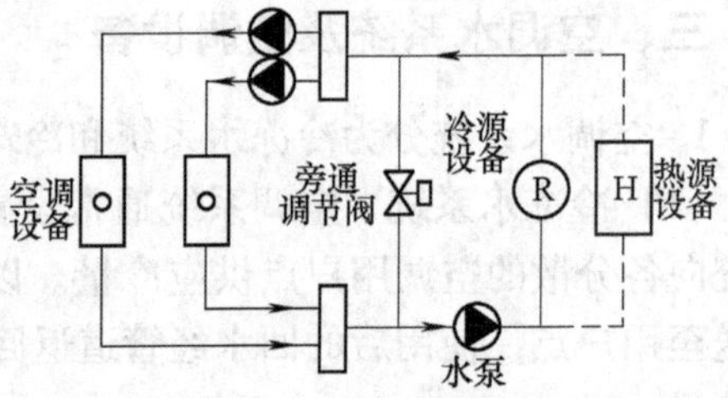

图 4-45 复式泵水系统

4）从回水布置上可分为同程式和异程式：同程式是指供、回水干管中的水流方向相同，并且经过每一环路的管路长度相等，如图 4-46 所示。在各机组的水阻力大致相等时，由于各并联环路的管路总长度相等，所以水量分配均衡，调节方便，系统的水力稳定好。缺点是管路长度增加，初投资较高。

异程式的供、回水干管中的水流方向相反，每一环路的管路长不相等，如图 4-47 所示。这种系统管路简单，不需设回程管，节省管材。但由于各并联环路的管路总长度不等，各环路间存在阻力不平衡现象，导致水流量分配不均匀。因此，在水管设计时要采取一定的措施，如减小干管阻力，在各并联支管上安装流量调节装置，以增大支管阻力等。

5）根据进、回水管的数目，又可分为两管制、三管制和四管制系统。

两管制系统又称为双水管系统，即冬天供应热水、夏天供应冷水，都是在相同的管路中进行的。它的系统简单，初投资较省，但无法同时满足供冷、供热的要求。

三管制系统分别设置供冷、供热的管路，但冷、热回水的管路共用。这种系统可以满足

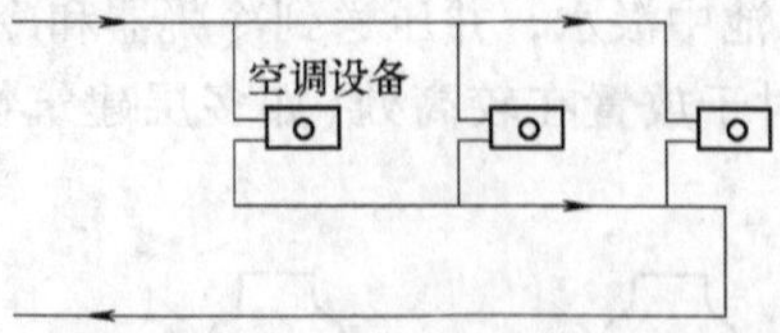

图 4-46　同程式供回水方式

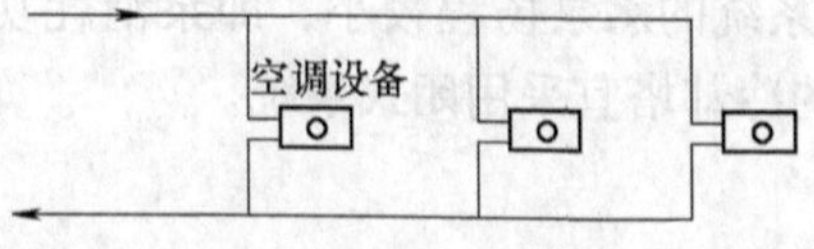

图 4-47　异程式供回水方式

同时供冷、供热的要求，适应负荷变化的能力强，可较好的进行全年温度调节，可任意调节房间温度。但冷、热回水同时进入回水管，有冷热混合损失，运行效率低；冷、热水管路互相连接，水力工况和管路布置较复杂。

四管制系统的供冷、供热的供、回水管分开设置，具有冷、热两套独立的系统，它和三管制系统一样可以全年使用冷、热水，调节方便，可适应房间负荷的各种变化情况，并且克服了三管制系统的回水混合损失问题，但是管路系统复杂，初投资较高，管路占用建筑空间较多。

（2）冷却水系统　冷却水是冷冻站或冷水机组的冷凝器的冷却用水。在机组运行时，经过冷凝后水温将升高，由水泵及管道输送至冷却塔，经冷却塔冷却后水温下降，然后经管道重新返回至机组冷凝器中利用。如此循环，构成一个冷却水系统。

冷却水系统的形式一般可分为直流式、混合式和循环式三种。直流式冷却水系统是最简单的冷却水系统，冷却水经设备使用后直接排掉，不再重复使用。由于冷却水使用后的温升不大，一般在 3 ~ 8℃，因此这种系统的耗水量很大，适宜用在有充足水源的地方，如江河附近、湖畔、海滨、水库旁。直流式冷却水系统一般不宜采用自来水作水源。

混合式冷却水系统经冷凝器使用后的冷却水部分排掉，部分与供水混合后循环使用。这种系统用于冷却水温度较低的场合，如使用井水。井水是宝贵的水资源，大量的汲取使用，还会使地面下沉。因此，即使这种系统可减少冷却水的耗量，也不宜在大型系统中采用。

循环式冷却水的特点是冷却水循环使用。冷却水经冷凝器等设备后吸热而升温，再利用水蒸发吸热的原理对它进行冷却。蒸发冷却的装置有两类——喷水池和冷却塔。

冷却塔是借助空气使水得到冷却的专用设备，一般安装在楼房的顶部。从冷凝器排出的热的冷却水是经过冷却塔冷却后循环使用的。冷却塔的冷却机理有两个方面：一方面是借助部分水在冷却塔中蒸发时吸收蒸发潜热而使水降温；另一方面是当水温高于空气温度时利用接触导热使水降温。

冷却塔有自然通风和机械通风两类，后者是空调、制冷系统常用的设备。目前国内工厂生产的定型的机械通风式冷却塔产品大多用玻璃钢做外壳，故又称为玻璃钢冷却塔。按空气与水的流动方向分，冷却塔又可分为逆流式、横流式和并流式三类。图 4-48 是逆流式玻璃钢冷却塔的结构示意图。为增大水与空气的接触面积，在冷却塔内装满淋水填料层。填料一般是压成一定形状（如波纹状）的塑料薄板。水通过布水器淋在填料层上，空气由下部进入冷却塔，在填料层中与水逆流流动。这种冷却塔结构紧凑，冷却效率高。从理论上说，冷却塔可以把水冷却到空气的湿球温度。实际上，冷却塔的极限出水温度比空气的湿球温度高 3.5 ~ 5℃。

采用玻璃钢冷却塔的循环式冷却水系统有两种形式（见图 4-49）。图 4-49a 为闭式系统，冷却塔出来的冷却水经水泵压送到冷凝器，吸收冷凝热量，再送到冷却塔中蒸发冷却。冷却水在冷却塔与冷凝器之间形成闭式环路。图 4-49b 是开式系统，冷却塔出来的冷却水流入水池(通常可利用建筑物内的消防水池)中，再由泵从水池中汲水，并压送到冷凝器和冷却塔。闭式系统的水泵扬程较小，即泵消耗功率少。所以对于放置在较高处(如多层建筑物屋顶上)的冷却塔宜采用闭式系统。

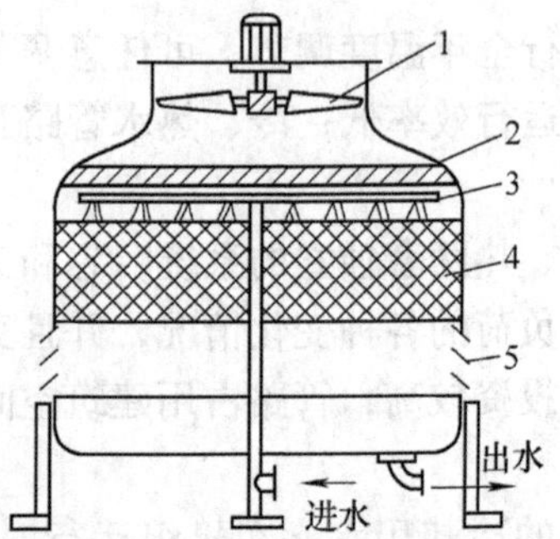

图4-48 逆流式玻璃钢冷却塔的结构示意图

1—风机 2—挡水填料 3—布水器 4—淋水填料 5—空气入口

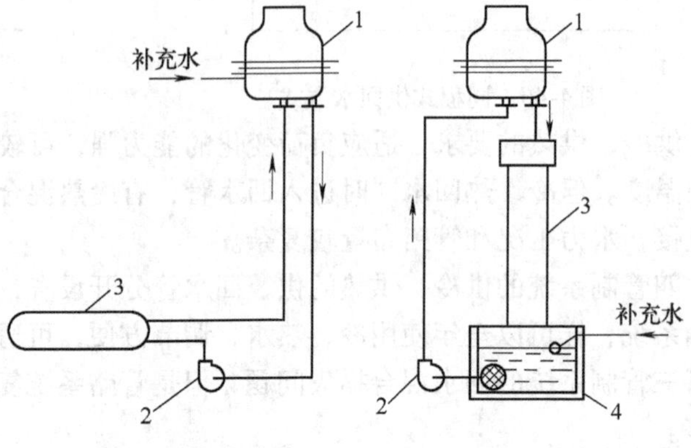

图4-49 采用冷却塔的循环式冷却水系统

a) 闭式系统 b) 开式系统

1—冷却塔 2—水泵 3—凝水器 4—水池

2. 空气处理设备

(1) 空气的热、湿处理设备 为满足空调房间对送风温、湿度的要求，在空调系统中必须有相应的热湿处理设备，以便能对空气进行热湿处理，达到所要求的送风状态。不同的空气处理过程需要不同的空气处理设备，如空气的加热、冷却、加湿、减湿设备等。有时，一种空气处理设备能同时实现空气的加热加湿、冷却干燥或者升温干燥等过程。

根据各种热湿交换设备的特点不同可将它们分成两大类：接触式热湿交换设备和表面式热湿交换设备。前者包括喷水室、蒸汽加湿器、局部补充加湿装置以及使用液体吸湿剂的装置等；后者包括光管式和肋管式空气加热器及空气冷却器等。

第一类热湿交换设备的特点是，与空气进行热湿交换的介质直接与空气接触，通常是使被处理的空气流过热湿交换介质表面，通过含有热湿交换介质的填料层或将热湿交换介质喷洒到空气中去，形成具有各种分散度液滴的空间，使液滴与流过的空气直接接触。

第二类热湿交换设备的特点是，与空气进行热湿交换的介质不与空气接触，二者之间的热湿交换是通过分隔壁面进行的。分隔壁面有平表面和带肋表面两种。

在所有的热湿交换设备中，喷水室和表面式换热器应用最广。

1) 喷水室：喷水室能实现多种空气处理，对空气具有一定的净化能力，在结构上易于现场加工，且金属耗量少，在空调工程中得以广泛使用。但它对水质要求高，占地面积大，水系统复杂，而且运行费用较高。

喷水室的型式通常有卧式、立式，又有单级和双级，而且还有低速(风速2~3m/s)和高速(风速3.5~6.5m/s)。

图4-50为低速喷水室的构造。喷水室主要由喷嘴、喷嘴排管、挡水板、外壳、底池和管路系统等组成。空气经挡水板进入喷水空间，与喷嘴喷出的水直接接触后，经后挡水板流出。

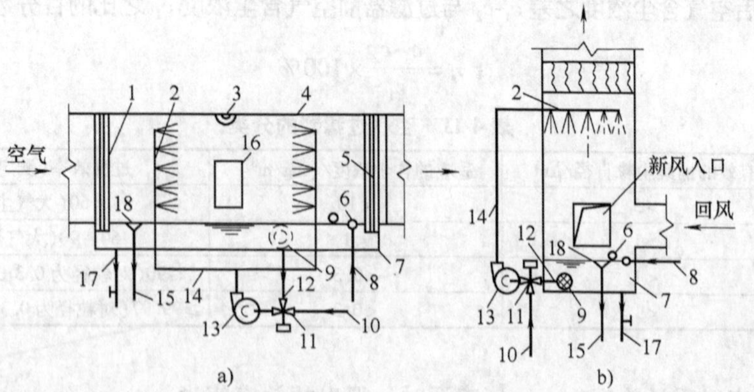

图 4-50　低速喷水室的构造

a）纵向剖面图　b）横向剖面图

1—前挡水板　2—喷嘴与排管　3—防水灯　4—外壳　5—后挡水板　6—浮球阀　7—底池　8—补水管　9—滤水器　10—冷水管　11—三通混合阀　12—循环水管　13—水泵　14—供水管　15—溢水管　16—检查门　17—泄水管　18—溢水器

水则落入底池，一部分由回水口(经溢水器)回至蒸发水箱，另一部分经滤水器流至三通调节阀与从蒸发水箱来的水混合再经喷嘴喷出。当喷水室用作加湿使用时，喷循环水，喷出的水落入底池经滤水器由水泵再喷出，由于加湿过程底池的水位将降低，则应由补水管向底池补水。

2）表面式换热器：表面式换热器是冷热介质通过金属表面(如光管、肋片管)使空气加热、冷却、甚至减湿的设备。常用的表面式换热器有空气加热器和表面冷却器。

空气加热器以热水或蒸汽为热媒。表面冷却器以冷水和冷剂为冷媒。以冷剂为冷媒的表面冷却器称为直接蒸发式表面冷却器。在此介绍以冷水为冷媒的表面冷却器。

与喷水室比较，表面式换热器设备结构紧凑，水系统简单，水与空气不直接接触，故对水质无卫生要求。在处理相同空气量时能实现较大的空气焓降和较高的水温提升，从而节约水量。该设备由专门工厂定型生产，有选择方便、安装简单等优点，所以广泛应用于空调工程中。但它有耗用有色金属材料多、只能对空气进行加热、等湿冷却和减湿冷却，对空气净化作用差等局限性。

表面式换热器主要由肋管、联箱和护板组成，如图 4-51 所示。冷(热)媒进入联箱 1 后均匀地流过肋管，然后汇集入联箱 2 流出。空气则在肋管外流过。根据处理空气的要求不同，可选用不同的肋管排数。根据水温升的要求和吸收(或放出)的热量的不同，联箱与肋管可有不同的连接方法。

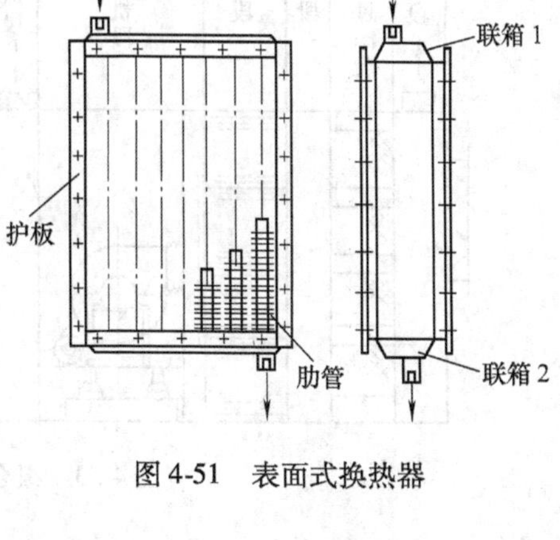

图 4-51　表面式换热器

常用的表面式换热器主要有圆形肋管型和整体串片型。

(2) 空气的净化处理设备　空气过滤器是在空调过程中用于把含尘量较高的空气进行净化处理的设备。按过滤效率来分类可分为初效过滤器、中效过滤器、亚高效过滤器和高效过滤器四类。表 4-11 是各种空气过滤器的技术指标。其中过滤效率 η 是指在额定风量

下过滤器前、后空气含尘浓度之差 c_1-c_2 与过滤器前空气含尘浓度 c_1 之比的百分数，即

$$\eta = \frac{c_1 - c_2}{c_1} \times 100\% \tag{4-19}$$

表 4-11 空气过滤器的分类

类别	有效的捕集尘粒直径/μm	适应的含尘浓度/(mg/m³)	过滤效率(测定方法)(%)
初效	>5	<10	<60(大气尘计重法)
中效	>1	<1	60~90(大气尘计重法)
亚高效	<1	<0.3	≤90(对粒径为 0.3μm 的尘粒计数法)
高　效	<1	<0.3	≥99.97(对粒径为 0.3μm 的尘粒计数法)

当含尘浓度以质量浓度(mg/m³)表示时，得出的效率值为计重效率；而以大于和等于某一粒径的颗粒浓度表示时(个/L)，则为计数效率。其滤尘机理主要是利用纤维对尘粒的惯性碰撞、拦截、扩散、静电等作用。初效过滤器适用于一般净化要求的空调系统，或在超净空调中作为高效过滤器的前级保护；高效过滤器适用于超净空调系统(见图 4-52)。任何过滤器在使用一段时间后都需要进行清洗或更换。

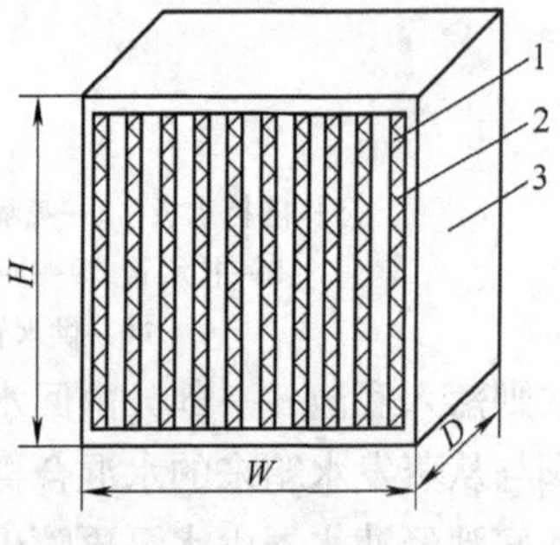

图 4-52 GB 型高效过滤器
1—滤纸 2—分隔板 3—外壳

(3) 组合式空气处理室 组合式空气处理室也称作组合式空调器或空调箱，是集中设置各种空气处理设备的专用小室或箱体。可选用定型产品，也可自行设计。

大型的空调箱多数做成卧式的，小型的也有立式的。自行设计的空调箱的外壳可用钢板或非金属材料。后者一般是整个顶部与喷水室部分用钢筋混凝土，其余部分用砖砌。定型生产的空调箱外壳用钢板制作，故也称作金属空调箱。这种定型产品是由标准功能段与标准构件组装而成。标准功能段包括各空气处理段、送风机段、回风机段、空气混合段、消声段与供检修用的有检查门的中间段组成。设计者或使用者可根据设计要求选用必需的标准段与标准构件进行组合装配，灵活性大，施工非常方便。图 4-53 是一种组合式金属空调箱的结构示意图，它具有较完整的功能段，实际工程中应根据工程的需要增减各种功能段以满足工程需要。

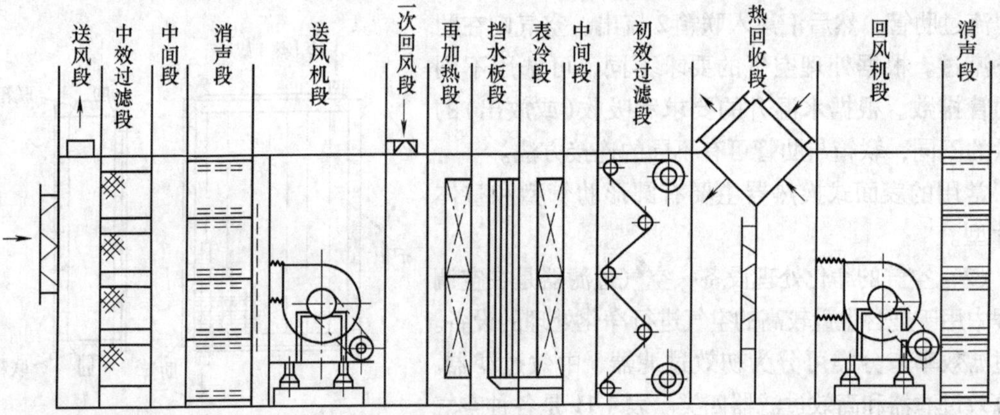

图 4-53 组合式金属空调箱的结构示意图

空调箱的规格一般以每小时处理的风量来标定，处理风量为一万至十几万 m^3/h。目前我国产品的最大处理风量为 16 万 m^3/h。空调箱的断面积主要是由处理风量决定的，空调箱的长度主要是由所选取的功能段的多少和种类决定的。

四、空调系统节能及一般控制

1. 定风量空调系统

定风量空调系统是指送风量全年固定不变，为适应室内负荷的变化，改变其送风温度来满足要求。普通集中式空调系统（指常用的低速单风道全空气空调系统）是典型的定风量式空调系统。利用空调设备对空气进行较完善的集中处理后，通过风道系统将具有一定品质的空气送入空调房间，实现其环境控制的目的。除了少数全部采用室外新风和无法或无需使用室外新风的特殊工程采用直流式和（封闭）循环式外，通常大都采用新风和回风相混合的方式。新回风混合式又可分为一次回风方式和二次回风方式。这种系统的基本特征是空气集中处理，风道断面大，占用空间多，适宜于民用与工业建筑中有较大空间布置设备、管路的场所。

2. 变风量空调系统

普通集中式空调系统的送风量是全年不变的，并且按房间最大热湿负荷确定送风量，称为定风量（CAV）系统。实际上房间热湿负荷不可能经常处于最大值，而是在全年的大部分时间低于最大值。当室内负荷减少时，定风量系统是靠调节再热量以提高送风温度（减小送风温差）来维持室温的。这样既浪费热量，又浪费冷量。如果能采用减少送风量（送风参数不变）的方法来保持室内温度不变，则不仅节约了提高送风温度所需的热量，而且还由于处理风量的减少，降低了风机功率电耗以及制冷机的冷量。这种系统的运行费用相当经济，对于大容量的空调装置尤为显著。国外随着能源危机的出现，对变风量系统作了很多研究和推广工作，不仅在新建筑物中采用，而且把旧有的空调系统也改造成变风量（VAV）系统。

在普通集中低速空调系统中应用变风量的做法如图 4-54 所示。系统中由室温控制的风门来调节室内负荷。图中表示的装置是一种简单的方式。为了获得经济和合理的节能效果，在变风量的工程实践中还应考虑许多问题。

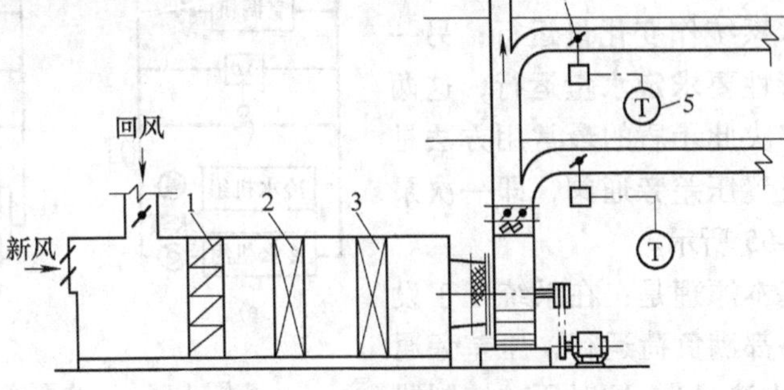

图 4-54　用开关风门控制风量的空调系统

1—过滤器　2—冷却器　3—加热器　4—风门　5—室温控制器

变风量空调系统都是通过特殊的送风装置来实现的，这种送风装置又统称为“末端装置”，其主要作用是根据室内负荷的变化，自动调节房间风量，以维持所需的室温。目前有以下几种做法：

（1）节流型 用风门调节送风口开启大小的方法来调节送风量，这是最常用的方法。

（2）旁通型 当室内负荷减少时，通过送风口的分流机构来减少送入室内的空气量，而其余部分送入顶棚内转而进入回风管循环。

（3）诱导型 另一种变风量末端装置是顶棚内诱导型风口，其作用是用一次风高速诱导由室内进入顶棚内的二次风，经过混合后送入室内。

变风量系统的优点如下：

1）节能。由于风量可以随着负荷的减少而降低，因此系统冷量、风机功率能接近建筑物空调负荷的实际需要，可明显节约风机运行所消耗电能；在室外空气温度较低时（如过渡季节），可以尽量利用室外新风自然冷量。

2）减少冷、热损失。再热损失是定风量系统的主要缺点，当室内负荷减少而减少送风量，则没有冷、热量的相互抵消。

3）变风量末端装置上一般均有定风量装置，因此，不需要进行风管阻力平衡；风管、风口等易于定型化，安装简单迅速，系统调试工作量极少。

4）具有一般低速集中空调系统的特点，例如可以进行较好的空气过滤、消声等，并有利于集中管理。

变风量系统的缺点如下：

1）风量过小时，室内气流组织会受到一定影响。当风量过低而影响气流分布时，则只能以再热来代替进一步降低风量。

2）风量过小时，不易保证新风量。

3）要克服以上缺点，需增加房间风量控制、系统风量以及最小新风量控制，所以自控系统比较复杂，投资较大。

3. 变水量（VWV）空调系统

所谓变水量系统，实质上是指负荷侧在运行过程中，水量不断改变的系统。一次泵变水量系统是目前我国高层民用建筑中采用最广泛的空调水系统。一方面，从末端设备使用要求来看，用户侧要求水系统作变化量运行；另一方面，冷水机组的特性要求定水量运行，这两者构成一对矛盾。解决此矛盾的最常用方法是在供、回水总管上设置压差旁通阀，即一次泵变水量系统，如图4-55所示。

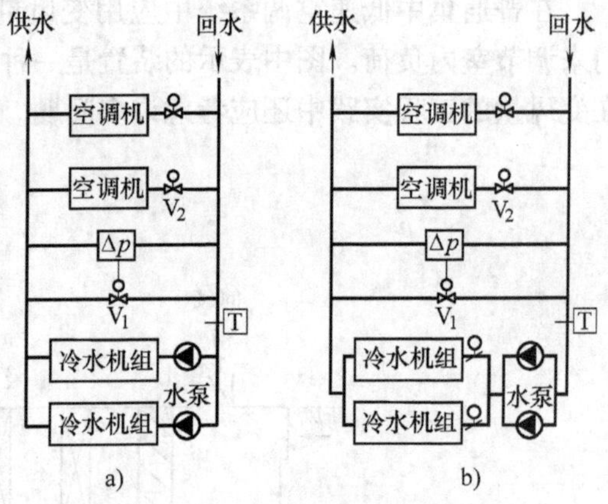

图4-55 一次泵变水量系统

a）先串后并方式 b）先并后串方式

该系统工作的基本原理是：在系统处于设计状态下，所有设备都满负荷运行，压差旁通阀开度为零（无旁通水流量），这时压差控制器两端接口处的压力差（又称用户侧供、回水压差）Δp_0即是控制器的设定压差值。当末端负荷变小后，末端的两通阀关小，供、回水压差Δp将会提高而超过设定值，在压差控制器的作用下，旁通阀将自动打开，由于旁通阀与用户侧水系统并联，它的开度加大将使总供、回水压差Δp减小直至达到Δp_0时才停止继续开大，部分水从旁通阀流过而直接进入回水管，与用户侧回水混合后进入水泵及冷水机组。在此过程中，基本保持了冷冻水泵及冷水机组的水量不变。

目前在一些大型高层民用建筑或多功能建筑群中已经开始采用二次泵变水量系统，该系统是更为合理、更复杂的系统。

4. 变制冷剂流量(VRV)空调系统

变制冷剂流量(VRV)空调系统是近年来在空调领域中新推出的一种具有特点的空调系统，VRV是英文 Variable Refrigerant Volume 的缩写，这种系统近10多年得到迅速发展。

VRV系统是在原普通分体式空调机的基础上发展起来的，普通分体式空调机的室外机一般只能带动一至两台室内机，而且作用距离有限(大多为5～10m)，能量控制较为简单，多采用位式控制方式。随着楼房质量、环境的不断提高和楼房功能越来越复杂，对空调系统灵活的扩展能力和空调性能的要求越来越高，独立型的空调系统越来越重要，且要求空调机有节能和易于维护等特点。

VRV系统具有集中式空调系统的若干特点，它主要由室外机、管道(制冷剂管线)及室内机加上一些自控设备组成。由于在技术上的改进，一台室外机可带多个室内机(目前最多可达32台)，作用距离达到了100m。一组室外机由功能机和恒速机、变频机组成。通过并联室外机系统，将制冷剂管道集中进入一个管道系统，可以方便地根据室内机容量的匹配，对室内机的合适的容量从12～22.5kW以1.5kW的级差进行选择。室内机有天花板嵌入式、挂壁式、落地式等。型式不同的室内单机可连接到一个制冷回路上，并可进行单独控制。室内单机最小容量为0.6kW，最大为3.75kW，室内机的容量可在室外机容量的50%～130%内调节。因此，若对室内机进一步增加的话，可简单地进行扩充。

VRV系统可根据系统负荷情况，自动调整压缩机转速，改变冷媒流量，从而能保证在从高至低的负荷变化范围内，压缩机都以较高的效率运行。因此，低负荷时的能耗将随之下降，使全年运行能耗有较大的节省。另外，目前新的所谓“热回收”系统，可以同时运行供冷和供热，并可自动地进行供冷和供热功能的转换。

第三节 空调用制冷设备

一、常用冷源

空调工程中往往需要对空气进行冷却或除湿处理，因而需要使用冷源。空调工程中使用的冷源包括天然冷源和人工冷源两种。

天然冷源包括一切可能提供低于正常环境温度的天然事物，如深井水、深海水、天然冰等，均可作为天然冷源。例如在有些地区水温较低(如我国东北地区的中部和北部约为4～12℃)，可以采用地下水或深井水满足空调系统冷却空气的需要，但防止地下水位下降、避免地面沉陷是必须考虑的问题。有的国家的海滨建筑采用深海水作为天然冷源用于空调系统是一项很好的建筑节能措施。

但是，由于天然冷源受时间、地区条件的限制，不可能经常满足空调系统的需要，因此，目前世界上用于空调工程的主要冷源仍然是人工冷源，即人工制冷。世界上的第一台制冷装置诞生于19世纪中叶，从此，人类开始使用人工冷源。人工制冷的设备叫制冷机。空调工程中使用的制冷机有蒸气压缩式、吸收式和蒸气喷射式三种。目前采用最多的是压缩式制冷和吸收式制冷。

二、蒸气压缩式制冷原理及设备

1. 蒸气压缩式制冷原理

蒸气压缩式制冷是利用“液体气化时要吸收热量”这一物理特性，通过制冷剂(工质)的热力循环，以消耗一定量的机械能作为补偿条件来达到制冷目的。蒸气压缩式制冷装置是由制冷压缩机、冷凝器、膨胀阀和蒸发器4个主要部件组成，并用管道连接，构成一个封闭的循环系统(见图4-56)。制冷剂在制冷系统中历经蒸发、压缩、冷凝和节流等4个热力过程。

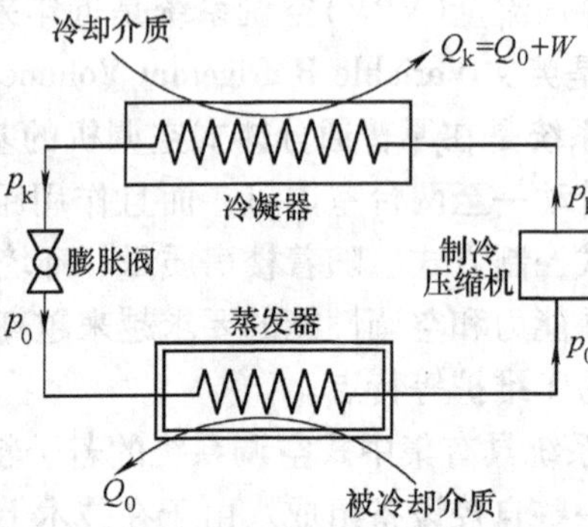

图4-56 压缩式制冷循环原理图

在蒸发器中，低压低温的制冷剂液体吸取其中被冷却介质(如冷冻水)的热量，蒸发成为低压低温的制冷剂蒸气，吸收热量Q_0。单位时间吸收的热量也就是制冷机的制冷量。

低压低温的制冷剂蒸气被压缩机吸入，并被压缩成高压高温的蒸气后排入冷凝器，在压缩过程中，制冷压缩机消耗功W。

在冷凝器中，高压高温的制冷剂蒸气被冷却水冷却，冷凝成高压的液体，放出热量Q_k ($Q_k = Q_0 + W$)。

从冷凝器排出的高压液体，经膨胀阀节流后变成低压低温的液体，进入蒸发器再行蒸发冷却。

由于冷凝器中所使用的冷却介质(冷却水或空气)的温度比被冷却介质(冷冻水或空气)的温度高得多，因此上述人工制冷过程实际上就是从低温物质夺取热量而传递给高温物质的过程。由于热量不可能自发地从低温物体转移到高温物体，故必须消耗一定量的机械能W作为补偿条件，正如要使水从低处流向高处时，需要通过水泵消耗电能才能实现一样。

2. 蒸气压缩式制冷设备

(1) 制冷压缩机 制冷压缩机是蒸气压缩式制冷装置的一个重要设备。制冷压缩机的形式很多，根据工作原理的不同，可分为两类，即容积式制冷压缩机和离心式制冷压缩机。容积式制冷压缩机是靠改变工作腔的容积，将周期性吸入的定量气体压缩。常用的容积式制冷压缩机有往复活塞式制冷压缩机和回转式制冷压缩机。回转式制冷压缩机有旋转式、涡旋式和螺杆式三种。离心式制冷压缩机是靠离心力的作用，连续地将所吸入的气体压缩。这种制冷压缩机的转数高，制冷能力大。

(2) 蒸发器 蒸发器有两种类型：一种是直接用来冷却空气的，叫做直接蒸发式空气冷却器(见图4-57)；另一种是用来冷却作为制冷剂的水或盐水的。直接蒸发器用于氟利昂制冷系统，可直接安装在空调机房的空气处理室中。后一种蒸发器有水箱式和壳管式两种。壳管式又有干式壳管式和卧式壳管式两种。水箱式蒸发器的水箱内充满水或盐水，制冷剂从浸在水箱内的管组中流过，与管外的水进行热交换，这种蒸发器常用于氨制冷系统；干式壳管蒸发器中水在管束外空间流动，制冷剂在带内肋的管内流动，不断吸收管外被冷却介质

（水）的热量，逐渐气化，故蒸发器内的制冷剂处于气、液共存状态，又称作非满液式蒸发器（见图4-58）；卧式壳管蒸发器中水从管束中流过，而制冷剂充满管外空间，故称作满液式蒸发器（见图4-59）。

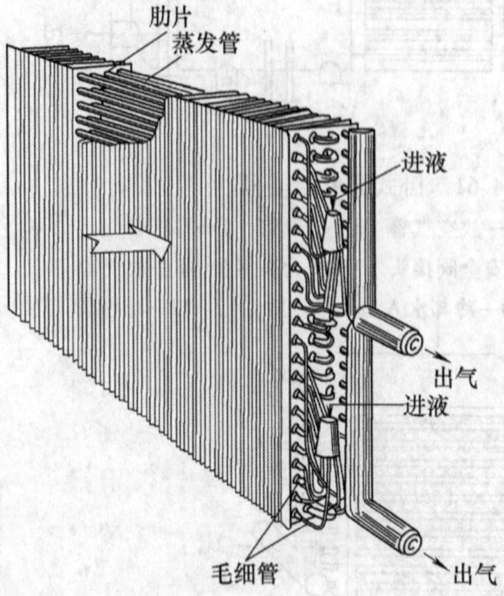

图4-57　直接蒸发式空气冷却器

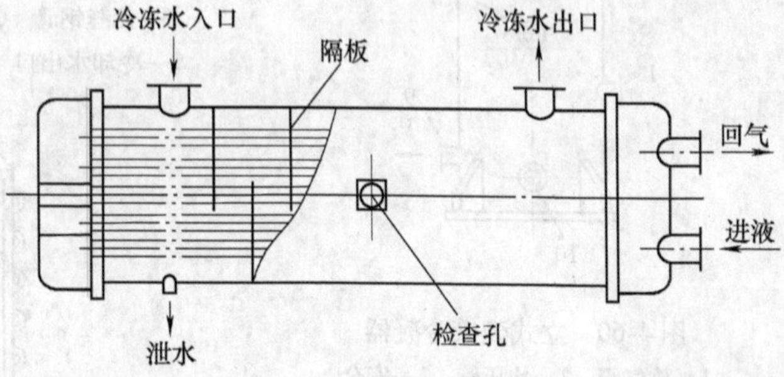

图4-58　干式壳管蒸发器

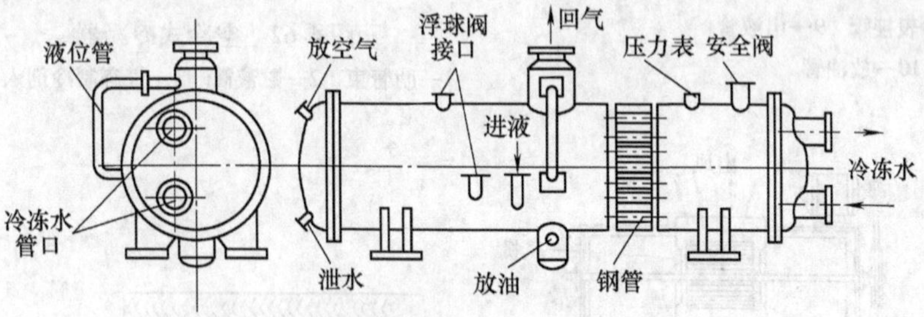

图4-59　卧式壳管蒸发器

（3）冷凝器　冷凝器的功能是将制冷系统吸取的热量排到周围的介质中去。空调用制冷装置所采用的冷凝器根据冷却介质可分为水冷式、风冷式和蒸发式三种。水冷式冷凝器是靠水进行冷却的，因此需要有一套冷却水系统，常用的有立式壳管冷凝器（见图4-60）和卧式壳管冷凝器（见图4-61）。由于水冷式冷凝器换热效率高，都用于大中型制冷系统。风冷式冷凝器利用空气冷却制冷剂，不需要复杂的水系统，但系统运行费较高，都用于小型制冷机组，冷凝盘管一般由肋管制成（见图4-62）。蒸发式冷凝器的冷却水从盘管上部喷出，淋洒在盘管外表面上，水吸收了制冷剂的热量后一部分蒸发变成水蒸气，其余未蒸发的水经水泵再循环使用。通风机设在盘管的上部，吸入来自盘管的空气的，称为吸入式蒸发冷凝器，如图4-63a所示；通风机设在盘管下部的侧面，向盘管压送空气的，称为压送式蒸发冷凝器，如图4-63b所示。

（4）膨胀阀　膨胀阀在系统中的作用：

1）保证冷凝器与蒸发器之间的压力差。这样可以使蒸发器中的液态制冷剂在要求的低压下蒸发吸热；同时，使冷凝器中的气态制冷剂在给定的高压下放热、冷凝。

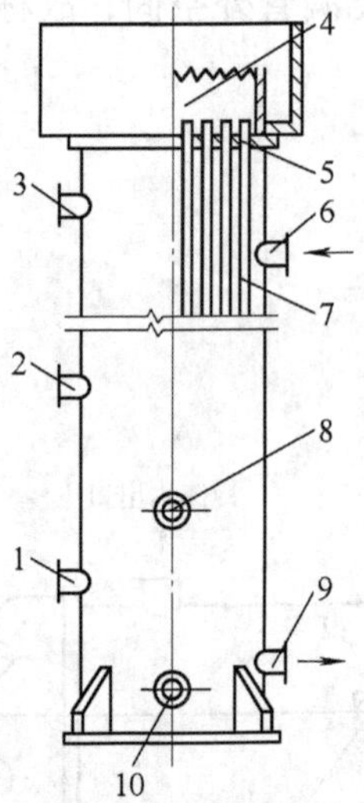

图 4-60 立式壳管冷凝器

1—放气管 2—均压管 3—安全阀接管 4—配水箱 5—管板 6—进气管 7—无缝钢管 8—压力表接管 9—出液管 10—放油管

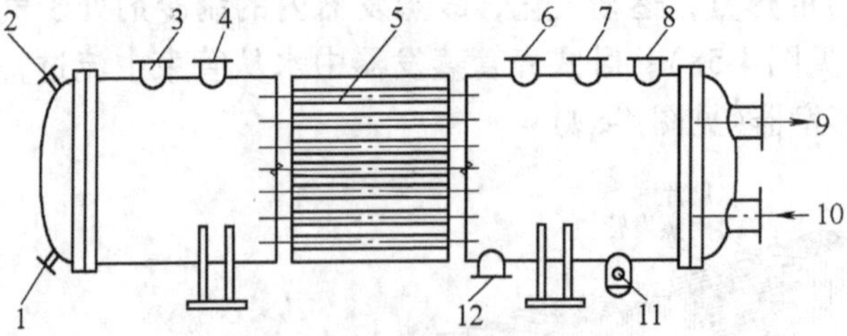

图 4-61 卧式壳管冷凝器

1—泄水管 2—放空气管 3—进气管 4—均压管 5—无缝钢管 6—安全阀接头 7—压力表接头 8—放气管 9—冷却水出口 10—冷却水入口 11—放油管 12—出液管

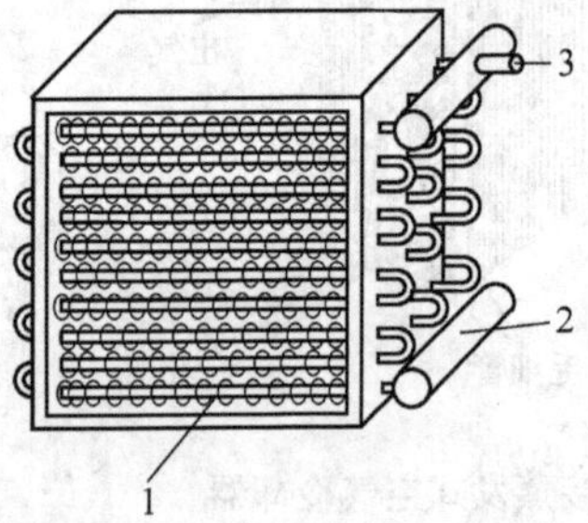

图 4-62 空冷式冷凝器

1—肋管束 2—贮液筒 3—气态制冷剂入口

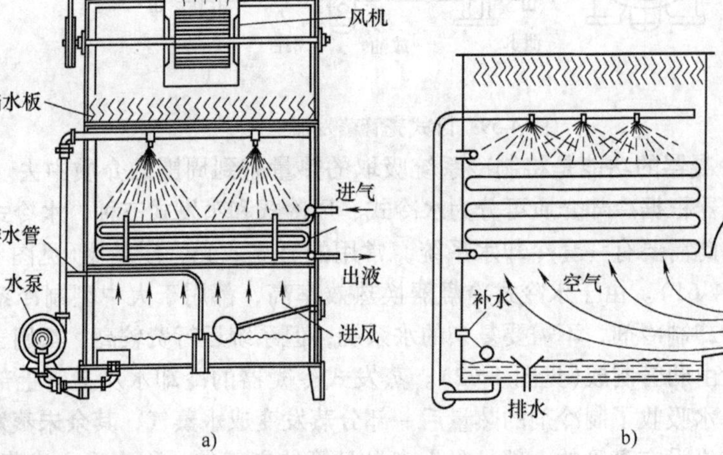

a) b)

图 4-63 蒸发式冷凝器

a) 吸入式 b) 压送式

2）供给蒸发器一定数量的液态制冷剂。供液量过少，将使制冷系统的制冷量降低；供液量过多，部分液态制冷剂来不及在蒸发器内气化，就随气态制冷剂一起进入压缩机，引起湿压缩，甚至冲缸事故。

常用的膨胀阀有手动膨胀阀、浮球式膨胀阀和热力膨胀阀等。

(5) 其他辅助设备　在蒸气压缩式制冷系统中，除了要有压缩机、蒸发器、冷凝器和膨胀阀外，还需要有一些辅助设备，包括油分离器(分离压缩后制冷剂蒸气所夹带的润滑油)、贮液器、过滤器和自动控制装置等。此外，氨制冷系统还配有紧急泄氨器等，氟利昂制冷系统还配有热交换器和干燥器等。这些设备的功能在于改善制冷机的工作条件，保证制冷机的正常运转和提高运行的经济性。在这些设备中，制冷剂并不起状态变化，它们不是完成制冷循环所必需的设备。因此，在小型制冷机中，为简化设备起见，往往将其中的一些省去。

(6) 制冷机组　制冷机组就是将制冷系统中的部分或全部设备配套组装在一起，成为一个整体。其特点是结构紧凑、使用灵活、管理方便，而且占地面积小，安装简单。目前广泛应用的冷水机组就是制冷机组的一种型式。

冷水机组是将压缩机、冷凝器、制冷冻水用的蒸发器以及自动控制元件等组装成一个整体，专门为空调箱或其他工艺过程提供不同温度的冷冻水。冷水机组的压缩机可为容积式或离心式制冷压缩机，冷凝器可为水冷式或风冷式冷凝器。制冷能力大的机组多采用水冷式冷凝器。图 4-64 所示为螺杆式冷水机组的外形结构。

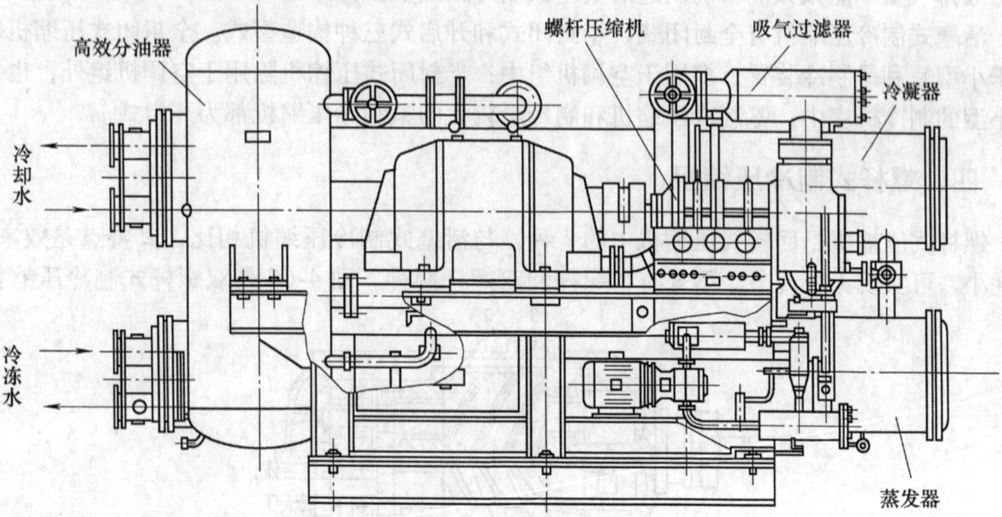

图 4-64　螺杆式冷水机组外形结构

三、活塞式制冷压缩机

活塞式制冷压缩机是问世最早的一种机型，其应用最为广泛。它的压缩装置是由活塞和气缸组成的，活塞在气缸内往复运动并压缩吸入的气体，图 4-65 为一压缩机外形图。空调系统中多采用高速多缸制冷压缩机，因为它可通过停止部分气缸的排气来调节压缩机的制冷能力，噪声和振动较小。

与离心式和螺杆式压缩机比较，活塞式制冷压缩机的主要优点是：

1) 压力范围广，不随排气量而变，能适应较宽广的冷量要求；特别适用于中小型冷冻站。

2) 热效率较高，单位电耗相对较少。

3) 无需耗用特殊钢材，加工比较容易，造价也比较低廉。

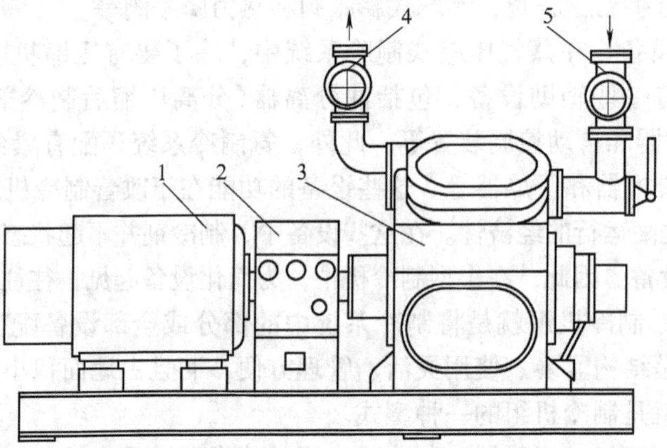

图 4-65 4AV-17 活塞式压缩机外形图

1—电动机 2—控制台 3—压缩机 4—排气管 5—吸气管

但是由于压缩机中活塞和连杆等构件的惯性力较大，限制了活塞运动和气缸容积的增加，故排气量不能太大。目前制造的活塞式制冷压缩机多为中型和小型。

活塞式制冷压缩机有全封闭式、半封闭式和开启式三种构造型式。全封闭式压缩机一般用于小型氟利昂制冷装置，多用于空调机组中；半封闭式压缩机除用于空调机组外，也常用于小型的制冷机房中；氨制冷压缩机和制冷量较大的氟利昂压缩机都为开启式。

四、螺杆式制冷压缩机

螺杆式压缩机是回转式压缩机中的一种，与活塞式制冷压缩机相比，其特点是效率高，能耗小，可实现无级调节。型式有单螺杆和双螺杆两种，图 4-66 是双螺杆式制冷压缩机的

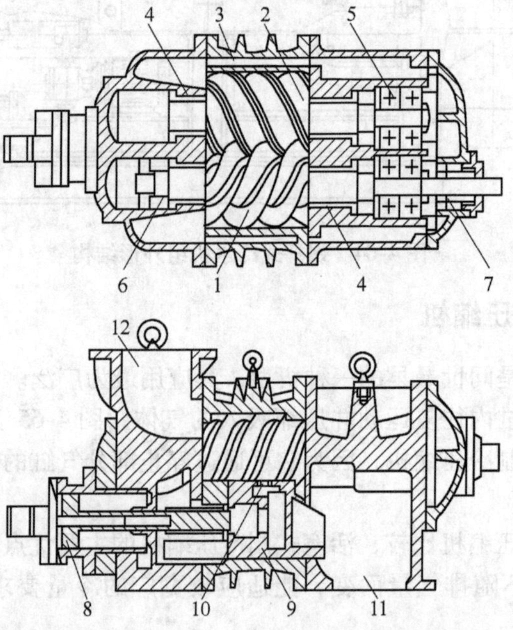

图 4-66 双螺杆式制冷压缩机的结构示意图

1—阳转子 2—阴转子 3—机体 4—滑动轴承 5—止推轴承 6—平衡活塞
7—轴封 8—能量调节用卸载活塞 9—卸载滑阀 10—喷油孔 11—排气口 12—进气口

结构示意图。这种压缩机的气缸体内有一对相对啮合的螺旋形阴阳转子(即螺杆)，两者互相反向旋转。转子的尺槽与气缸体之间形成V形密封空间，随着转子的旋转，空间容积不断发生变化，周期性地吸入并压缩一定量的气体。

五、离心式制冷压缩机

离心式压缩机是靠离心力的作用，连续地将所吸入的气体压缩。图4-67是单级离心式压缩机的示意图。低压气体从侧面进入叶轮中心以后，靠叶轮高速旋转产生的离心力作用，获得动能和压力能，流向叶轮的外缘。由于离心式压缩机叶轮的圆周速度也很高，为了减少能量损失，以及提高离心式压缩机出口气体的压力，除了像水泵那样装有蜗壳以外，还在叶轮的外缘设有扩压器，这样，从叶轮流出的气体，首先通过扩压器再进入蜗壳，使气体的流速有较大的降低，将动能转化为压力能，以获得高压气体，排出压缩机。

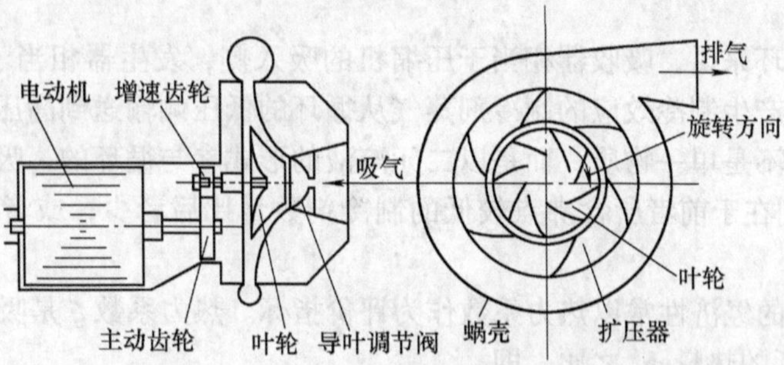

图4-67　单级离心式压缩机的示意图

离心式压缩机的特点是制冷能力大，结构紧凑，重量轻，占地面积小，维护费用低，通常可在30%~100%负荷范围内无级调节。因此近年来在国内外集中式空调工程中，离心式制冷机组的应用约占总制冷量的90%以上。

六、吸收式制冷机

1. 吸收式制冷原理

吸收式制冷是液体气化制冷的一种，它和蒸气压缩式制冷一样，是利用液态制冷剂在低压低温下气化以达到制冷的目的。所不同的是：蒸气压缩式制冷是靠消耗机械功(或电能)使热量从低温物体向高温物体转移；而吸收式制冷则靠消耗热能来完成这种非自发过程。

蒸气压缩式制冷使用的工质一般为纯物质，如R717、R12等；而吸收式制冷使用的工质是两种沸点相差较大的物质组成的二元溶液，其中沸点低的物质为制冷剂，沸点高的物质为吸收剂，故又称制冷剂-吸收剂工质对。目前常用两种吸收式制冷机：一种是氨吸收式制冷机，其工质对为氨-水溶液，氨为制冷剂，水为吸收剂，它的制冷温度在+1~−45℃范围内，用作工艺生产过程的冷源；另一种是溴化锂吸收式制冷机，以溴化锂-水溶液作工质对，水为制冷剂，溴化锂为吸收剂，其制冷温度只能在0℃以上，可用于制取空气调节用冷水或工艺用冷却水。

图4-68给出吸收式制冷机的工作原理图。吸收式制冷机主要有4个热交换设备，即发生器、冷凝器、蒸发器和吸收器。它们组成两个循环环路：制冷剂循环与吸收剂循环。左半部是制冷剂循环，由蒸发器、冷凝器和节流装置组成。高压气态制冷剂在冷凝器中向冷却水

放热被凝结为液态后，经节流装置减压降温进入蒸发器。在蒸发器中该液体被气化为低压冷剂蒸气，同时吸取被冷却介质的热量产生制冷效应。这些过程与蒸气压缩式制冷是一样的。

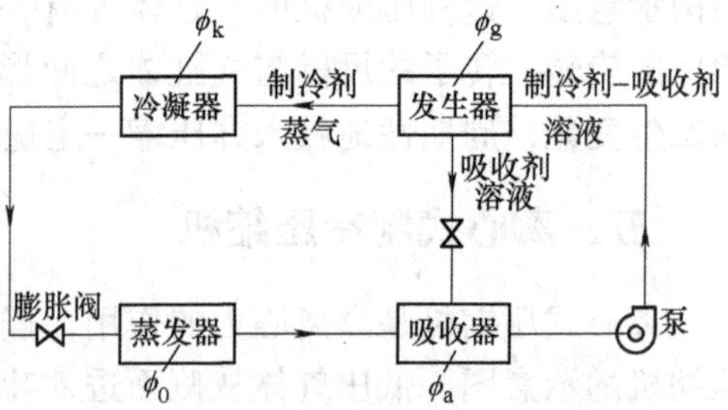

图 4-68 简单吸收式制冷系统

图 4-68 右半部为吸收剂循环，主要由吸收器、发生器和溶液泵组成。在吸收器中，用液态吸收剂吸收蒸发器产生的低压气态制冷剂，以达到维持蒸发器内低压的目的。吸收剂吸收制冷剂蒸气而形成的制冷剂-吸收剂溶液，经溶液泵升压后进入发生器。在发生器中该溶液被加热、沸腾，其中沸点低的制冷剂气化形成高压气态制冷剂，又与吸收剂分离。然后前者去冷凝器液化，后者则返回吸收器再次吸收低压气态制冷剂。

对于制冷剂循环来讲，吸收器相当于压缩机的吸入侧，发生器相当于压缩机的压出侧。吸收剂可视为将已产生制冷效应的制冷剂蒸气从循环的低压侧输送到高压侧的运载液体。

通常吸收剂并不是单一物质，而是以二元溶液的形式参与循环的，吸收剂溶液与制冷剂-吸收剂溶液的区别在于前者所含沸点较低的制冷剂数量比后者少，或者说前者所含制冷剂的浓度比后者低。

吸收式制冷机的经济性常以热力系数作为评价指标。热力系数 ξ 是吸收式制冷机中获得的制冷量 ϕ_0 与消耗的热量 ϕ_g 之比，即

$$\xi=\frac{\phi_0}{\phi_g} \tag{5-20}$$

热力系数反映了吸收式制冷机热力过程的完善程度。在给定条件下，热力系数越大，吸收式制冷机的经济性越好。

实际上，氨吸收式制冷机的设备较为复杂，因为氨和水较难分离，需要精馏设备等，它主要用于工业生产中。溴化锂吸收式制冷是在氨吸收式制冷之后发展起来的，由于它具有许多独特的优点，故发展迅速，特别在大型空调制冷和低品位热能利用方面占有重要地位。

2. 单效溴化锂吸收式制冷机

溴化锂吸收式制冷机是在高度真空下工作的。稍有空气渗入制冷量就会降低，甚至不能制冷。因此，结构的密封性是最重要的技术条件，要求结构安排紧凑，连接部件尽量减少。通常把发生器等 4 个主要换热设备置于一个或两个密封筒体内，即所谓单筒结构和双筒结构。

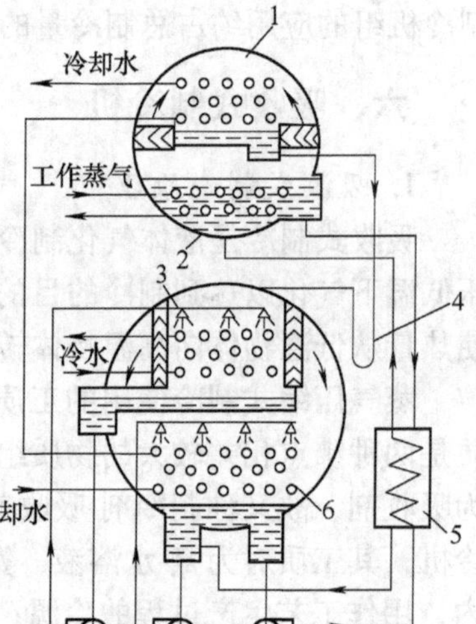

图 4-69 单效溴化锂吸收式制冷机的基本工作原理
1—冷凝器 2—发生器 3—蒸发器 4—U 形管 5—溶液热交换器 6—吸收器 7—发生器泵 8—吸收器泵 9—蒸发器泵

图 4-69 为单效溴化锂吸收式制冷机的基本工作原理图。其工作原理是在发生器 2 中，溴化锂的稀溶液被工作蒸气加热，使溶液沸腾，溶液中的部分水蒸发，溶液浓度增大，温度上升，水蒸气经档板进入冷凝器 1，被冷凝器管束中的冷却水冷凝成冷剂水，并积聚在下部水

盘中，通过水盘下的接管流经U形管4进入蒸发器3，由于蒸发器内的压力低于冷凝器，故用U形管的液封作用来维持冷凝器与蒸发器之间的压差，以防冷凝器中的蒸气直接串入蒸发器。冷剂水在蒸发器中吸热蒸发产生制冷效应，所产生的冷量由冷水(冷冻水)带出，蒸发后的冷剂蒸气进入吸收器6，被来自发生器的溴化锂溶液和部分吸收器中的稀溶液喷淋吸收，然后由发生器泵7送至发生器，如此循环不息，可从冷媒水中不断得到冷量。

3. 双效溴化锂吸收式制冷机

由于单效溴化锂吸收式制冷机的热源一般为0.03~1.5MPa低压蒸气，当有更高压力的热源时，为了限制在发生器中溶液温度不超过110℃左右，必须将热源减压使用，节流损失大并造成了高品位能源的浪费。为了更好的利用高压力热源，可采用双效溴化锂吸收式制冷机。

双效溴化锂吸收式制冷机与单效溴化锂吸收式制冷机的主要不同点，是增添了一个高压发生器及一个高温溶液热交换器。通常高压发生器是单独设在一个筒体内。在高压发生器内产生的冷剂水蒸气不是直接去冷凝器，而是送至低压发生器再一次蒸发，分离出冷剂蒸气，这样既节省了加热的热量，又减少了冷凝器的热负荷。

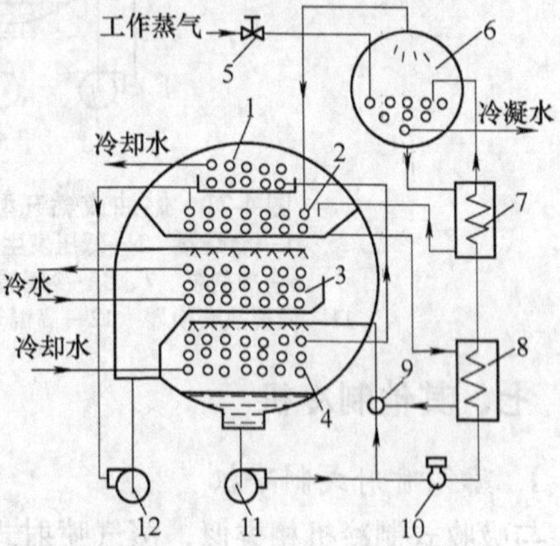

图4-70 双效溴化锂吸收式制冷机的基本工作原理

1—冷凝器 2—低压发生器 3—蒸发器 4—吸收器 5—蒸气控制阀 6—高压发生器 7—高温热交换器 8—低温热交换器 9—混合喷射器 10—溶液控制阀 11—溶液泵 12—冷剂泵

图4-70是双效溴化锂吸收式制冷机的工作原理图。吸收器出口的稀溶液，由溶液泵输送，一部分经低温热交换器和高温热交换器进入高压发生器，被工作蒸气加热，产生一部分冷剂蒸气，溶液便浓缩，然后经高温热交换器进入低压发生器，被管内高压发生器产生的冷剂蒸气进一步加热浓缩，再次产生冷剂蒸气。冷剂蒸气在冷凝器中被冷却，凝结成冷剂水，高压发生器的冷剂蒸气在低压发生器管内也凝结成冷剂水。它们经节流减压(由于高压发生压力较高节流压差较大,不适宜使用U形管节流,一般采用小孔节流)，与冷剂泵出口的冷剂水一起进入蒸发器喷淋蒸发，制得冷量。形成低压冷剂蒸气进入吸收器，被从低压发生器出来经过低温热交换器的浓溶液与溶液泵出口的另一部分稀溶液混合后吸收。得到的稀溶液再由溶液泵送至高压发生器，构成循环。

双效溴化锂吸收式制冷机，其热源蒸气压力一般为0.6MPa以上，相当于高温水在160℃以上，与单效溴化锂吸收式制冷机相比，不仅有效地利用了冷剂蒸发的潜热，同时减少了冷凝器的热负荷，使热能和冷却水的耗量减少，这样由蒸发器得到的冷量与加入发生器的热量之比，即热力系数可提高1.1~1.2。

4. 直燃式溴化锂吸收式制冷机

溴化锂吸收式制冷机是以蒸气或热水为动力，因此在具有废热的情况下使用溴化锂吸收式制冷机最为理想。目前常用的热源为锅炉蒸气，对于没有锅炉的用户还需配置锅炉，为此又发展了一种把燃油或燃气锅炉与溴化锂吸收式制冷机组成一体化的装置，称为直燃式溴化锂吸收式制冷机。图4-71为燃油或燃气型双效直燃式溴化锂吸收式制冷机组。该机组在夏天可制取5~7℃的冷水，而冬天可制取70℃的温水。在制取热水时，可通过阀门的切换，使高压发生器产生的蒸气经低压发生器后进入蒸发器，与高压发生器出来的高温溶液一起加热蒸发器管内的温水，蒸气放出潜热后与喷淋溶液混合成稀溶液，然后由蒸发器溢流至吸收器，经溶液泵重新输入高压发生器。

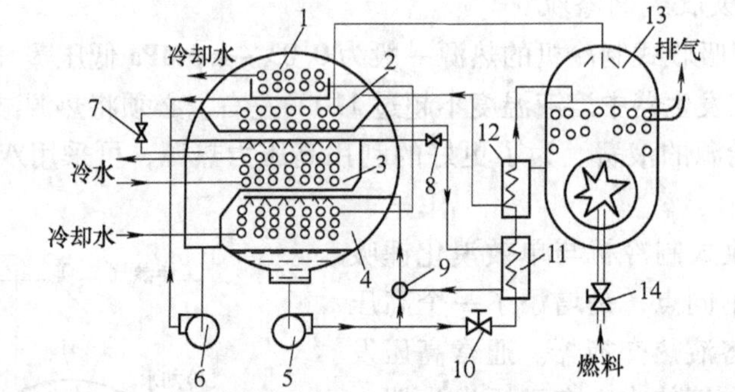

图4-71 燃油或燃气型双效直燃式溴化锂吸收式制冷机组
1—冷凝器 2—低压发生器 3—蒸发器 4—吸收器 5—溶液泵
6—冷剂泵 7、8—冷暖转换阀 9—混合喷射器 10—溶液控制阀
11—低温热交换器 12—高温热交换器 13—高压发生器 14—燃料控制阀

七、其他制冷机

1. 蒸气喷射式制冷机

与吸收式制冷机相类似，蒸气喷射式制冷机也是依靠消耗热能而工作的，但蒸气喷射式制冷机只用单一物质为工质。虽然从理论上讲可应用一般的制冷剂，如氨、R11、R12、R113等作为工质，但到目前为止，只有以水为工质的蒸气喷射式制冷机得到实际应用，故常称作蒸气喷射式制冷机。蒸气喷射式制冷机的蒸发温度应在0℃以上，蒸发器和冷凝器都在高真空压力下工作，它具有无毒、安全可靠等优点。

蒸气喷射制冷循环的主要特点是引射器代替压缩机来压缩制冷剂，它以消耗蒸气的热能作为补偿来实现制冷的目的。蒸气喷射制冷装置主要由锅炉、引射器(或喷射器)、冷凝器、节流阀、蒸发器和水泵等组成，其工作原理图及 *T-S* 图如图4-72所示，而作为压缩机替代

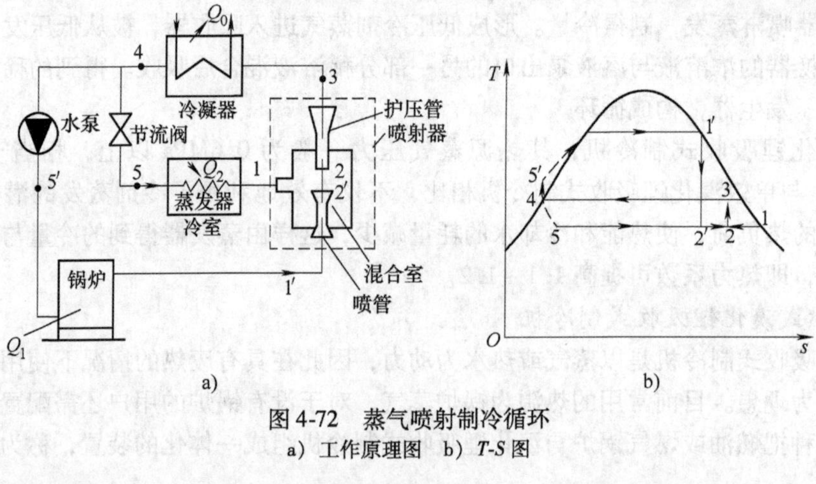

图4-72 蒸气喷射制冷循环
a) 工作原理图 b) *T-S* 图

物的喷射器由喷管、混合室和扩压管三部分组成。

由锅炉出来的工作蒸气（状态1′）在喷射器的喷管中膨胀增速（状态2′）。在喷管出口的混合室内形成低压，将冷室蒸发器内的制冷蒸气（状态1）不断吸入混合室。工作蒸气与制冷蒸气混合成一股汽流变成状态2，经过扩压管减速增压至状态3（过程2-3），相当于压缩机的压缩过程。然后在冷凝器中定压放热而凝结（过程3-4）。由冷凝器流出的饱和液体分成两路：一路经水泵提高压力后（状态5′）送入蒸气锅炉再加热汽化变成较高压力的工作蒸气（状态1′）完成了工作蒸气的循环1′-2′-2-3-4-5′-1；另一路作为制冷工质经节流阀降压、降温（过程4-5），然后在冷室蒸发器中吸热汽化变成低温低压的蒸气（状态1），从而完成了制冷循环1-2-3-4-5-1。循环中的工作蒸气在锅炉中吸热，而在冷凝器中放热给冷却水，以花费燃料的热能为补偿实现了制冷循环。

蒸气喷射制冷装置的优点是：不消耗机械功，而是直接消耗热能实现制冷；喷射器简单紧凑，容许通过较大的容积流量，可以利用低压水蒸气作为制冷剂。其缺点是：由于混合过程的不可逆损失很大，因而热能利用系数较低，制冷温度只能在0℃以上，适用在空调工程中作为冷源。

2. 热电循环

现代蒸气动力厂循环，即使采用了超高蒸气参数，回热、再热等措施，其热效率仍不超过40%，也就是说，燃料燃烧时释放出的热能中有大部分没有得到利用，其中通过凝气器冷却水带走而排放到大气中去的约占总能量50%以上，如图4-73所示。这部分热能虽然数量很大，但因温度不高（例如排气压力为4kPa时，其饱和温度仅有29℃）以致难以利用。所以普通的火力发电厂都将这些热量作为“废热”随大量的冷却水丢弃了。与此同时，厂矿企业常常需要压力为1.3MPa以下的生产用汽，房屋采暖和生活用热常常要用0.35MPa以下的蒸气作为热源，利用发电厂中作了一定数量功的蒸气作供热热源，可大大提高燃料利用率，这种既发电又供热的电厂叫做热电厂，它是目前我国发展集中供热的方向之一。

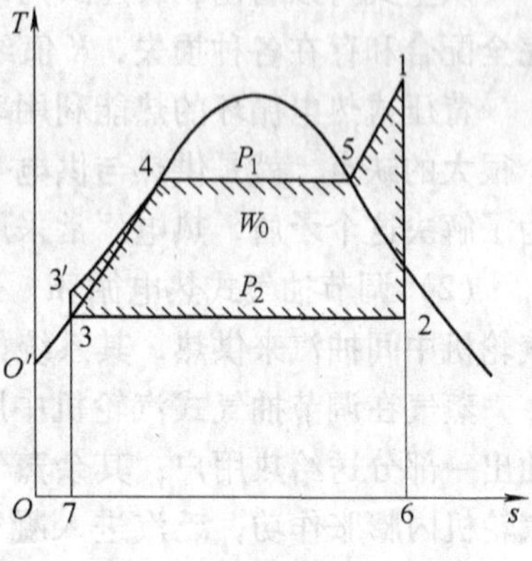

图4-73　朗肯循环 T-S 图

热电厂这种既发电又供热的动力循环称为热电循环。为了供热，热电厂需装设背压式或调节抽汽式汽轮机。因此，相应地有两种热电循环。

（1）背压式热电循环　排气压力高于大气压力的汽轮机称为背压式汽轮机。如图4-74a所示，这种系统没有凝气器，蒸气在汽轮机内做功后仍具有一定的压力，通过管路送给热用户作为热源，放热后，全部或部分凝结水再回到热电厂。

由于提高了汽轮机的排气压力，蒸气中用于作功（发电）的热能相应减少，所以背压式热电循环1-2-3-4-5-1（见图4-74b）的循环热效率比单纯供电的凝气式朗肯循环1-2-3-4-5-1有所降低。尽管如此，由于热电循环中乏汽的热量得到了利用，所以从总的经济效果看，热电循环要比简单朗肯循环优越得多。为了全面地评价热电厂的经济性，除了循环热效率外，常引用热能利用率 K 这样一个经济指标，即所利用的能量与外热源提供的总能量的比值。从图4-74b可见，蒸气从热源吸取的热量 q_1 可用面积3′451673′表示，其中一部分转变为循环

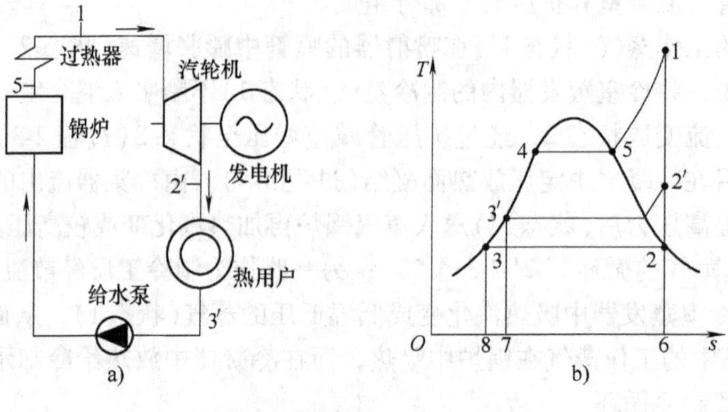

图4-74　背压式热电循环图

a）工作原理图　b）T-S图

净功 w_0，其数量等于面积1-2′-3′-4-5-1；另一部分热量 q_2 则供应热用户，等于面积2′3′762′。如不考虑动力装置及管路的热损失，背压式热电循环的热能利用率为

$$K=(w_0+q_2)/q_1=q_2/q_1=1 \tag{5-21}$$

从上式可以看出，背压式热电循环的热能利用率很高。实际上由于热负荷和电负荷不能完全配合和存在各种损失，K 值约为0.65～0.7。

背压式热电循环的热能利用率高，而且不需要凝气器，使设备简化。但是这种循环有一个很大的缺点，就是供热与供电互相牵制，难以同时单独满足用户对于热能和电能的需要。为了解决这个矛盾，热电厂常采用调节抽汽式汽轮机。

（2）调节抽气式热电循环　这种循环其实就是利用汽轮机中间抽汽来供热，其系统如图4-75所示。

蒸气在调节抽气式汽轮机中膨胀至一定压力时，被抽出一部分送给热用户；其余蒸气则经过调节阀继续在汽轮机内膨胀作功，乏汽进入凝气器。凝结水由水泵送入混合器，然后与来自热用户的回水一起送入锅炉。

这种热电循环的主要优点是能自动调节热电出力，保证供汽量和供气参数，从而可以较好地满足用户对热、电负荷的不同要求。

从图4-75可以看出，通过汽轮机高压段及热用户的那部分蒸气实质是进行了一个背压式热电循环，热能利用率 $K=1$；通过凝气器的那部分蒸气则进行了普通的朗肯循环。所以，就整个调节抽气式热电循环而言，其热能利用率介于背压式热电循环和普通朗肯循环之间。

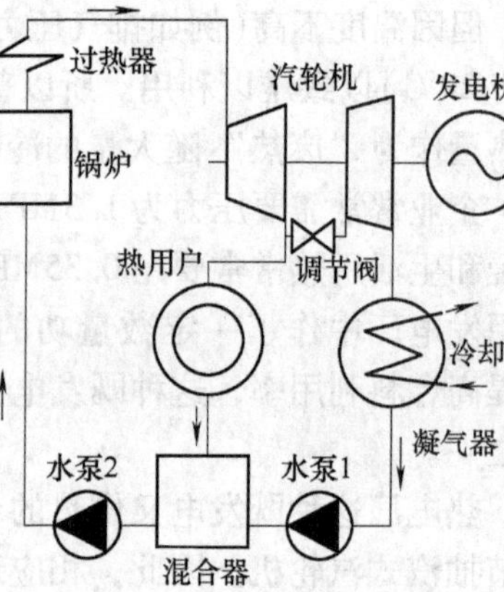

图4-75　调节抽气式热电循环

这里需要指出的是机械能和热能二者是不等价的，即使两个循环的 K 相同，热经济性也不一定相同。所以，同时用 K 和热电联供总热效率 η_t 来衡量热电循环的经济性才比较全面。

附　录

附录 A　湿空气的密度、水蒸气分压力、含湿量和焓(图 A-1 见书后插页)

空气温度 /℃	干空气密度 /(kg · m⁻³)	饱和空气密度 /(kg · m⁻³)	饱和空气的水蒸气分压力 /×10² Pa	饱和空气含湿量 /(g · kg⁻¹)	饱和空气焓 /(kJ · kg⁻¹)
-20	1.396	1.395	1.02	0.63	-18.55
-19	1.394	1.393	1.13	0.70	-17.39
-18	1.385	1.384	1.25	0.77	-16.20
-17	1.379	1.378	1.37	0.85	-14.99
-16	1.374	1.373	1.50	0.93	-13.77
-15	1.368	1.367	1.65	1.01	-12.60
-14	1.363	1.362	1.81	1.11	-11.35
-13	1.358	1.357	1.98	1.22	-10.05
-12	1.353	1.352	2.17	1.34	-8.75
-11	1.348	1.347	2.37	1.46	-7.45
-10	1.342	1.341	2.59	1.60	-6.07
-9	1.337	1.336	2.83	1.75	-4.73
-8	1.332	1.331	3.09	1.91	-3.31
-7	1.327	1.325	3.36	2.08	-1.88
-6	1.322	1.320	3.67	2.27	-0.42
-5	1.317	1.315	4.00	2.47	1.09
-4	1.312	1.310	4.36	2.69	2.68
-3	1.308	1.306	4.75	2.94	4.31
-2	1.303	1.301	5.16	3.19	5.90
-1	1.298	1.295	5.61	3.47	7.62
0	1.293	1.290	6.09	3.78	9.42
1	1.288	1.285	6.56	4.07	11.14
2	1.284	1.281	7.04	4.37	12.89
3	1.279	1.275	7.57	4.70	14.74
4	1.275	1.271	8.11	5.03	16.58
5	1.270	1.266	8.70	5.40	18.51
6	1.265	1.261	9.32	5.79	20.51
7	1.261	1.256	9.99	6.21	22.61
8	1.256	1.251	10.70	6.65	24.70
9	1.252	1.247	11.46	7.13	26.92
10	1.248	1.242	12.25	7.63	29.18
11	1.243	1.237	13.09	8.15	31.52

（续）

空气温度/℃	干空气密度/(kg·m^{-3})	饱和空气密度/(kg·m^{-3})	饱和空气的水蒸气分压力/×10^2Pa	饱和空气含湿量/(g·kg^{-1})	饱和空气焓/(kJ·kg^{-1})
12	1.239	1.232	13.99	8.75	34.08
13	1.235	1.228	14.94	9.35	36.59
14	1.230	1.223	15.95	9.97	39.19
15	1.226	1.218	17.01	10.6	41.78
16	1.222	1.214	18.13	11.4	44.80
17	1.217	1.208	19.32	12.1	47.73
18	1.213	1.204	20.59	12.9	50.66
19	1.209	1.200	21.92	13.8	54.01
20	1.205	1.195	23.31	14.7	57.78
21	1.201	1.190	24.80	15.6	61.13
22	1.197	1.185	26.37	16.6	64.06
23	1.193	1.181	50.18	32.5	115.97
24	1.189	1.176	29.77	18.8	72.01
25	1.185	1.171	31.60	20.0	75.78
26	1.181	1.166	33.53	21.4	80.39
27	1.177	1.161	35.56	22.6	84.57
28	1.173	1.156	37.71	24.0	89.18
29	1.169	1.151	39.95	25.6	94.20
30	1.165	1.146	42.32	27.2	99.65
31	1.161	1.141	44.82	28.8	104.67
32	1.157	1.136	47.43	30.6	110.11
33	1.154	1.131	50.18	32.5	115.97
34	1.150	1.126	53.07	34.4	122.25
35	1.146	1.121	56.10	36.6	128.95
36	1.142	1.116	59.26	38.8	135.65
37	1.139	1.111	62.60	41.1	142.35
38	1.135	1.107	66.09	43.5	149.47
39	1.132	1.102	69.75	46.0	157.42
40	1.128	1.097	73.58	48.8	165.80
41	1.124	1.091	77.59	51.7	174.17
42	1.121	1.086	81.80	54.8	182.96
43	1.117	1.081	86.18	58.0	192.17
44	1.114	1.076	90.79	61.3	202.22
45	1.110	1.070	95.60	65.0	212.69
46	1.107	1.065	100.61	68.9	223.57
47	1.103	1.059	105.87	72.8	235.30
48	1.100	1.054	111.33	77.0	247.02
49	1.096	1.048	117.07	81.5	260.00
50	1.093	1.043	123.04	86.2	273.40
55	1.076	1.013	156.94	114	352.11

（续）

空气温度 /℃	干空气密度 /(kg·m⁻³)	饱和空气密度 /(kg·m⁻³)	饱和空气的水蒸气分压力 /×10^2Pa	饱和空气含湿量 /(g·kg⁻¹)	饱和空气焓 /(kJ·kg⁻¹)
60	1.060	0.981	198.70	152	456.36
65	1.044	0.946	249.38	204	598.71
70	1.029	0.909	310.82	276	795.50
75	1.014	0.868	384.50	382	1080.19
80	1.000	0.823	472.28	545	1519.81
85	0.986	0.773	576.69	828	2281.81
90	0.973	0.718	699.31	1400	3818.36
95	0.959	0.656	843.09	3120	8436.40
100	0.947	0.589	1013.00	—	—

附录 B　给水排水工程常用数据

表 B-1　水质常规检验项目及限值

项　目	限　值
1. 微生物指标	
总大肠菌群 /（MPN/100mL 或 CFU/100mL）	不得检出
耐热大肠菌群 /（MPN/100mL 或 CFU/100mL）	不得检出
大肠埃希氏菌 /（MPN/100mL 或 CFU/100mL）	不得检出
菌落总数 /（CFU/mL）	100
2. 毒理指标	
砷 /（mg/L）	0.01
镉 /（mg/L）	0.005
铬 /（六价）/（mg/L）	0.05
铅 /（mg/L）	0.01
汞 /（mg/L）	0.001
硒 /（mg/L）	0.01
氰化物(mg/L)	0.05
氟化物 /（mg/L）	1.0
硝酸盐（以 N 计）/（mg/L）	10，地下水源限制时 20
三氯甲烷 /（mg/L）	0.06
四氯化碳 /（mg/L）	0.002
溴酸盐（使用臭氧时）/（mg/L）	0.01
甲醛（使用臭氧时）/（mg/L）	0.9
亚氯酸盐（使用二氧化氯消毒时）/（mg/L）	0.7
氯酸盐（使用复合二氧化氯消毒时）/（mg/L）	0.7
3. 感官性状和一般化学指标	
色度（铂钴色度单位）	15
浑浊度（散射浊度单位）/（NTU）	1，水源与净水技术条件限制时为 3
臭和味	无异臭、异味

（续）

项　目	限　值
肉眼可见物	无
pH	不小于6.5且不大于8.5
铝/(mg/L)	0.2
铁/(mg/L)	0.3
锰/(mg/L)	0.1
铜/(mg/L)	1.0
锌/(mg/L)	1.0
氯化物/(mg/L)	250
硫酸盐/(mg/L)	250
溶解性总固体(mg/L)	1000
总硬度(以 $CaCO_3$ 计)(mg/L)	450
耗氧量(COD_{Mn} 法，以 O_2 计)/(mg/L)	3，水源限制，原水耗氧量>6mg/L时为5
挥发酚类(以苯酚计mg/L)	0.002
阴离子合成洗涤剂(mg/L)	0.3
4. 放射性指标	指导值
总α放射性/(Bq/L)	0.5
总β放射性/(Bq/L)	1

表 B-2　水质常规检验项目(根据所使用的消毒剂确定检验项目)

消毒剂名称	接触时间/min	出厂水中限值/(mg/L)	出厂水中余量/(mg/L)	管网末梢水中余量/(mg/L)
氯气及游离氯制剂(游离氯)	≥30	4	≥0.3	≥0.05
氯胺(总氯)	≥120	3	≥0.5	≥0.05
臭氧(O_3)	≥12	0.3	—	0.02 如加氯，总氯≥0.05
二氧化氯(ClO_2)	≥30	0.8	≥0.1	≥0.02

表 B-3　水质非常规检验项目及限值

项　目	限　值
1. 微生物指标	
贾第鞭毛虫/(个/10L)	<1
隐孢子虫/(个/10L)	<1
2. 毒理指标	
锑/(mg/L)	0.005
钡/(mg/L)	0.7
铍/(mg/L)	0.002
硼/(mg/L)	0.5
钼/(mg/L)	0.07
镍/(mg/L)	0.02
银/(mg/L)	0.05

（续）

项目	限值
铊/(mg/L)	0.0001
氯化氰(以 CN^- mg/L)	0.07
一氯二溴甲烷/(mg/L)	0.1
二氯一溴甲烷/(mg/L)	0.06
二氯乙酸/(mg/L)	0.05
1,2-二氯乙烷/(mg/L)	0.03
二氯甲烷/(mg/L)	0.02
三卤甲烷(三氯甲烷、一氯二溴甲烷、二氯一溴甲烷、三溴甲烷的总和)	该类化合物中每种化合物的实测浓度与其各自限值的比值之和不超过1
1,1,1-三氯乙烷/(mg/L)	2
三氯乙酸/(mg/L)	0.1
三氯乙醛/(水合氯醛 mg/L)	0.01
2,4,6-三氯酚/(mg/L)	0.2
三溴甲烷/(mg/L)	0.1
七氯/(mg/L)	0.0004
马拉硫磷/(mg/L)	0.25
五氯酚/(mg/L)	0.009
六六六(总量)/(mg/L)	0.005
六氯苯/(mg/L)	0.001
乐果/(mg/L)	0.08
对硫磷/(mg/L)	0.003
灭草松/(mg/L)	0.3
甲基对硫磷/(mg/L)	0.02
百菌清/(mg/L)	0.01
呋喃丹/(mg/L)	0.007
林丹/(mg/L)	0.002
毒死蜱/(mg/L)	0.03
草甘膦/(mg/L)	0.7
敌敌畏/(mg/L)	0.001
莠去津/(mg/L)	0.002
溴氰菊酯/(mg/L)	0.02
2,4-滴/(mg/L)	0.03
滴滴涕/(mg/L)	0.001
乙苯/(mg/L)	0.3
二甲苯(总量)/(mg/L)	0.5
1,1-二氯乙烯/(mg/L)	0.03
1,2-二氯乙烯/(mg/L)	0.05
1,2-二氯苯/(mg/L)	1.00
1,4-二氯苯/(mg/L)	0.3
三氯乙烯/(mg/L)	0.07
三氯苯(总量)/(mg/L)	0.02

（续）

项　目	限　值
六氯丁二烯 / (mg/L)	0.0006
丙烯酰胺 / (mg/L)	0.0005
四氯乙烯 / (mg/L)	0.04
甲苯 / (mg/L)	0.7
邻苯二甲酸二(2－乙基已基)酯 / (mg/L)	0.008
环氧氯丙烷 / (mg/L)	0.0004
苯 / (mg/L)	0.01
苯乙烯 / (mg/L)	0.02
苯并(a)芘 / (mg/L)	0.00001
氯乙烯 / (mg/L)	0.005
氯苯 / (mg/L)	0.3
微囊藻毒素－LR(mg/L)	0.001
3. 感官性状和一般化学指标	
氨氮(以N计) / (mg/L)	0.5
硫化物 / (mg/L)	0.02
钠 / (mg/L)	200

表 B-4　小型集中式供水和分散式供水水质指标及限制值

指　标	限　值
1. 微生物指标	
菌落总数 / (CFU/mL)	500
2. 毒理指标	
砷 / (mg/L)	0.05
氟化物(mg/L)	1.2
硝酸盐(以N计) / (mg/L)	20
3. 感官性状和一般化学指标	
色度(铂钴色度单位)	20
浑浊度(散射浊度单位) / NTU	3 水源与净水技术条件限制时为5
pH	不小于6.5且不大于9.5
溶解性总固体 / (mg/L)	1500
总硬度 / (以 $CaCO_3$ 计)	550
耗氧量(COD_{Mn}法,以 O_2 计) / (mg/L)	5
铁 / (mg/L)	0.5
锰 / (mg/L)	0.3
氯化物 / (mg/L)	300
硫酸盐 / (mg/L)	300

表 B-5　给水管段设计秒流量计算表

U_0	1.0		1.5		2.0		2.5		3.0		3.5	
N_g	U(%)	q/(L·S⁻¹)	U(%)	q/(L·S⁻¹)	U(%)	q/(L·S⁻¹)	U(%)	q/(L·S⁻¹)	U(%)	q/(L·S⁻¹)	U(%)	q/(L·S⁻¹)
1	100.00	0.20	100.00	0.20	100.00	0.20	100.00	0.20	100.00	0.20	100.00	0.20
2	70.94	0.28	71.20	0.28	71.47	0.29	71.78	0.29	72.08	0.29	72.39	0.29
3	58.00	0.35	58.30	0.35	58.62	0.35	58.96	0.35	59.31	0.36	59.66	0.36
4	50.28	0.40	50.60	0.40	50.94	0.41	51.30	0.41	51.66	0.41	52.03	0.42
5	45.01	0.45	45.34	0.45	45.69	0.46	46.06	0.46	46.43	0.46	46.82	0.47
6	41.12	0.49	41.45	0.50	41.81	0.50	42.18	0.51	42.57	0.51	42.96	0.52
7	38.09	0.53	38.43	0.54	38.79	0.54	39.17	0.55	39.56	0.55	39.96	0.56
8	35.65	0.57	35.99	0.58	36.36	0.58	36.74	0.59	37.13	0.59	37.53	0.60
9	33.63	0.61	33.98	0.61	34.35	0.62	34.73	0.63	35.12	0.63	35.53	0.64
10	31.92	0.64	32.27	0.65	32.64	0.65	33.03	0.66	33.42	0.67	33.83	0.68
11	30.45	0.67	30.80	0.68	31.17	0.69	31.56	0.69	31.96	0.70	32.36	0.71
12	29.17	0.70	29.52	0.71	29.89	0.72	30.28	0.73	30.68	0.74	31.09	0.75
13	28.04	0.73	28.39	0.74	28.76	0.75	29.15	0.76	29.55	0.77	29.96	0.78
14	27.03	0.76	27.38	0.77	27.76	0.78	28.15	0.79	28.55	0.80	28.96	0.81
15	26.12	0.78	26.48	0.79	26.85	0.81	27.24	0.82	27.64	0.83	28.05	0.84
16	25.30	0.81	25.66	0.82	26.03	0.83	26.42	0.85	26.83	0.86	27.24	0.87
17	24.56	0.83	24.91	0.85	25.29	0.86	25.68	0.87	26.08	0.89	26.49	0.90
18	23.88	0.86	24.23	0.87	24.61	0.89	25.00	0.90	25.40	0.91	25.81	0.93
19	23.25	0.88	23.60	0.90	23.98	0.91	24.37	0.93	24.77	0.94	25.19	0.96
20	22.67	0.91	23.02	0.92	23.40	0.94	23.79	0.95	24.20	0.97	24.61	0.98
22	21.63	0.95	21.98	0.97	22.36	0.98	22.75	1.00	23.16	1.02	23.57	1.04
24	20.72	0.99	21.07	1.01	21.45	1.03	21.85	1.05	22.25	1.07	22.66	1.09
26	19.92	1.04	20.27	1.05	20.65	1.07	21.05	1.09	21.45	1.12	21.87	1.14
28	19.21	1.08	19.56	1.10	19.94	1.12	20.33	1.14	20.74	1.16	21.15	1.18
30	18.56	1.11	18.92	1.14	19.30	1.16	19.69	1.18	20.10	1.21	20.51	1.23
32	17.99	1.15	18.34	1.17	18.72	1.20	19.12	1.22	19.52	1.26	19.94	1..28
34	17.46	1.19	17.81	1.21	18.19	1.24	18.59	1.26	18.99	1.29	19.41	1.32
36	16.97	1.22	17.33	1.25	17.71	1.28	18.11	1.30	18.51	1.33	18.93	1.36
38	16.53	1.26	16.89	1.28	17.27	1.31	17.66	1.34	18.07	1.37	18.48	1.40
40	16.12	1.29	16.48	1.32	16.86	1.35	17.25	1.38	17.66	1.41	18.07	1.45
42	15.74	1.32	16.09	1.35	16.47	1.38	16.87	1.42	17.28	1.45	17.69	1.49

（续）

U_0	1.0		1.5		2.0		2.5		3.0		3.5	
N_g	U(%)	q/(L·S^{-1})	U(%)	q/(L·S^{-1})	U(%)	q/(L·S^{-1})	U(%)	q/(L·S^{-1})	U(%)	q/(L·S^{-1})	U(%)	q/(L·S^{-1})
44	15.38	1.35	15.74	1.39	16.12	1.42	16.52	1.45	16.92	1.49	17.34	1.53
46	15.05	1.38	15.41	1.42	15.79	1.45	16.18	1.49	16.59	1.53	17.00	1.56
48	14.74	1.42	15.10	1.45	15.48	1.49	15.87	1.52	16.28	1.56	16.69	1.60
50	14.45	1.45	14.81	1.48	15.19	1.52	15.58	1.56	15.99	1.60	16.40	1.64
55	13.79	1.52	14.15	1.56	14.53	1.60	14.92	1.64	15.33	1.69	15.74	1.73
60	13.22	1.59	13.57	1.63	13.95	1.67	14.35	1.72	14.76	1.77	15.17	1.82
65	12.71	1.65	13.07	1.70	13.45	1.75	13.84	1.80	14.25	1.85	14.66	1.91
70	12.26	1.72	12.62	1.77	13.00	1.82	13.39	1.87	13.80	1.93	14.21	1.99
75	11.85	1.78	12.21	1.83	12.59	1.89	12.99	1.95	13.39	2.01	13.81	2.07
80	11.49	1.84	11.84	1.89	12.22	1.96	12.62	2.02	13.02	2.08	13.44	2.15
85	11.15	1.90	11.51	1.96	11.89	2.02	12.28	2.09	12.69	2.16	13.10	2.23
90	10.85	1.95	11.20	2.02	11.58	2.09	11.98	2.16	12.38	2.23	12.80	2.30
95	10.57	2.01	10.92	2.08	11.30	2.15	11.70	2.22	12.10	2.30	12.52	2.38
100	10.31	2.06	10.66	2.13	11.04	2.21	11.44	2.29	11.84	2.37	12.26	2.45
110	9.84	2.17	10.20	2.24	10.58	2.33	10.97	2.41	11.38	2.50	11.79	2.59
120	9.44	2.26	9.79	2.35	10.17	2.44	10.56	2.54	10.97	2.63	11.38	2.73
130	9.08	2.36	9.43	2.45	9.81	2.55	10.21	2.65	10.61	2.76	11.02	2.87
140	8.76	2.45	9.11	2.55	9.49	2.66	9.89	2.77	10.29	2.88	10.70	3.00
150	8.47	2.54	8.83	2.65	9.20	2.76	9.60	2.88	10.00	3.00	10.42	3.12
160	8.21	2.63	8.57	2.74	8.94	2.86	9.34	2.99	9.74	3.12	10.16	3.25
170	7.98	2.71	8.33	2.83	8.71	2.96	9.10	3.09	9.51	3.23	9.92	3.37
180	7.76	2.79	8.11	2.92	8.49	3.06	8.89	3.20	9.29	3.34	9.70	3.49
190	7.56	2.87	7.91	3.01	8.29	3.15	8.69	3.30	9.09	3.45	9.50	3.61
200	7.38	2.95	7.73	3.09	8.11	3.24	8.50	3.40	8.91	3.56	9.32	3.73
220	7.05	3.10	7.40	3.26	7.78	3.42	8.17	3.60	8.57	3.77	8.99	3.95
240	6.76	3.25	7.11	3.41	7.49	3.60	7.88	3.78	8.29	3.98	8.70	4.17
260	6.51	3.28	6.86	3.57	7.24	3.76	7.63	3.97	8.03	4.18	8.44	4.39
280	6.28	3.52	6.63	3.72	7.01	3.93	7.40	4.15	7.81	4.37	8.22	4.60
300	6.08	3.65	6.43	3.86	6.81	4.08	7.20	4.32	7.60	4.56	8.01	4.81
320	5.89	3.77	6.25	4.00	6.62	4.24	7.02	4.49	7.42	4.75	7.83	5.01

（续）

U_0	4.0		4.5		5.0		6.0		7.0		8.0	
N_g	U(%)	q/(L·S^{-1})	U(%)	q/(L·S^{-1})	U(%)	q/(L·S^{-1})	U(%)	q/(L·S^{-1})	U(%)	q/(L·S^{-1})	U(%)	q/(L·S^{-1})
1	100.00	0.20	100.00	0.20	100.00	0.20	100.00	0.20	100.00	0.20	100.00	0.20
2	72.70	0.29	73.02	0.29	73.33	0.29	73.98	0.30	74.64	0.30	75.30	0.30
3	60.02	0.36	60.38	0.36	60.75	0.36	61.49	0.37	62.24	0.37	63.00	0.38
4	52.41	0.42	52.80	0.42	53.18	0.43	53.97	0.43	54.76	0.44	55.56	0.44
5	47.21	0.47	47.60	0.48	48.00	0.48	48.80	0.49	49.62	0.50	50.45	0.50
6	43.35	0.52	43.76	0.53	44.16	0.53	44.98	0.54	45.81	0.55	46.65	0.56
7	40.36	0.57	40.76	0.57	41.17	0.58	42.01	0.59	42.85	0.60	43.70	0.61
8	37.94	0.61	38.35	0.61	38.76	0.62	39.60	0.63	40.45	0.65	41.31	0.66
9	35.93	0.65	36.35	0.65	36.76	0.66	37.61	0.68	38.46	0.69	39.33	0.71
10	34.24	0.68	34.65	0.69	35.07	0.70	35.92	0.72	36.78	0.74	37.65	0.75
11	32.77	0.72	33.19	0.73	33.61	0.74	34.46	0.76	35.33	0.78	36.20	0.80
12	31.50	0.76	31.92	0.77	32.34	0.78	33.19	0.80	34.06	0.82	34.93	0.84
13	30.37	0.79	30.79	0.80	31.22	0.81	32.07	0.83	32.94	0.86	33.82	0.88
14	29.37	0.82	29.79	0.83	30.22	0.85	31.07	0.87	31.94	0.89	32.82	0.92
15	28.47	0.85	28.89	0.87	29.32	0.88	30.18	0.91	31.05	0.93	31.93	0.96
16	27.65	0.88	28.08	0.90	28.50	0.91	29.36	0.94	30.23	0.97	31.12	1.00
17	26.91	0.91	27.33	0.93	27.76	0.94	28.62	0.97	29.50	1.00	30.38	1.03
18	26.23	0.94	26.65	0.96	27.08	0.97	27.94	1.01	28.82	1.04	29.70	1.07
19	25.60	0.97	26.03	0.99	26.45	1.01	27.32	1.04	28.19	1.07	29.08	1.10
20	25.03	1.00	25.45	1.02	25.88	1.04	26.74	1.07	27.62	1.10	28.50	1.14
22	23.99	1.06	24.41	1.07	24.84	1.09	25.71	1.13	26.58	1.17	27.47	1.21
24	23.08	1.11	23.51	1.13	23.94	1.15	24.80	1.19	25.68	1.23	26.57	1.28
26	22.29	1.16	22.71	1.18	23.14	1.20	24.01	1.25	24.98	1.29	25.77	1.34
28	21.57	1.21	22.00	1.23	22.43	1.26	23.30	1.30	24.18	1.35	25.06	1.40
30	20.93	1.26	21.36	1.28	21.79	1.31	22.66	1.36	23.54	1.41	24.43	1.47
32	20.36	1.30	20.78	1.33	21.21	1.36	22.08	1.41	22.96	1.47	23.85	1.53
34	19.83	1.35	20.25	1.38	20.68	1.41	21.55	1.47	22.43	1.53	23.32	1.59
36	19.35	1.39	19.77	1.42	20.20	1.45	21.07	1.52	21.95	1.58	22.84	1.64
38	18.90	1.44	19.33	1.47	19.76	1.50	20.63	1.57	21.51	1.63	22.40	1.70
40	18.49	1.48	18.92	1.51	19.35	1.55	20.22	1.62	21.10	1.69	21.99	1.76
42	18.11	1.52	18.54	1.56	18.97	1.59	19.84	1.67	20.72	1.74	21.61	1.82

（续）

U_0	4.0		4.5		5.0		6.0		7.0		8.0	
N_g	U(%)	q/(L·S^{-1})	U(%)	q/(L·S^{-1})	U(%)	q/(L·S^{-1})	U(%)	q/(L·S^{-1})	U(%)	q/(L·S^{-1})	U(%)	q/(L·S^{-1})
44	17.76	1.56	18.18	1.60	18.61	1.64	19.48	1.71	20.36	1.79	21.25	1.87
46	17.43	1.60	17.85	1.64	18.28	1.68	19.15	1.76	20.03	1.84	20.92	1.92
48	17.11	1.64	17.54	1.68	17.97	1.73	18.84	1.81	19.72	1.89	20..61	1.98
50	16.82	1.68	17.25	1.73	17.68	1.77	18.55	1.86	19.43	1.94	20.32	2.03
55	16.17	1.78	16.59	1.82	17.02	1.87	17.89	1.97	18.77	2.07	19.66	2.16
60	15.59	1.87	16.02	1.92	16.45	1.97	17.32	2.08	18.20	2.18	19.08	2.29
65	15.08	1.96	15.51	2.02	15.94	2.07	16.81	2.19	17.69	2.30	18.58	2.42
70	14.63	2.05	15.06	2.11	15.49	2.17	16.36	2.29	17.24	2.41	18.13	2.54
75	14.23	2.13	14.65	2.20	15.08	2.26	15.95	2.39	16.83	2.52	17.72	2.66
80	13.86	2.22	14.28	2.29	14.71	2.35	15.58	2.49	16.46	2.63	17.35	2.78
85	13.52	2.30	13.95	2.37	14.38	2.44	15.25	2.59	16.13	2.74	17.02	2.89
90	13.22	2.38	13.64	2.46	14.07	2.53	14.94	2.69	15.82	2.85	16.71	3.01
95	12.94	2.46	13.36	2.54	13.79	2.62	14.66	2.79	15.54	2.95	16.43	3.12
100	12.68	2.54	13.10	2.62	13.53	2.71	14.40	2.88	15.28	3.06	16.17	3.23
110	12.61	2.69	12.63	2.78	13.06	2.87	13.93	3.06	14.81	3.26	15.70	3.45
120	11.80	2.83	12.23	2.93	12.66	3.04	13.52	3.25	14.40	3.46	15.29	3.67
130	11.44	2.98	11.87	3.09	12.30	3.20	13.16	3.42	14.04	3.65	14.93	3.88
140	11.12	3.11	11.55	3.23	11.97	3.35	12.84	3.60	13.72	3.84	14.61	4.09
150	10.83	3.25	11.26	3.38	11.69	3.51	12.55	3.77	13.43	4.03	14.32	4.30
160	10.57	3.38	11.00	3.52	11.43	3.66	12.29	3.93	13.17	4.21	14.06	4.50
170	10.34	3.51	10.76	3.66	11.19	3.80	12.05	4.10	12.93	4.40	13.82	4.70
180	10.12	3.64	10.54	3.80	10.97	3.95	11.84	4.26	12.71	4.58	13.60	4.90
190	9.92	3.77	10.34	3.93	10.77	4.09	11.64	4.42	12.51	4.75	13.40	5.09
200	9.74	3.89	10.16	4.06	10.59	4.23	11.45	4.58	12.33	4.93	13.21	5.28
220	9.40	4.14	9.83	4.32	10.25	4.51	11.12	4.89	11.99	5.28	12.88	5.67
240	9.12	4.38	9.54	4.58	9.96	4.78	10.83	5.20	11.70	5.62	12.59	6.04
260	8.86	4.61	9.28	4.83	9.71	5.05	10.57	5.50	11.45	5.95	12.33	6.41
280	8.63	4.83	9.06	5.07	9.48	5.31	10.34	5.79	11.22	6.28	12.10	6.78
300	8.43	5.06	8.85	5.31	9.29	5.57	10.14	6.08	11.01	6.61	11.89	7.14
320	8.24	5.28	8.67	5.55	9.09	5.82	9.95	6.37	10.83	6.93	11.71	7.49

表 B-6　设置各类自动喷水灭火系统的原则

自动喷水灭火系统类型	设置原则
设置闭式喷水灭火系统（常用的是湿式、干式、预作用喷水灭火系统）	1. ≥50000 纱锭的棉纺厂的开包、清花车间；≥5000 锭的麻纺厂的分级、梳麻车间；服装、针织高层厂房；面积 >1500m^2 的木器厂房；火柴厂的烤梗、筛选部位；泡沫塑料厂的预发、成型、切片、压花部位 2. 占地面积 >1000m^2 的棉、毛、麻、化、纤、毛皮及其制品库房；占地面积 >6000m^2 的香烟、火柴库房；建筑面积 >500m^2 的可燃物品的地下库房；可燃、难燃物品的高架库房和高层库房（冷库除外）；省级以上或藏书 >100 万册图书馆的书库 3. >1500 个座位的剧院观众厅、舞台上部（屋顶采用金属构件时）、化妆室、道具室、贵宾室；>2000 个座位的会堂或礼堂的观众厅、舞台上部、化妆室、贮藏室、贵宾室；>3000 个座位的体育馆、观众厅的吊顶上部、贵宾室、器材间、运动员休息室

附录 C　进、排气窗的局部阻力系数 ζ

窗户结构		开启角度	$\frac{b}{L}=1:1$	$\frac{b}{L}=1:2$	$\frac{b}{L}=1:\infty$
单层窗上悬	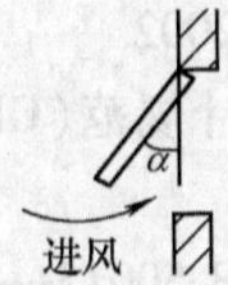	15	16	20.6	30.8
		30	5.65	6.9	9.15
		45	3.68	4.9	5.15
		60	3.07	3.18	3.54
		90	2.59	2.59	2.59
单层窗上悬	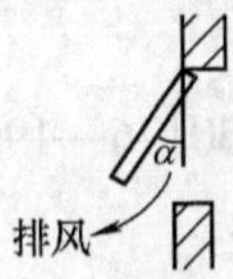	15	11.1	17.3	30.8
		30	4.9	6.9	8.6
		45	3.18	4.0	4.7
		60	2.51	3.07	3.3
		90	2.22	2.51	2.51
单层窗中悬	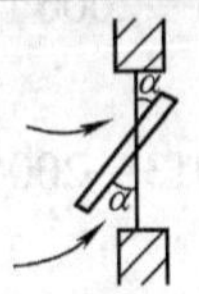	15	45.3	—	59.0
		30	11.1	—	13.6
		45	5.15	—	6.55
		60	3.18	—	3.18
		90	2.43	—	2.68
双层窗上悬	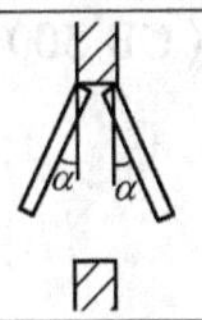	15	14.8	30.8	—
		30	4.9	9.75	—
		45	3.83	5.15	—
		60	2.96	3.54	—
		90	2.37	2.37	—
双层窗上下悬	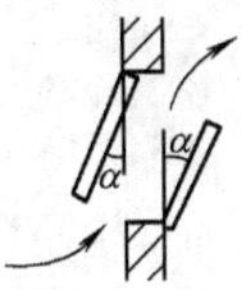	15	18.8	45.3	59.0
		30	6.25	11.1	13.3
		45	3.83	5.9	8.6
		60	3.07	4.0	5.4
		90	2.37	2.77	2.77
竖轴板式进风窗	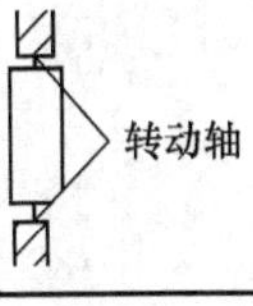	90		2.37	

参考文献

[1] 白莉．建筑设备概论[M]．北京：机械工业出版社，2003.
[2] 王继明，等．建筑设备[M]．2版．北京：中国建筑工业出版社，2007.
[3] 陈妙芳．建筑设备[M]．上海：同济大学出版社，2002.
[4] 刘传聚．建筑设备[M]．上海：同济大学出版社，2001.
[5] 高明远，岳秀萍．建筑设备工程[M]．3版．北京：中国建筑工业出版社，2005.
[6] 白莉，等．智能建设环境与设备概论[M]．北京：人民交通出版社，2003.
[7] 白莉．建筑环境与设备概论[M]．长春：吉林大学出版社，2008.
[8] 卢军．建筑环境与设备工程概论[M]．重庆：重庆大学出版社，2003.
[9] 樊建军，等．建筑给水排水及消防工程[M]．4版．北京：中国建筑工业出版社，2005.
[10] 王增长，等．建筑给水排水工程[M]．北京：中国建筑工业出版社，1998.
[11] 李圭白，等．城市水工程概论[M]．北京：中国建筑工业出版社，2002.
[12] 马志溪．电气工程设计[M]．北京：机械工业出版社，2002.
[13] 中国有色工程设计研究总院．采暖通风与空气调节设计规范(GB 50019—2003)[S]．北京：中国计划出版社，2004.
[14] 上海市建设和管理委员会．建筑给水排水设计规范(GB 50015—2003)[S]．北京：中国计划出版社，2003.
[15] 中华人民共和国建设部．民用建筑热工设计规范(GB 50176—1993)[S]．北京：中国计划出版社，1993.
[16] 中华人民共和国公安部．建筑设计防火规范(GB 50016—2006)[S]．北京：中国计划出版社，2006.
[17] 上海市建设和交通委员会．室外给水设计规范(GB 50013—2006)[S]．北京：中国计划出版社，2006.
[18] 中华人民共和国公安部．高层民用建筑设计防火规范(GB 50045—1995)[S]．北京：中国计划出版社，2005.